Inhaltsverzeichnis

Quadratische Funktionen

Quadratische Gleichungen

Potenzen, Wurzeln und Wachstum

Pyramide, Kegel, Kugel

Trigonometrie

Funktionale Zusammenhänge

Tests

Fit für den Abschluss

Dieses Heft gehört:		Klasse:	

Quadratische Funktionen

Rein quadratische Funktionen

▶ Grundwissen

Bei quadratischen Funktionen mit Gleichungen der Form $f(x) = ax^2$ ($y = ax^2$) bestimmt der Faktor a die Form und die Öffnungsrichtung der Parabel in Richtung der y-Achse gegenüber der Normalparabel.

Für ______________ entsteht eine Normalparabel.

Für ______________ entsteht eine an der x-Achse gespiegelte Normalparabel.

Für ______________ ist die Parabel nach unten geöffnet.

Für ______________ ist die Parabel nach oben geöffnet.

Für ______________ entsteht eine gestauchte Parabel.

Für ______________ entsteht eine gestreckte Parabel.

Beispiele:

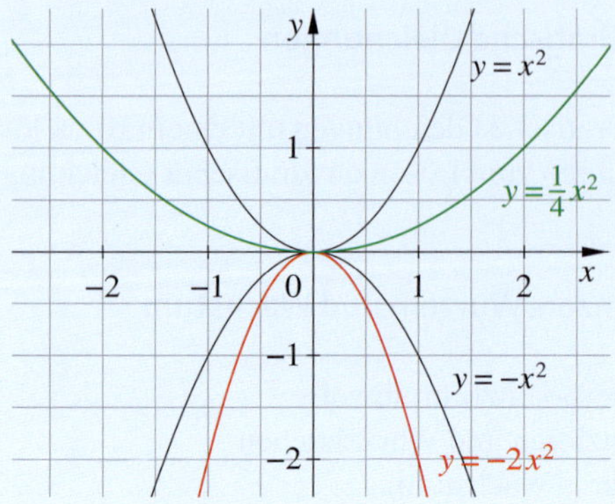

▶ Auftrag: Ergänze den Bereich, aus dem der Faktor a jeweils kommt.

Trainieren

1 Normalparabel

a) Ergänze die fehlenden Werte.

x	−2,5	−2	−1	0	1	2	2,5
$y = x^2$	6,25						

b) Zeichne den Graphen von $y = x^2$ ins Koordinatensystem ein.

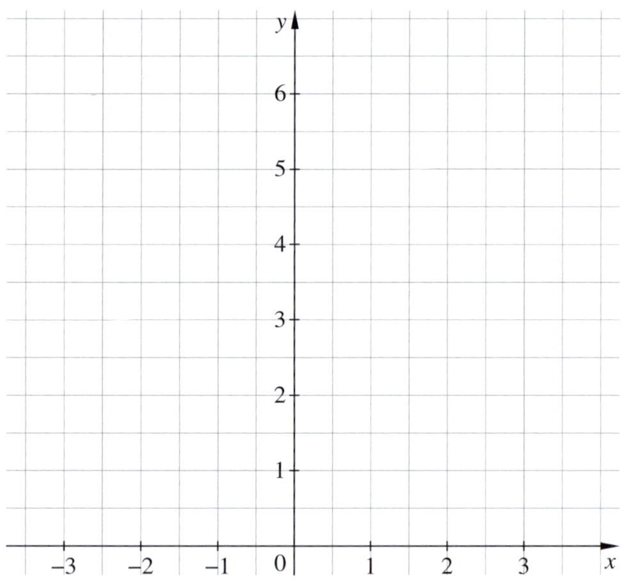

c) Prüfe jeweils mithilfe einer Rechnung, ob der Punkt auf der Normalparabel liegt.
Kreuze die Punkte an, die auf der Normalparabel liegen.

☐ $A(4\,|\,16)$ ______________

☐ $B(16\,|\,4)$ ______________

☐ $C(-4\,|\,16)$ ______________

d) Kreuze Zutreffendes an.

☐ Die Normalparabel ist nach oben geöffnet.
☐ Die Normalparabel ist symmetrisch zur x-Achse.
☐ Die Normalparabel hat eine Nullstelle bei $x = 0$.
☐ Bei einer gestauchten Parabel ist die Öffnung größer als bei der Normalparabel.
☐ Die Normalparabel hat den Scheitelpunkt $Q(0\,|\,0)$.

e) Ermittle jeweils die fehlende Koordinate der vier unterschiedlichen Punkte auf der Normalparabel.

$E(10\,|$ ____ $)$ $F($ ____ $|\,100)$ $G($ ____ $|\,25)$ $H($ ____ $|\,25)$

f) Ergänze die Wertetabelle zur Normalparabel.

x	−9	−10	−11	−12	−13	−14	15	16	17	18	19	20
y												

2 Beschrifte zuerst die vorgegebenen Graphen.
Ergänze danach die Wertetabellen für die beiden fehlenden Funktionen und zeichne deren Graphen ein.

$y_1 = -0{,}5x^2$
$y_2 = 1{,}6x^2$
$y_3 = -2{,}5x^2$
$y_4 = 0{,}7x^2$
$y_5 = 0{,}2x^2$
$y_6 = -1{,}5x^2$

x	−4	−2	0	2	4
y_5					

x	−1,5	−1	0	1	1,5
y_6					

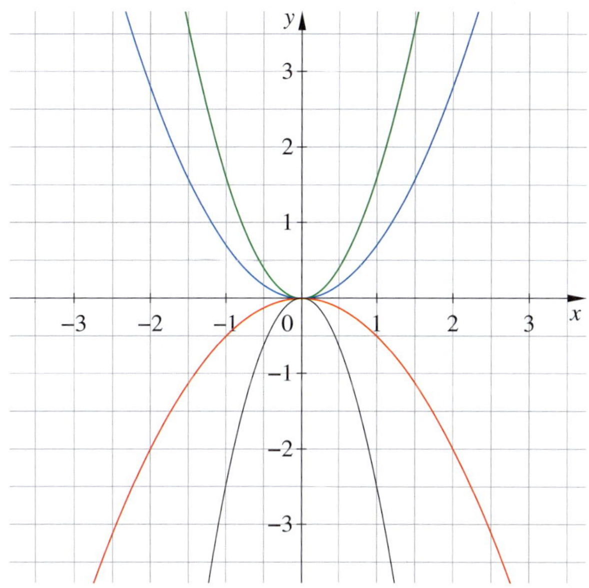

3 Ist die jeweils zugehörige Parabel gestreckt oder gestaucht?
In welche Richtung ist sie geöffnet?
Kreuze Zutreffendes an.

a) $f(x) = 0{,}47x^2$ ☐ gestreckt ☐ gestaucht ☐ nach oben geöffnet ☐ nach unten geöffnet
b) $f(x) = -6{,}8x^2$ ☐ gestreckt ☐ gestaucht ☐ nach oben geöffnet ☐ nach unten geöffnet
c) $f(x) = \frac{4}{3}x^2$ ☐ gestreckt ☐ gestaucht ☐ nach oben geöffnet ☐ nach unten geöffnet
d) $f(x) = -\frac{3}{4}x^2$ ☐ gestreckt ☐ gestaucht ☐ nach oben geöffnet ☐ nach unten geöffnet
e) $f(x) = 1x^2 - 0{,}47$ ☐ gestreckt ☐ gestaucht ☐ nach oben geöffnet ☐ nach unten geöffnet

Anwenden und Vernetzen

4 Gegeben ist der Punkt $O(3\,|\,27)$ der Parabel mit der Funktionsgleichung $y = ax^2$.
Ermittle den Faktor a und begründe deine Antwort.

____

____

5 In der Abbildung siehst du eine Hängebrücke.
Ihre Spannweite beträgt 50 m, die Höhe der oberen Befestigungspunkte über der Fahrbahn beträgt 15 m.

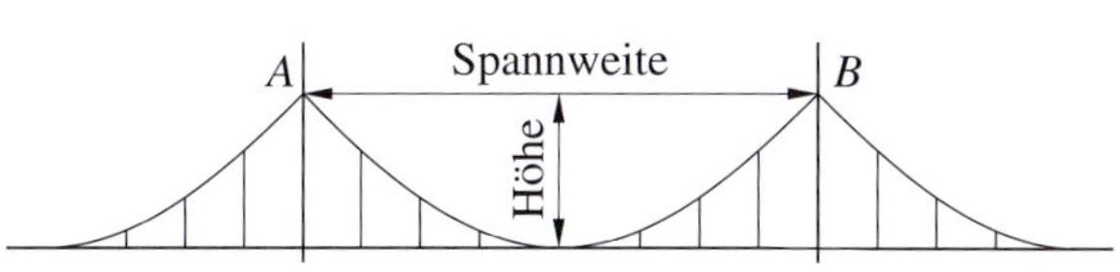

Die Hauptseile im mittleren Abschnitt hängen annähernd parabelförmig durch.
Fertige eine Skizze an und bestimme die Gleichung der Form $f(x) = ax^2$, die den Verlauf der Hauptseile beschreibt.

____

____

____

____

____

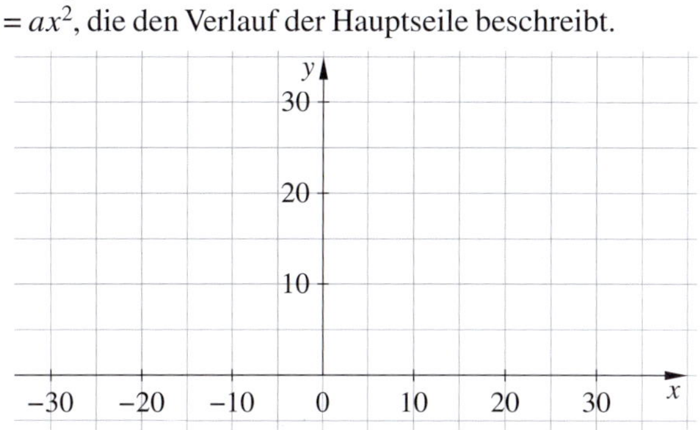

Scheitelpunktform quadratischer Funktionen

▶ Grundwissen

- Der Graph der Funktion mit der Gleichung $f(x) = x^2$ ($y = x^2$) heißt Normalparabel.
  Der Scheitelpunkt der Parabel ist $S(0\,|\,0)$.
- Verschiebt man die Normalparabel um y_S in y-Richtung, so lautet die Gleichung der entsprechenden Funktion

  ____

  Der Scheitelpunkt der Parabel ist $S(0\,|\,y_S)$.
- Verschiebt man die Normalparabel um x_S in x-Richtung, so lautet die Gleichung der entsprechenden Funktion

  ____

  Der Scheitelpunkt der Parabel ist $S(x_S\,|\,0)$.
- $f(x) = (x - x_S)^2 + y_S$ hat den Scheitelpunkt $S(x_S\,|\,y_S)$.

Beispiele:

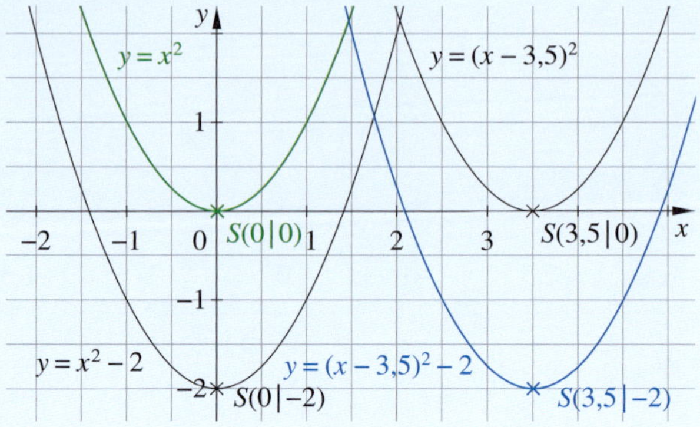

▶ **Auftrag:** Gib jeweils die Funktionsgleichungen an.

Trainieren

1 Koordinatensystem mit verschobenen Normalparabeln

a) Ergänze die fehlenden Werte.

x	−2	−1	0	1	2	3
$y_1 = x^2$	4	1	0	1	4	9
$y_2 = x^2 + 5$						
$y_3 = x^2 - 4$						

x	−2	−1	0	1	2	3
$y_1 = x^2$	4	1	0	1	4	9
$y_4 = (x+1)^2$						
$y_5 = (x-2)^2$						

x	−2	−1	0	1	2	3
$y_6 = (x+1)^2 + 2$						
$y_7 = (x+1)^2 - 4$						
$y_8 = (x-2)^2 - 4$						

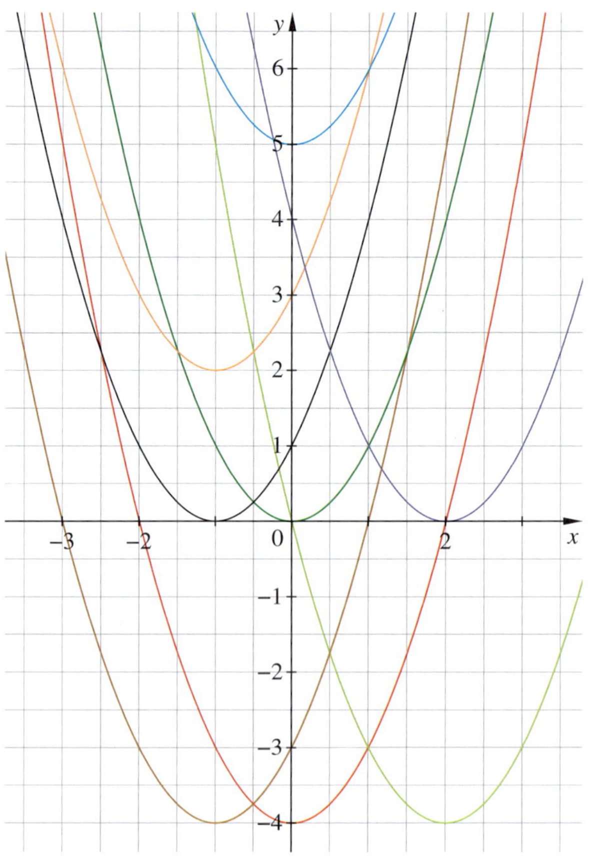

b) Beschrifte zuerst die Graphen.
Gib danach im Koordinatensystem die Scheitelpunkte an.

2 Kreuze alle Parabeln an, die symmetrisch zur y-Achse sind. Gib, wenn möglich, jeweils den Scheitelpunkt S an.
Zusatzaufgabe: Zeichne die Graphen mithilfe eines Funktionenplotters oder einer Tabellenkalkulation.

☐ $f(x) = x^2 + 3$ ________ ☐ $f(x) = x + 7$ ________ ☐ $f(x) = (x+5)^2$ ________ ☐ $f(x) = 7 - x^2$ ________

3 Nach oben geöffnete verschobene Normalparabeln

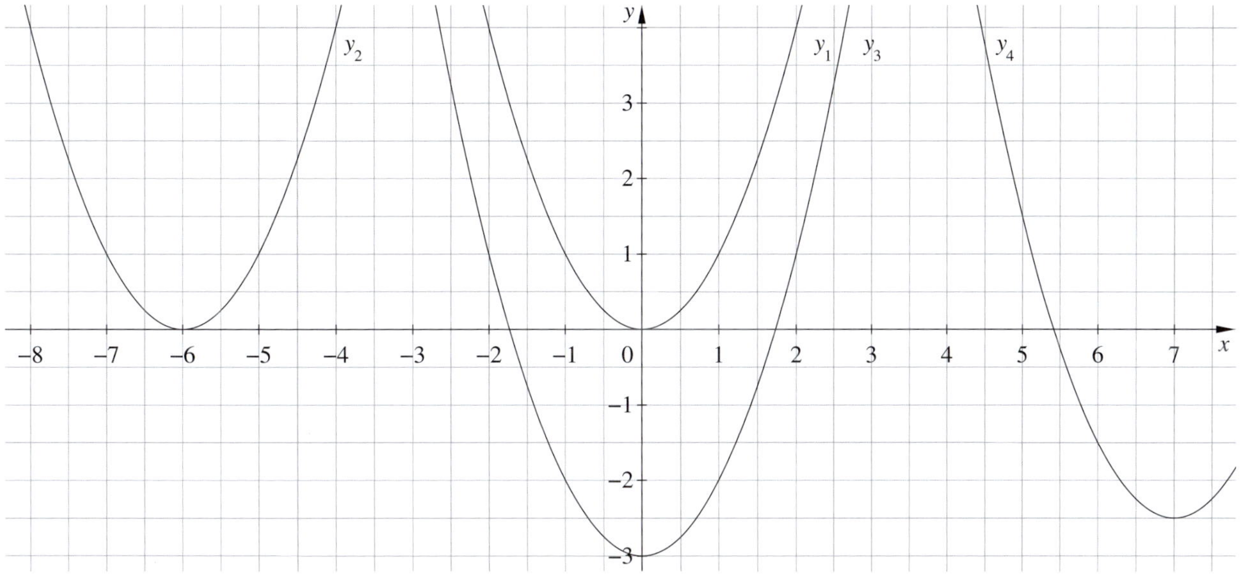

a) Gib die zugehörigen Funktionsgleichungen und die Koordinaten der Scheitelpunkte an.

$y_1 =$ ____________ S ________ $y_2 =$ ________________ S ________

$y_3 =$ ____________ S ________ $y_4 =$ ________________ S ________

b) Zeichne im Koordinatensystem die verschobenen Normalparabeln ein und vervollständige die Angaben.
Hinweis: Nutze eine Schablone.

$y_5 = (x - 3{,}5)^2$ S ________ $y_6 =$ ________________ $S(-6\,|\,-3)$

$y_7 = (x + 6{,}5)^2 + 3$ S ________ $y_8 =$ ________________ $S(0\,|\,3)$

Anwenden und Vernetzen

4 Zeichne zunächst die den Eigenschaften entsprechende verschobene Normalparabel in das Koordinatensystem ein.
Gib danach die Funktionsgleichung an.
Hinweis: Nutze eine Schablone.

a) Der Graph der Funktion f schneidet die x-Achse an den Stellen $x_1 = 1{,}5$ und $x_2 = 3{,}5$.
Hinweis: $x_S = \frac{x_1 + x_2}{2}$.

____

b) Der Graph von g ist für $x < -1$ fallend und für $x > -1$ steigend.
Der kleinste Funktionswert ist -2.

____

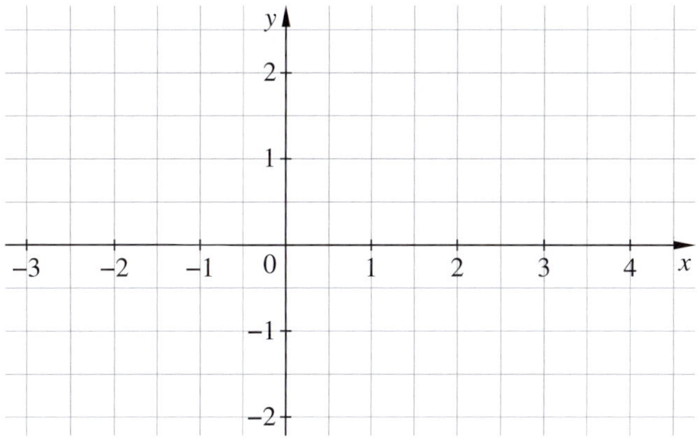

c) Der Graph der Funktion h ist symmetrisch zur Geraden $x = 3$ und verläuft durch den Punkt $P(1\,|\,2)$.

____

d) Die Punkte $P(-3\,|\,2)$ und $Q(-1\,|\,2)$ gehören zum Graphen i.

____

Nullstellen quadratischer Funktionen

▶ Grundwissen

- Die x-Werte, zu denen der y-Wert 0 ist, werden Nullstellen genannt.
- Eine quadratische Funktion kann entweder keine, eine oder zwei Nullstellen haben.

Beispiele:

$f_1(x) = 4(x+1)^2 + 1$ hat keine Nullstelle.

$f_2(x) = (x-3)^2$

$0 = (3-3)^2$

$x = 3$ ist die einzige Nullstelle.

$f_3(x) = x^2 - 1$

$0 = x^2 - 1$

$0 = 1^2 - 1$ und $0 = (-1)^2 - 1$

$x_1 = 1$ und $x_2 = -1$ sind die Nullstellen.

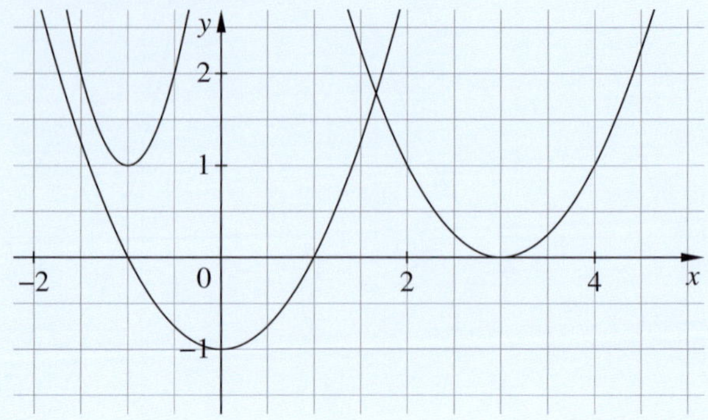

▶ Auftrag: Beschrifte die Graphen und markiere die Nullstellen.

Trainieren

1 Markiere zuerst die Nullstellen und ordne die Funktionsgleichungen zu.
Überprüfe danach, wenn möglich, mithilfe einer Rechnung die Zuordnung der Nullstellen.

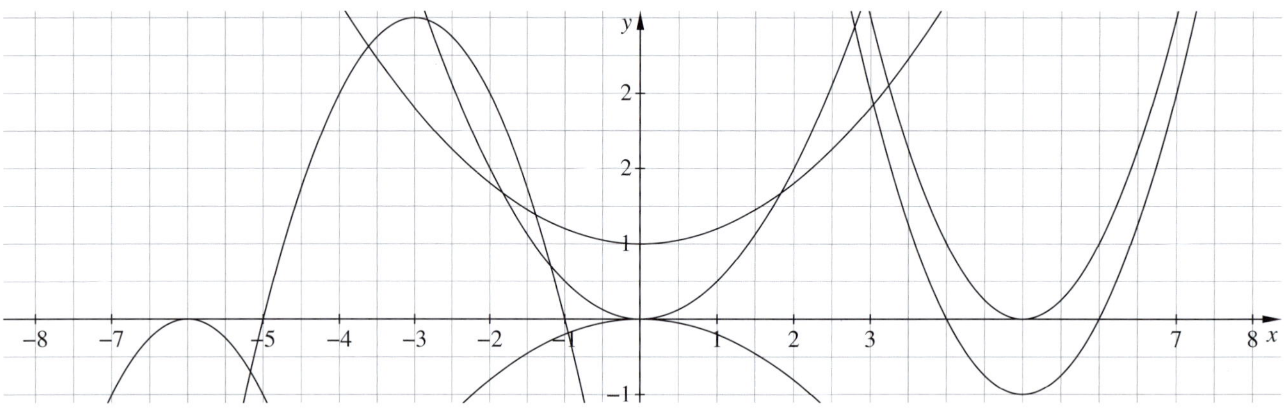

$y_1 = 0{,}5x^2$ Nullstellen: ____________ Rechnung: ______________________

$y_2 = 0{,}2x^2 + 1$ Nullstellen: ____________ Rechnung: ______________________

$y_3 = -0{,}2x^2$ Nullstellen: ____________ Rechnung: ______________________

$y_4 = -(x+3)^2 + 4$ Nullstellen: ____________ Rechnung: ______________________

$y_5 = (x-5)^2$ Nullstellen: ____________ Rechnung: ______________________

$y_6 = -(x+6)^2$ Nullstellen: ____________ Rechnung: ______________________

$y_7 = (x-5)^2 - 1$ Nullstellen: ____________ Rechnung: ______________________

2 Kreuze die Anzahl der Nullstellen an.
Zusatzaufgabe: Ermittle mithilfe von Zeichnungen oder von Rechnungen die Nullstellen.

$y_1 = -0{,}81(x-23)^2$	☐ keine Nullstelle	☐ eine Nullstelle	☐ zwei Nullstellen
$y_2 = x^2 - 0{,}36$	☐ keine Nullstelle	☐ eine Nullstelle	☐ zwei Nullstellen
$y_3 = x^2 + 0{,}81$	☐ keine Nullstelle	☐ eine Nullstelle	☐ zwei Nullstellen
$y_4 = (x-7)^2 + 0{,}81$	☐ keine Nullstelle	☐ eine Nullstelle	☐ zwei Nullstellen
$y_5 = (x+2)^2 - 36$	☐ keine Nullstelle	☐ eine Nullstelle	☐ zwei Nullstellen

3 Ergänze zu vier passenden Funktionsgleichungen.
Der Scheitelpunkt soll jeweils in einem anderen Quadranten liegen.
Zusatzaufgabe: Gib die Nummer des Quadranten an, in dem der Scheitelpunkt liegt.

a) Die quadratischen Funktionen haben keine Nullstelle.

$f_1(x) = \square(x \square 3)^2 \square 4$ $f_2(x) = \square(x \square 3)^2 \square 4$ $f_3(x) = \square(x \square 3)^2 \square 4$ $f_4(x) = \square(x \square 3)^2 \square 4$

b) Die quadratischen Funktionen haben zwei Nullstellen.

$f_1(x) = \square(x \square 3)^2 \square 4$ $f_2(x) = \square(x \square 3)^2 \square 4$ $f_3(x) = \square(x \square 3)^2 \square 4$ $f_4(x) = \square(x \square 3)^2 \square 4$

c) Ermittle die Nullstellen der Funktionen bei Teilaufgabe **b**.

Anwenden und Vernetzen

4 Die Flugbahn einer Kugel wird durch die dargestellte Funktionsgleichung $f(x) = -0{,}1x^2 + 0{,}6x + 1{,}6$ beschrieben.
Der Graph zeigt etwas mehr als diese Flugbahn.

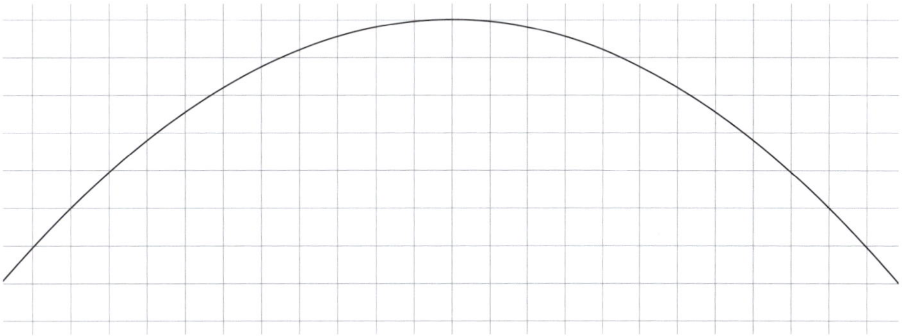

a) Aus welcher Höhe stößt Martin die Kugel ab?

b) Wie weit fliegt die Kugel? Kreuze an.
Begründe deine Entscheidung mithilfe einer Rechnung. ☐ 7 m ☐ 8 m ☐ 9 m ☐ 10 m ☐ 11 m ☐ 12 m

c) Gib die negative Nullstelle von $y = -0{,}1x^2 + 0{,}6x + 1{,}6$ an. Hat sie eine praktische Bedeutung?
Hinweis: Die negative Nullstelle ist eine ganze Zahl.

d) Ermittle die maximale Höhe, die die Kugel erreicht.
Hinweis: Beide Nullstellen haben den gleichen Abstand zum Scheitelpunkt.

e) Zeichne oben mithilfe der Ergebnisse aus den Teilaufgaben **a** bis **c** ein passendes Koordinatensystem zur Flugbahn.
Hinweis: Prüfe anhand der entstandenen Zeichnung, ob deine Ergebnisse stimmen können.

Allgemeine Form und Scheitelpunktform

▶ Grundwissen

- Jede Gleichung einer quadratischen Funktion in Scheitelpunktform $f(x) = a(x-d)^2 + e$ (mit $a \neq 0$) kann in die allgemeine Form $f(x) = ax^2 + bx + c$ umgeformt werden und umgekehrt.
- Für $a = 1$ gilt: $f(x) = x^2 + bx + c = \left(x + \frac{b}{2}\right)^2 - \left(\frac{b}{2}\right)^2 + c.$

Beispiel: $f(x) = x^2 + 2x - 4 = \left(x + \frac{\square}{\square}\right)^2 - \left(\frac{\square}{\square}\right)^2 - \square = (x+1)^2 - 5$ Scheitelpunkt: $S(-1\,|\,-5)$

$f(x) = (x+1)^2 - 5 = x^2 + 2x + 1 - 5 = x^2 + 2x - 4$

▶ Auftrag: Ergänze das Beispiel.

Trainieren

1 Wandle jeweils in die allgemeine Form $f(x) = ax^2 + bx + c$ um.

a) $f(x) = (x+7)^2 =$ ______

b) $f(x) = (x-5)^2 =$ ______

c) $f(x) = (x+3)^2 + 6 =$ ______

d) $f(x) = (x-9)^2 - 2 =$ ______

e) $f(x) = 2(x+4)^2 - 10 =$ ______

f) $f(x) = -10(x-1)^2 + 2 =$ ______

2 Wandle jeweils in die Scheitelpunktform $f(x) = a(x-d)^2 + e$ (mit $a \neq 0$) um. Gib die Koordinaten des Scheitelpunktes S an.

a) $f(x) = x^2 + 8x + 16 =$ ______ $S($ __ $|$ __ $)$

b) $f(x) = x^2 - 20x + 100 =$ ______ $S($ __ $|$ __ $)$

c) $f(x) = x^2 - 10x + 26 =$ ______ $S($ __ $|$ __ $)$

d) $f(x) = x^2 - 16x + 57 =$ ______ $S($ __ $|$ __ $)$

e) $f(x) = 2x^2 - 8x + 20 =$ ______ $S($ __ $|$ __ $)$

3 Die verschobenen Normalparabeln haben jeweils den Scheitelpunkt S.
Gib die Scheitelpunktform und die allgemeine Form der Gleichung der Funktion an.

a) ______ $S(5\,|\,1)$

b) ______ $S(8\,|\,-7)$

c) ______ $S(-4\,|\,-5)$

d) ______ $S(10\,|\,-6)$

e) ______ $S(-0{,}2\,|\,-0{,}3)$

f) ______ $S(\frac{1}{2}\,|\,2)$

4 Parabeln im Koordinatensystem

$y_1 = -x^2 - 4x - 4 =$ ____________________

$y_2 = x^2 - 4x + 4 =$ ____________________

$y_3 = x^2 + 4x + 1 =$ ____________________

$y_4 = -x^2 + 4x - 7 =$ ____________________

$y_5 = -2x^2 - 8x - 11 =$ ____________________

$y_6 = 3x^2 - 12x + 21 =$ ____________________

a) Wandle jeweils in die Scheitelpunktform um.

b) Gib im Koordinatensystem die Scheitelpunkte an und beschrifte die vorgegebenen Graphen.

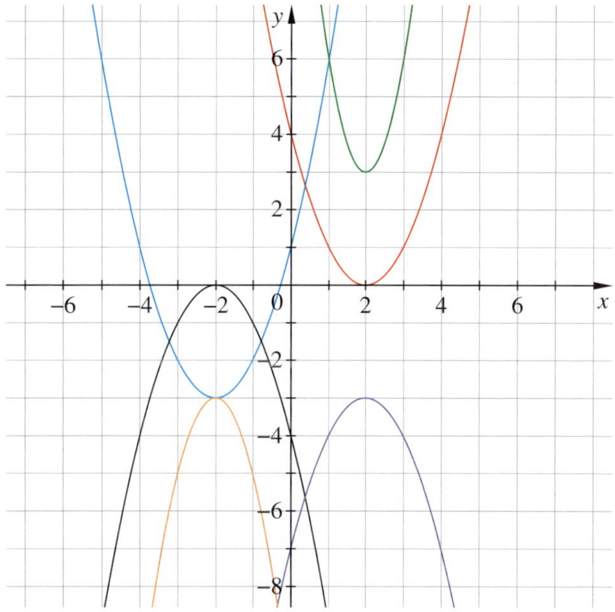

Anwenden und Vernetzen

5 Das Foto zeigt die Lupu-Brücke über den Huangpu-Fluss im Zentrum von Shanghai.
Sie war zum Zeitpunkt ihrer Fertigstellung 2003 die weltweit größte Bogenbrücke.
Die Bogenspannweite beträgt 550 m. Der Bogenscheitel hat eine Höhe von 100 m über dem Wasserspiegel.
Skizziere zuerst den fast parabelförmigen Bogen der Brücke in einem Koordinatensystem.
Gib danach eine Funktionsgleichung für den Verlauf des parabelförmigen Bogens an.

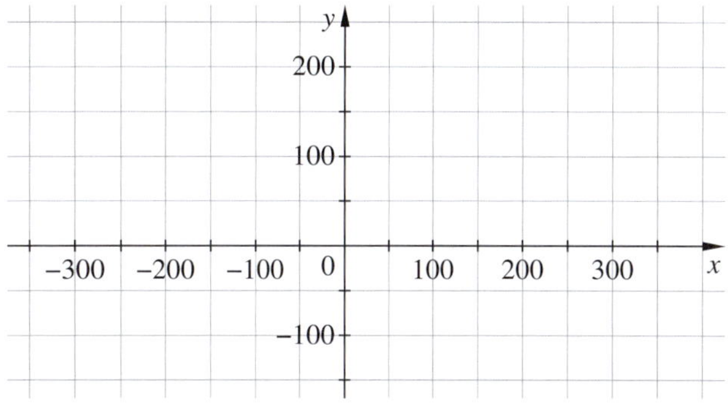

____

____

____

6 Gegeben ist die Funktionsgleichung $f(x) = -0{,}8x^2 - 26x$.

a) Ermittle den größten Funktionswert von $f(x) = -0{,}8x^2 - 26x$.

____

____

____

b) Kreuze Zutreffendes an.

Der Graph der Funktion $f(x) = -0{,}8x^2 - 26x$ ist …

- ☐ eine Gerade
- ☐ ein Kreisbogenteil
- ☐ eine Parabel
- ☐ eine Normalparabel
- ☐ nach oben geöffnet
- ☐ nach unten geöffnet
- ☐ nach links verschoben
- ☐ nach rechts verschoben
- ☐ gestaucht
- ☐ gestreckt
- ☐ achsensymmetrisch
- ☐ punktsymmetrisch

Quadratische Gleichungen mit einem Blick lösen

▶ Grundwissen

- Ein Produkt ist 0, wenn mindestens ein Faktor 0 ist. Hat eine quadratische Gleichung die Form $(x + a)(x + b) = 0$, so lassen sich demzufolge die beiden Lösungen direkt ablesen: $x_1 = -a$ und $x_2 = -b$.
- Oft ist auch nur zu überlegen, von welchen Zahlen das Quadrat gegeben ist.

Beispiele:

$x^2 - 7x = 0$	$x^2 + 10x + 25 = 0$	$x^2 = 0$	$x^2 = -81$
$x \cdot (x - 7) = 0$	$(x + 5)(x + 5) = 0$	$x \cdot x = 0$	$x \cdot x = -81$
Lösungen: ______	Lösungen: ______	Lösungen: ______	Lösungen: ______

▶ **Auftrag:** Ergänze die Lösungen.

Trainieren

1 Kreuze alle Lösungen der quadratischen Gleichungen an.
Zusatzaufgabe: Beschreibe, wie man die Lösungen ermitteln kann.

a) $a^2 = 0$	☐ −1	☐ −0,5	☐ 0	☐ 0,5	☐ 1
b) $b^2 = 4$	☐ −2	☐ −1	☐ 0	☐ 1	☐ 2
c) $c^2 - 9 = 0$	☐ −5	☐ −3	☐ 0	☐ 3	☐ 5
d) $d \cdot (d - 1{,}5) = 0$	☐ −3	☐ −1,5	☐ 0	☐ 1,5	☐ 3

2 Gib jeweils im Stern die Anzahl der Lösungen an.

a) $145{,}78x^2 = 4{,}78$ ☆

b) $x \cdot (x - 112{,}4) = 0$ ☆

c) $45{,}78x^2 + 45{,}79 = 15{,}47x^2$ ☆

d) $(x - 112{,}4)^2 = 0$ ☆

3 Gib die Lösungen an.

a) $x^2 = 81$ Lösungen: ______

b) $b^2 = -121$ Lösungen: ______

c) $c \cdot (c + 1{,}5) = 0$ Lösungen: ______

d) $(d - 23) \cdot d = 0$ Lösungen: ______

e) $(e + 7)(e + 4) = 0$ Lösungen: ______

f) $(f + 7)(f - 7) = 0$ Lösungen: ______

g) $(g - 8)(g - 8) = 0$ Lösungen: ______

h) $(9 - h)(6 - h) = 0$ Lösungen: ______

4 Ermittle die Lösungen.

a) $x^2 + 11 = 60$

______

______

Lösungen: ______

b) $x^2 - 95 = 26$

______

______

Lösungen: ______

c) $x^2 - 64 = 297$

______

______

Lösungen: ______

d) $2x^2 + 32 = 160$

______

______

Lösungen: ______

e) $x^2 - 3x = 0$

______

______

Lösungen: ______

f) $2x^2 + 3x = 0$

______

______

Lösungen: ______

g) $-2x^2 = x$

______

______

Lösungen: ______

h) $x^2 - 8x = -16$

______

______

Lösungen: ______

5 Gib quadratische Gleichungen an, die die vorgegebenen Lösungen haben.

a) Lösungen: $-0{,}4;\ 0{,}4$ b) Lösungen: 0 c) Lösungen: $1{,}5$ d) Lösungen: $-0{,}2;\ -2$

6 Markiere zueinander äquivalente Gleichungen mit der gleichen Farbe.
Löse dazu die Gleichungen oder forme geeignet um.

$(x+0{,}2)(x-0{,}8)=0$	$x^2+0{,}6x-0{,}16=0$	$(x-0{,}2)(x+0{,}8)=0$	$x^2-0{,}6x-0{,}16=0$
$0{,}5x^2=0{,}3x+0{,}08$	$4x^2=0{,}52-1{,}8x$	$x^2+0{,}6x=0{,}16$	$3x^2=0{,}48-1{,}80x$

Anwenden und Vernetzen

7 Ein Würfel hat einen Oberflächeninhalt von $69{,}36\ \text{dm}^2$.

a) Berechne die Kantenlänge a des Würfels.

b) Mina sagt: „Der Würfel hat ein Volumen von rund $0{,}4\ \text{m}^3$."
Hat sie Recht?

8 Zahlenrätsel

a) Addiert man zum Quadrat einer natürlichen Zahl 111, so erhält man 400. Welche Zahl ist es?

b) Das Quadrat einer reellen Zahl ist gleich ihrem Siebenfachen. Welche Zahl könnte es sein?

c) Das Quadrat eines Quadrates einer reellen Zahl ist 0,0256. Welche Zahl könnte es sein?

d) Der Flächeninhalt eines Fotos beträgt $300\ \text{cm}^2$. Die ganzzahligen Seitenlängen verhalten sich zueinander wie $3:4$.
Wie lang sind die Seiten?

Verfahren zum Lösen quadratischer Gleichungen

▶ Grundwissen

- Jede Lösung einer quadratischen Gleichung lässt sich mithilfe einer quadratischen Ergänzung ermitteln.

  Beispiel:

  $x^2 + 5x + 4 = 0$

  $x^2 + 5x = -4$

  $x^2 + 5x + \left(\frac{5}{2}\right)^2 = -4 + \left(\frac{5}{2}\right)^2$

  $\left(x + \frac{5}{2}\right)^2 = \left(\frac{5}{2}\right)^2 - 4$

  $x_1 = -\frac{5}{2} + \sqrt{\left(\frac{5}{2}\right)^2 - 4}$ und $x_2 = -\frac{5}{2} - \sqrt{\left(\frac{5}{2}\right)^2 - 4}$

  $x_1 = -1$ und $x_2 = -4$

- Allgemein gilt für eine quadratische Gleichung in der Normalform $x^2 + px + q = 0$.

  $x_1 = -\frac{p}{2} + \sqrt{\left(\frac{p}{2}\right)^2 - q}$ und $x_2 = -\frac{p}{2} - \sqrt{\left(\frac{p}{2}\right)^2 - q}$

▶ Auftrag: Kommentiere für eine Mitschülerin oder einen Mitschüler die Vorgehensweise im Beispiel.

Trainieren

1 Wandle zuerst die Gleichungen in die Normalform $x^2 + px + q = 0$ um. Gib danach p und q an.
Zusatzaufgabe: Ermittle die Lösungen auf einem zusätzlichen Blatt.

a) $1{,}2x^2 - 17 - 0{,}6x = 10$

____

____

$p =$ _____ $q =$ _____

b) $2{,}8x = 0{,}4 + 4x^2$

____

____

$p =$ _____ $q =$ _____

2 Löse folgende Gleichungen.

a) $x^2 + 8x - 9 = 0$

b) $x^2 - 26x - 192 = 0$

c) $x^2 + 30x + 12 = 187$

d) $x^2 - 14x - 36 = 140$

3 Löse folgende Gleichungen.

a) $1{,}4 - 5{,}4x = -1{,}4 - 2x^2$

b) $3{,}5x^2 - 0{,}25x = 4x^2 - 18$

4 Gib jeweils eine quadratische Gleichung an mit …

a) genau zwei Lösungen

b) genau einer Lösung

c) keiner Lösung

Anwenden und Vernetzen

5 Eine Supermarktkette hat ein rechteckiges Grundstück gekauft, um darauf den abgebildeten Supermarkt mit rechteckiger Grundfläche zu bauen und die benötigten Parkflächen anzulegen. Das Grundstück ist 80 m lang und 60 m breit.
Die Breite der Parkstreifen vor und neben der Halle ist gleich. Außerdem soll die Fläche des Parkplatzes insgesamt genauso groß sein wie die Grundfläche des Gebäudes samt Grünfläche. Berechne die Breite eines Parkstreifens.

6 Von mehreren 4 cm dicken quadratischen Eichenplatten wurde jeweils ein 20 cm breiter Streifen abgesägt. Die neuen Platten haben einen Flächeninhalt von $0{,}24\ \text{m}^2$. Davon werden Pakete mit jeweils 5 Platten geschnürt.

a) Wie lang war die ursprüngliche Platte?

b) Wie viele Pakete mit jeweils 5 Platten kannst du vermutlich mindestens 100 m tragen?
Hinweis: Eiche hat eine Dichte von $0{,}5\ \frac{\text{g}}{\text{cm}^3}$ bis $1{,}3\ \frac{\text{g}}{\text{cm}^3}$.

Zehnerpotenzschreibweise

▶ Grundwissen

Sehr große bzw. sehr kleine Zahlen kann man mithilfe von Zehnerpotenzen darstellen.
Die Zahl wird als Produkt geschrieben, bei dem der erste Faktor eine Zahl zwischen 1 und 10 und der zweite Faktor eine Zehnerpotenz ist.

Beispiele:

$31\,000\,000 = 3{,}1 \cdot 10\,000\,000 =$ ______ · ______ $0{,}000\,001\,2 =$ ____________________

▶ Auftrag: Ergänze die Beispiele.

Trainieren

1 Schreibe mit Zehnerpotenzen wie bei **a**.

a) $84\,000 = \quad 8{,}4 \cdot 10\,000 = 8{,}4 \cdot 10^4$

b) $1\,200\,000 =$ ____________________

c) $176\,000 =$ ____________________

d) $28\,540\,000 =$ ____________________

e) $0{,}008 =$ ____________________

f) $0{,}000\,023 =$ ____________________

g) $0{,}000\,76 =$ ____________________

h) $0{,}000\,491 =$ ____________________

2 Schreibe als Dezimalzahl wie bei **a**.

a) $2{,}8 \cdot 10^3 = \quad 2{,}8 \cdot 1\,000 = 2\,800$

b) $6{,}8 \cdot 10^6 =$ ____________________

c) $7{,}9 \cdot 10^5 =$ ____________________

d) $8{,}91 \cdot 10^5 =$ ____________________

e) $8 \cdot 10^{-6} =$ ____________________

f) $7 \cdot 10^{-5} =$ ____________________

g) $9{,}2 \cdot 10^{-8} =$ ____________________

h) $7{,}36 \cdot 10^{-4} =$ ____________________

3 Ergänze die Tabelle zu den Vorsätzen und deren Bedeutung.
Zusatzaufgabe: Nenne jeweils ein Beispiel für eine Größenangabe mit dem Vorsatz.

Faktoren, mit denen die Einheit multipliziert wird		
Faktor	Bedeutung	Vorsatz
		Deka (da)
		Hekto (h)
		Kilo (k)
	Million	Mega (M)
	Milliarde	Giga (G)
$10^{12} = 1\,000\,000\,000\,000$		Tera (T)

Faktoren, mit denen die Einheit multipliziert wird		
Faktor	Bedeutung	Vorsatz
		Dezi (d)
		Zenti (c)
		Milli (m)
$10^{-6} = 0{,}000\,001$		Mikro (μ)
	Milliardstel	Nano (n)
	Billionstel	Piko (p)

4 Ergänze.

a) $\frac{1}{1000} = 10^{\square} =$ ________

b) $\frac{\square}{\square} = 10^{\square} = 0{,}000\,01$

5 Ordne die Taschenrechnerangaben nach der Größe.
Beginne mit der kleinsten Zahl.

8*10^–7 | 7.0^{-8} | 8.0^{7} | 7*10^8 | 7.8*10^7

---

6 Finde heraus, bei welchen Aufgaben dein Taschenrechner das Ergebnis automatisch mit abgetrennten Zehnerpotenzen angibt.

Anwenden und Vernetzen

7 Ordne jeweils mit Linien zu.

tausend Millionen	Quadrillion $(10^6)^4 = 10^{24}$
eine Million Billionen	Milliarde $10^3 \cdot 10^6 = 10^9$
die 4-te Potenz einer Million	Billion $10^6 \cdot 10^6 = 10^{12}$
tausend Trillionen	Trilliarde $10^3 \cdot 10^{18} = 10^{21}$
eine Million Millionen	Billiarde $10^3 \cdot 10^{12} = 10^{15}$
tausend Billionen	Quinquillion $(10^6)^5 = 10^{30}$
Anzahl von Zehntausend	Myriade 10^4
die 5-te Potenz einer Million	Trillion $10^6 \cdot 10^{12} = 10^{18}$

8 Eine Strecke ist ein Lichtjahr lang, wenn Licht zum Durchlaufen dieser Strecke ein Jahr benötigt.
Die Lichtgeschwindigkeit beträgt $3 \cdot 10^5 \frac{km}{s}$.

Gib ein Lichtjahr in Kilometern an.

---

9 Um wie viel Zentimeter ist der aus Eisen erbaute Eiffelturm (300 m) an einem Sommertag bei 30 °C höher als im Winter bei –15 Grad °C, wenn sich ein 1 m langer Eisenstab pro Grad Erwärmung um $1{,}2 \cdot 10^{-5}$ m ausdehnt?

Potenzieren und Wurzelziehen

▶ Grundwissen

- Die Umkehrung des Potenzierens ist das Wurzelziehen.
- Die n-te Wurzel aus a ist die Zahl x, die n-mal mit sich selbst multipliziert a ergibt.

Beispiel:

$3^4 = 3 \cdot 3 \cdot 3 \cdot 3 =$ ____ $\qquad \sqrt[4]{81} =$ ____

$\sqrt[4]{81} = 3$, denn $3 \cdot 3 \cdot 3 \cdot 3 =$ ____

▶ Auftrag: Ergänze das Beispiel.

Trainieren

1 Ergänze die Zahlen. Arbeite ohne Taschenrechner.
Hinweis: $x^0 = 1$ für $x \neq 0$

	$n=0$	$n=1$	$n=2$	$n=3$	$n=4$	$n=5$
10^n						
2^n						
3^n						
5^n						

2 Gib die Ergebnisse an. Nutze die Ergebnisse in der Tabelle bei Aufgabe **1**.
Hinweis: Zwei Ergebnisse sind nicht aus der Tabelle ablesbar.

a) $\sqrt[3]{1\,000} =$ ____ **b)** $\sqrt[3]{27} =$ ____ **c)** $\sqrt[3]{8} =$ ____ **d)** $\sqrt[2]{100} =$ ____

e) $\sqrt[5]{100\,000} =$ ____ **f)** $\sqrt[6]{64} =$ ____ **g)** $\sqrt[2]{25} =$ ____ **h)** $\sqrt[5]{1024} =$ ____

3 Ermittle jeweils ohne Taschenrechner wie bei **a**, zwischen welchen natürlichen Zahlen das Ergebnis liegt.

a) 7 $< \sqrt[2]{55} <$ ____ , denn $7^2 = 49$ und $8^2 = 64$ **b)** ____ $< \sqrt[2]{101} <$ ____ , denn ____

c) ____ $< \sqrt[3]{55} <$ ____ , denn ____ **d)** ____ $< \sqrt[5]{101} <$ ____ , denn ____

4 Gib jeweils das Ergebnis an. Überprüfe es durch Potenzieren.
Hinweis: Arbeite ohne Taschenrechner.

a) $\sqrt[3]{0{,}001} =$ ____ , denn ____ **b)** $\sqrt[3]{0{,}125} =$ ____ , denn ____

c) $\sqrt[4]{0{,}000\,1} =$ ____ , denn ____ **d)** $\sqrt[4]{0{,}000\,81} =$ ____ , denn ____

5 Ergänze jeweils die fehlende Zahl.
Hinweis: Nutze, wenn nötig, einen Taschenrechner.

a) $\square^5 = 3\,125$ **b)** $\square^4 = 0{,}2401$ **c)** $1{,}2^{\square} = 1{,}728$ **d)** $2{,}1^{\square} = 19{,}4481$

e) $4^{0{,}5} = \square$ **f)** $81^{0{,}5} = \square$ **g)** $5^{-2} = \square$ **h)** $0{,}125^{\square} = 512$

i) $\square \cdot \sqrt[3]{1000} = 20$ **j)** $\sqrt[3]{1} + \sqrt[3]{\square} = 7$ **k)** $\sqrt[3]{2} \cdot \sqrt[3]{\square} = 4$ **l)** $\sqrt[3]{1 - \square} = 0{,}3$

6 Ermittle die Kantenlängen a von Würfeln mit dem Volumen V. Runde, wenn nötig, auf Hundertstel Dezimeter. Was fällt auf?

V	1 dm³	10 dm³	100 dm³	1 000 dm³	10 000 dm³	100 000 dm³
a						

V	0,27 dm³	2,7 dm³	27 dm³	270 dm³	2 700 dm³	27 000 dm³
a						

Folgendes fällt auf:

Anwenden und Vernetzen

7 Ein Würfel, der durch und durch aus Glas besteht, mit einer Dichte von 2,5 g pro Kubikzentimeter

a) Einer der Glaswürfel hat 10 cm lange Kanten.
Ermittle seine Masse in Kilogramm.

b) Aus 50 kg Glas soll ein Würfel gegossen werden.
Ermittle seine Kantenlänge in Dezimetern. Runde auf Zehntel Dezimeter.

8 Jemand „beweist" auf folgende Art, dass 5 = 11 gilt.
Wo steckt der Fehler? Begründe deine Antwort.

$\left(\frac{5}{11}\right)^x = \left(\frac{11}{5}\right)^7$

$\frac{5^x}{11^x} = \frac{11^7}{5^7}$

$5^x \cdot 5^7 = 11^7 \cdot 11^x$

$5^{x+7} = 11^{x+7}$

$5 = 11$

Lineares Wachstum

▶ Grundwissen

Lineares Wachstum liegt vor, wenn in gleich langen Zeitspannen die Zu- oder Abnahme den gleichen Wert hat.

Es gilt: $w_n = w_0 + d \cdot n$ w_0: Anfangswert
d: Zu- oder Abnahme (Steigung)
n: Anzahl der gleichen Zeitspannen

Beispiel: In einem Schrank sind 4 Tafeln Schokolade.
Jeden Tag wird eine halbe Tafel davon weggenommen.

$w_n = 4 - 0{,}5 \cdot n$

Tage (n)	1	2	3	4	5	6	7	8
Tafeln (w_n)								

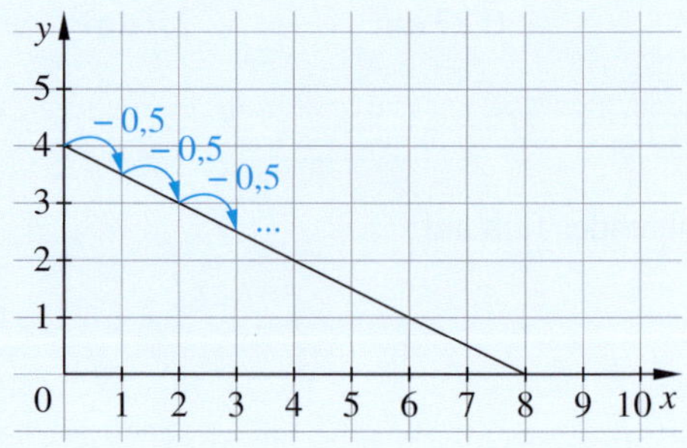

▶ **Auftrag:** Ergänze die Tabelle.

Trainieren

1 Lineares Wachstum

①

Zeit in min	0	1	2	3
fertige Teile	1	3		7

②

Zeit in h	2	4	6	10
Abstand in km	1	1,5		3

③

Zeit in Wochen	0	1	2	3
Tüten Futter	7	5,5	4	

④

Zeit in Monaten	2	3	4	5
Betrag in €		2,4	2,2	2

a) Ermittle jeweils den fehlenden Wert.

b) Stelle die Daten grafisch dar.

c) Markiere positives und negatives Wachstum mit unterschiedlichen Farben.

☐ positives lineares Wachstum ($d > 0$)

☐ negatives lineares Wachstum ($d < 0$)

d) Ordne die Gleichungen den Tabellen zu und gib die Zu- oder Abnahme in je einer Zeitspanne an.

$w_n = 7 - 1{,}5 \cdot n$ ______ ____________

$w_n = 0{,}5 + 0{,}25 \cdot n$ ______ ____________

$w_n = 1 + 2 \cdot n$ ______ ____________

$w_n = 3 - 0{,}2 \cdot n$ ______ ____________

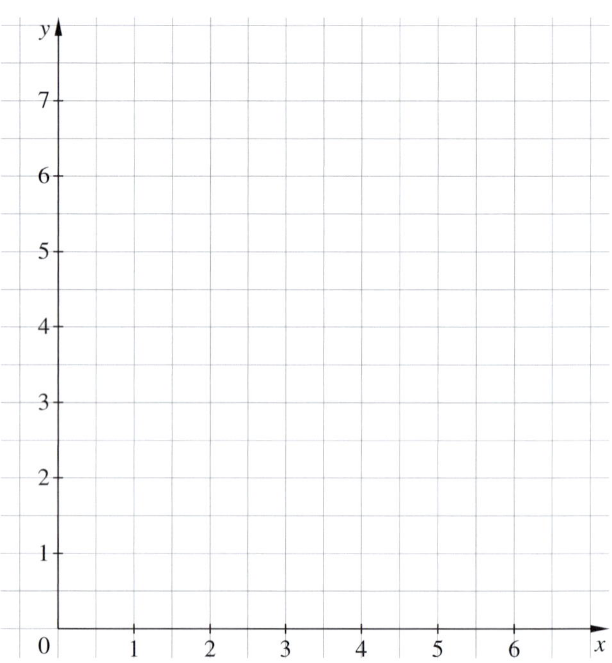

2 Wahr oder falsch?

① Lineares Wachstum kann mit einer linearen Funktion $y = mx + b$ beschrieben werden. ☐ wahr ☐ falsch

② Bei linearem Wachstum werden die Werte der Funktion immer größer. ☐ wahr ☐ falsch

③ Bei linearem Wachstum geht die passende Gerade durch den Punkt $P(0|0)$. ☐ wahr ☐ falsch

3 Entscheide, ob im Alltag eher positives lineares Wachstum (p), negatives lineares Wachstum (n) oder keines (k) von beidem vorliegt.

① Eine Haar wächst durchschnittlich 1 cm pro Monat.	☐ p	☐ n	☐ k
② Eine Aktie verlor pro Tag 5 % von ihrem Wert.	☐ p	☐ n	☐ k
③ Jeden Tag werden 25 von 200 Bäumen gefällt.	☐ p	☐ n	☐ k
④ Die Preise für Getreide stiegen pro Jahr um 2 %.	☐ p	☐ n	☐ k
⑤ Pro Stunde werden 10 Torten fertig.	☐ p	☐ n	☐ k

4 Gib ein Beispiel aus dem Alltag für negatives lineares Wachstum an.

Anwenden und Vernetzen

5 **Anzahl zugelassener Pkw in Deutschland 2000–2011**

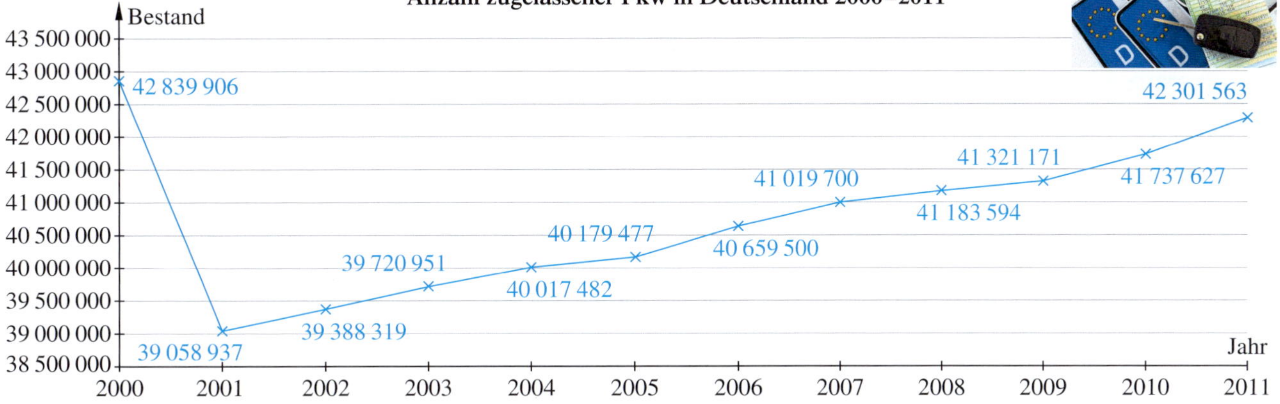

a) Betrachte die Anzahl der zugelassenen Pkw in Deutschland von 2001 bis 2011.
Gib an, welche Art von Wachstum in der Zeit von 2001 bis 2011 etwa vorliegt.

b) In welchem Jahr hatten die Zulassungen den größten absoluten und den größten prozentualen Zuwachs gegenüber dem Vorjahr?
Gib passende Werte an.
Zusatzaufgabe: Recherchiere, woran das liegen könnte.

c) In welchem Jahr hatten die Zulassungen den kleinsten absoluten und den kleinsten prozentualen Zuwachs gegenüber dem Vorjahr?
Gib passende Werte an.

d) Wie hoch ist der prozentuale Zuwachs zugelassener Pkw in Deutschland von 2001 bis 2011?

e) Kreuze passende Gleichungen an.

☐ $w_n = 39\,058\,937 + 1\,000\,000 \cdot n$ ☐ $w_n = 39\,058\,937 + 4\,\% \cdot n$ ☐ $w_n = 39\,058\,937 + 1\,500\,000 \cdot n$

☐ $w_{2002} = 39\,058\,937 \cdot 97{,}17$ ☐ $w_{2008} = 41\,321\,171 \cdot 1{,}02$ ☐ $w_{2010} = 40\,179\,477 \cdot 1{,}04$

Exponentielles Wachstum

▶ Grundwissen

Exponentielles Wachstum liegt vor, wenn in gleich langen Zeitspannen die Zu- oder Abnahme den gleichen Faktor hat. Es gilt: $w_n = w_0 \cdot q^n$ w_0: Anfangswert
q: Wachstumsfaktor ($q = 1 + p\%$)
n: Anzahl der gleichen Zeitspannen

Beispiel: In einem Schrank sind 4 Tafeln Schokolade.
Jeden Tag wird die Hälfte davon weggenommen.

$w_n = 4 \cdot 0{,}5^n$

Tage (n)	0	1	2	3	4	5
Tafeln (w_n)						

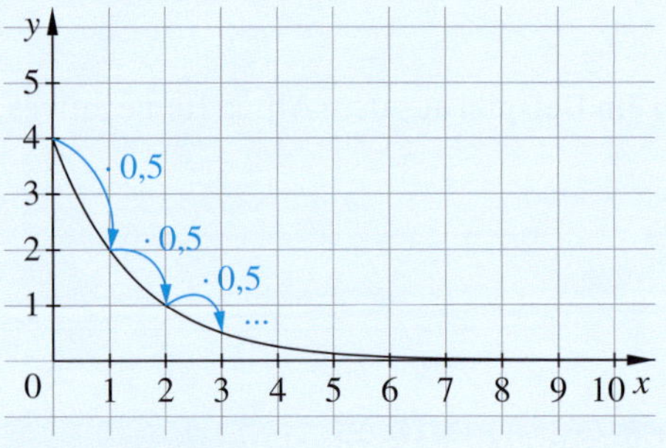

▶ Auftrag: Ergänze die Tabelle.

Trainieren

1 Exponentielles Wachstum mit $w_n = w_0 \cdot q^n$

①

n	0	1	2	3	4
w_n	0,5	1	2		8

②

n	0	1	2	3	4
w_n	5	1		0,04	0,008

③

n	0	1	2	3	4
w_n		2,4	2,88	3,456	4,1472

④

n	0	1	2	3	4
w_n	2	1	0,5	0,25	

a) Ermittle jeweils den fehlenden Wert und trage die Punkte im Koordinatensystem ein.

b) Ordne die Gleichungen den Tabellen zu und gib die Zu- oder Abnahme in je einer Zeitspanne an.

$w_n = 0{,}5 \cdot 2^n$ ______ $q =$ ______

$w_n = 2 \cdot 0{,}5^n$ ______ $q =$ ______

$w_n = 5 \cdot 0{,}2^n$ ______ $q =$ ______

$w_n = 2 \cdot 1{,}2^n$ ______ $q =$ ______

c) Markiere positives und negatives Wachstum mit unterschiedlichen Farben.

☐ positives exponentielles Wachstum ($q > 0$)

☐ negatives exponentielles Wachstum ($q < 0$)

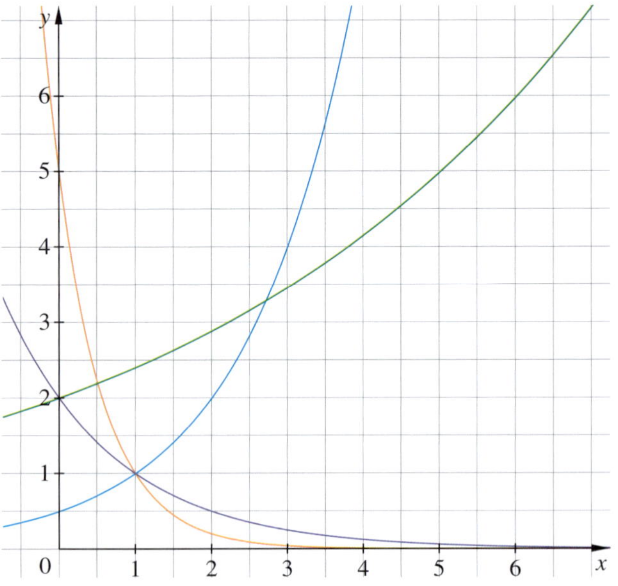

2 Wahr oder falsch?

① Exponentielles Wachstum kann mit einer Gleichung der Form $f(x) = mx$ beschrieben werden. ☐ wahr ☐ falsch
② Exponentielles Wachstum kann mit einer Gleichung der Form $f(x) = x^m$ beschrieben werden. ☐ wahr ☐ falsch
③ Bei exponentiellem Wachstum werden die Werte der Funktion immer größer. ☐ wahr ☐ falsch
④ Zu exponentiellem Wachstum passt keine Gerade. ☐ wahr ☐ falsch

3 Geldanlagen über 2 000 € mit Zinseszins und vollständiger Auszahlung nach 8 Jahren

Zinssatz p. a.	Kapital am Ende des 1. Jahres	Kapital am Ende des 2. Jahres	Kapital am Ende des 4. Jahres	Kapital am Ende des 6. Jahres	Kapital am Ende des 8. Jahres
5 %					
10 %					
15 %					

a) Ergänze die Tabelle mithilfe des Taschenrechners oder einer Tabellenkalkulation.

b) Ermittle den Wachstumsfaktor q und gib passende Gleichungen zur Ermittlung des Kapitals K nach n Jahren an.

① $p = 5\,\%$ $K_0 = 2\,000\,€$ $q =$ ______ $K_n =$ ______

② $p = 10\,\%$ $K_0 = 2\,000\,€$ $q =$ ______ $K_n =$ ______

③ $p = 15\,\%$ $K_0 = 2\,000\,€$ $q =$ ______ $K_n =$ ______

c) Veranschauliche die Entwicklung des Kapitals. Ermittle, in welchem Jahr erstmals das Kapital größer als 8 000 € wäre. Gib das Kapital am Ende des Jahres zuvor und in dem Jahr an.

① $p = 5\,\%$ ______

______

② $p = 10\,\%$ ______

______

③ $p = 15\,\%$ ______

______

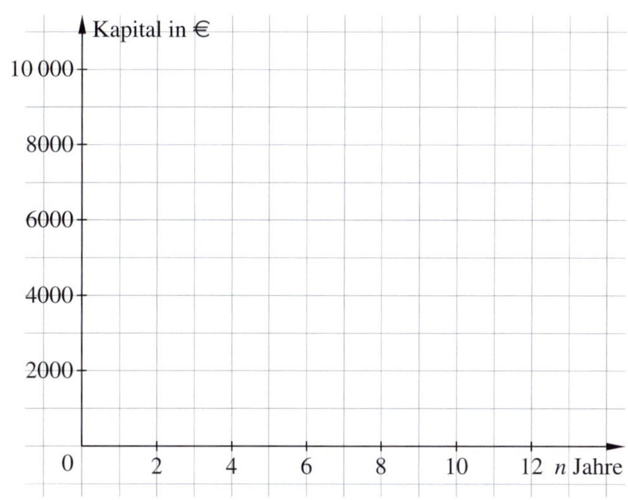

Anwenden und Vernetzen

4

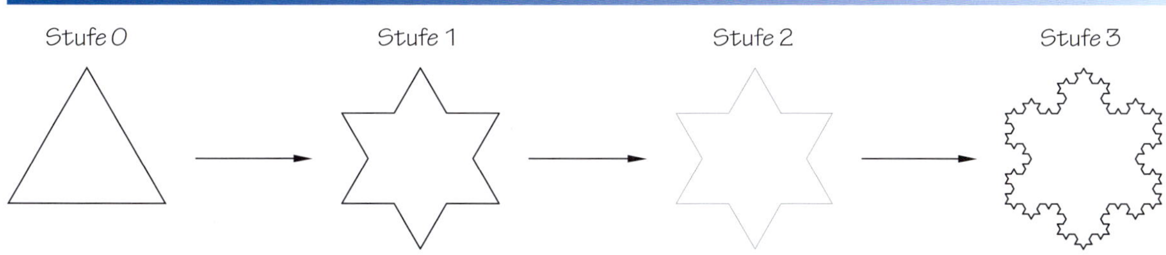

Drittele die Länge der Seite eines gleichseitigen Dreiecks der letzten Stufe. Setze über den mittleren Stücken damit gleichseitige Dreiecke auf.

a) Zeichne die Figur zur Stufe 2 und ergänze die Tabelle.

	Stufe 0	Stufe 1	Stufe 2	Stufe 3
Anzahl der Strecken	3			
Länge einer Strecke	1			
Umfang der Figur	3			

b) Gib eine Formel zur Berechnung des Umfangs u in der n-ten Stufe an. ______

Pyramiden und Kegel erkennen

▶ Grundwissen

- Eine Pyramide ist ein Körper, dessen Grundfläche ein Vieleck ist und dessen Seitenflächen Dreiecke sind, die eine gemeinsame Ecke, die Pyramidenspitze, bilden.
- Ein Kegel ist ein Körper, der durch einen Kreis und einen Punkt außerhalb der Ebene des Kreises, der Spitze des Kegels, festgelegt wird.

Beispiele:

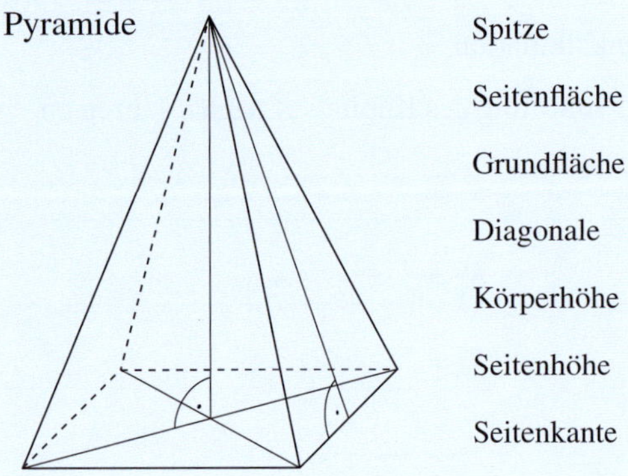

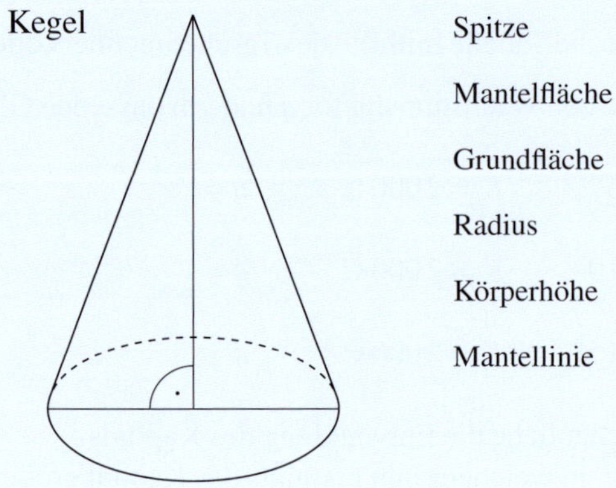

▶ **Auftrag:** Zeichne bei den Beispielen passende Linien ein.

Trainieren

1 Körperzeichnungen

a) Ergänze jeweils die Anzahl der dargestellten Körper.

Pyramiden: ______ Kegel: ______

b) Gib die Form der Grundflächen der Pyramiden an.

____

____

c) Zusatzaufgabe: Benenne möglichst viele der dargestellten Körper.

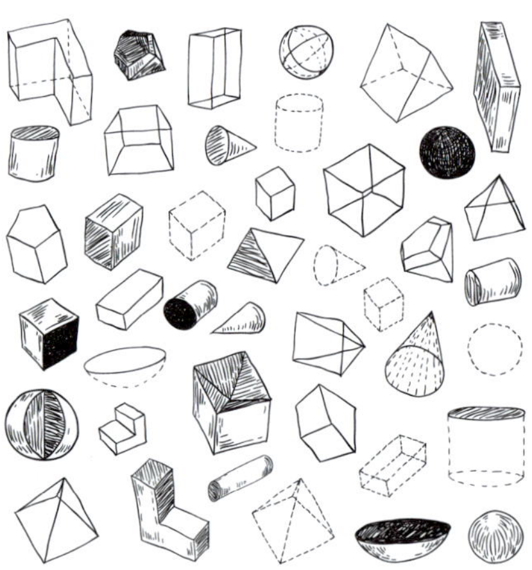

2 Pyramiden und Kegel im Alltag

a) Entscheide, ob im Alltag oft die Form einer Pyramide (P), eines Kegels (K) oder keines von beidem (n) vorliegt.

① Dach eines Kirchturms	☐ P	☐ K	☐ n
② Spitze eines angespitzten Buntstiftes	☐ P	☐ K	☐ n
③ Kegel einer Kegelbahn	☐ P	☐ K	☐ n
④ Bevölkerungspyramide, z. B. im Geographiebuch	☐ P	☐ K	☐ n
⑤ gewöhnlicher Klebestift	☐ P	☐ K	☐ n

b) Nenne jeweils ein Beispiel für einen Gegenstand mit der Form eines Kegels und mit der Form einer Pyramide.

____

____

3 Schrägbilder

a) Zeichne in die Schrägbilder von Prismen passende Pyramiden ein.
Markiere darin jeweils die Spitze S, die Körperhöhe h_k, eine Seitenhöhe h_a und eine Seitenkante s.

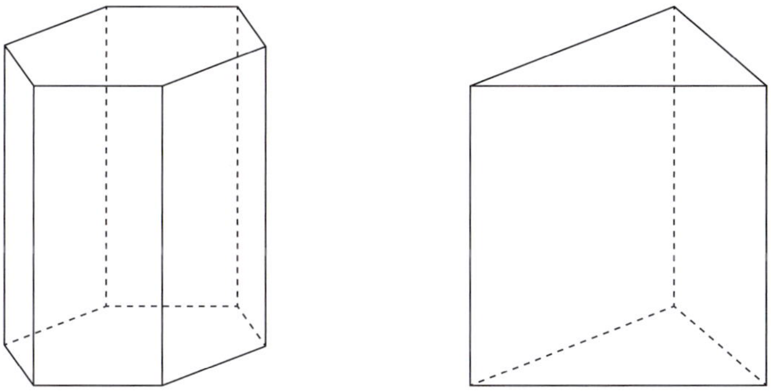

gerade, regelmäßige, sechsseitige Pyramide, die so hoch ist wie das Prisma

schiefe, regelmäßige, dreiseitige Pyramide, die so hoch ist wie das Prisma

gerade, regelmäßige, sechsseitige Pyramide, die halb so hoch ist wie das Prisma

b) Zeichne in die Schrägbilder von Zylindern passende Kegel ein.
Markiere darin jeweils die Spitze S, den Radius r, die Körperhöhe h_k und eine Mantellinie m.

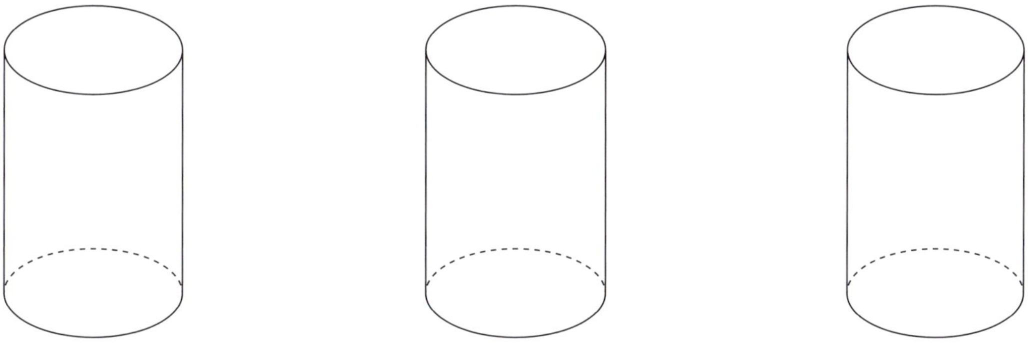

gerader Kegel, der so hoch ist wie der Zylinder

schiefer Kegel, der so hoch ist wie der Zylinder

gerader Kegel, der halb so hoch ist wie der Zylinder

Anwenden und Vernetzen

4 Zwei Zuckertüten sind 25 cm hoch. Eine hat die Form eines Kegels mit 5 cm Radius. Die andere hat die Form einer geraden sechsseitigen Pyramide mit 10 cm langen Diagonalen.
Zeichne in einem geeigneten Maßstab passende Schrägbilder vom Kegel und von der Pyramide. Gib den Maßstab an.
Zusatzaufgabe: Zeichne jeweils einen stehenden und einen liegenden Körper.

Oberfläche von Pyramiden

► Grundwissen

Für den Oberflächeninhalt einer Pyramide gilt:

____

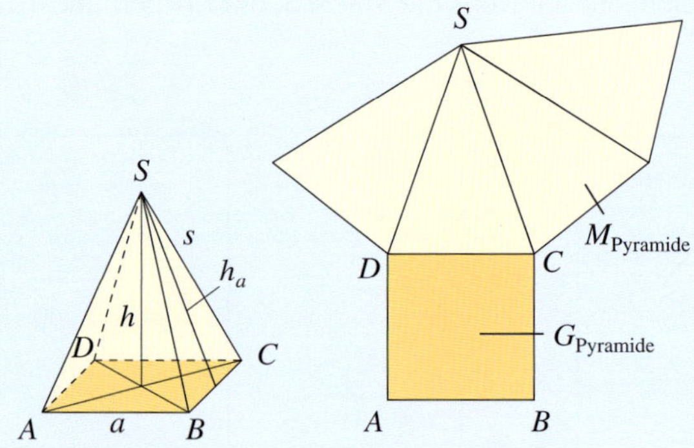

► Auftrag: Ergänze eine Formel zu Berechnung der Größe der Oberfläche.

Trainieren

1

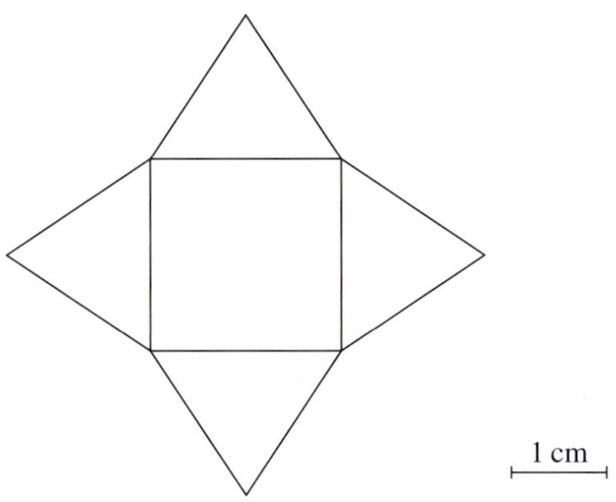

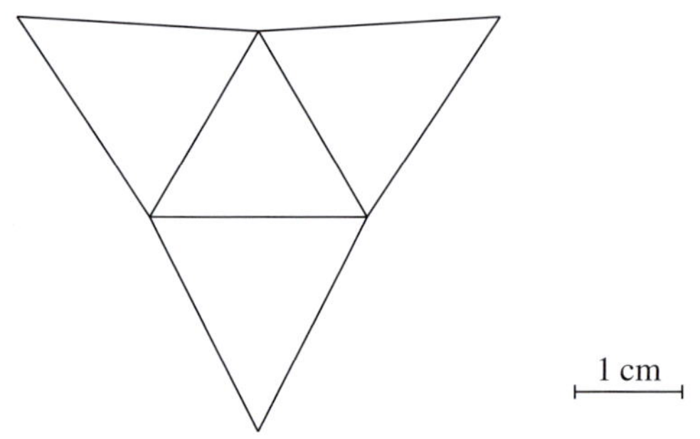

Größe der Grundfläche: ______________ Größe der Grundfläche: ______________

Größe der Mantelfläche: ______________ Größe der Mantelfläche: ______________

Größe der Oberfläche: ______________ Größe der Oberfläche: ______________

a) Ermittle die Größen der Flächen der geraden, regelmäßigen Pyramiden.
Entnimm dazu benötigte Angaben den Körpernetzen.

b) Kreuze alle zu beiden Pyramiden passenden Formeln an.
Hinweis: Prüfe, ob sie für beide Beispiele gelten.

☐ $G_{\text{Pyramide}} = a^2$ ☐ $s = \sqrt{h_a^{\,2} + a^2}$

☐ $A_{\text{Seitenfläche}} = \frac{h_a \cdot a}{2}$ ☐ $h_a = \sqrt{s^2 - a^2}$

2 Ordne die Pyramidennetze nach der Größe. Beginne jeweils mit dem kleinsten Wert.

a) Grundfläche: ______________

b) Mantelfläche: ______________

c) Oberfläche: ______________

①

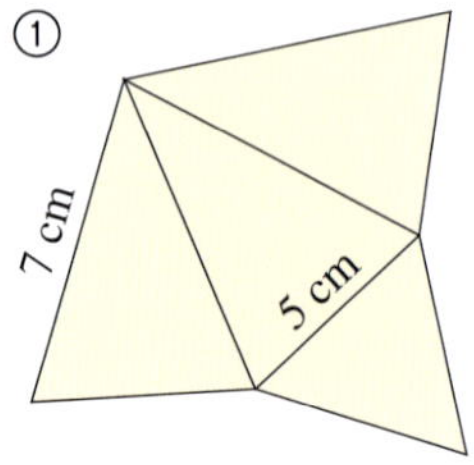

②

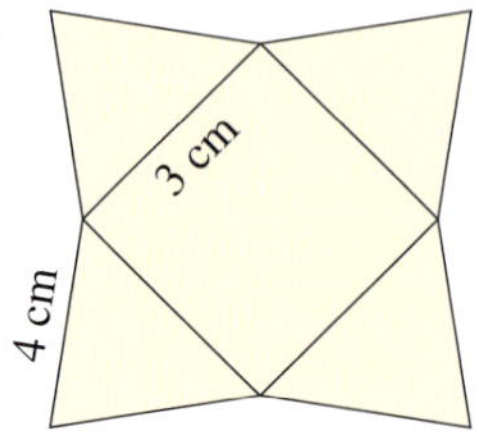

③

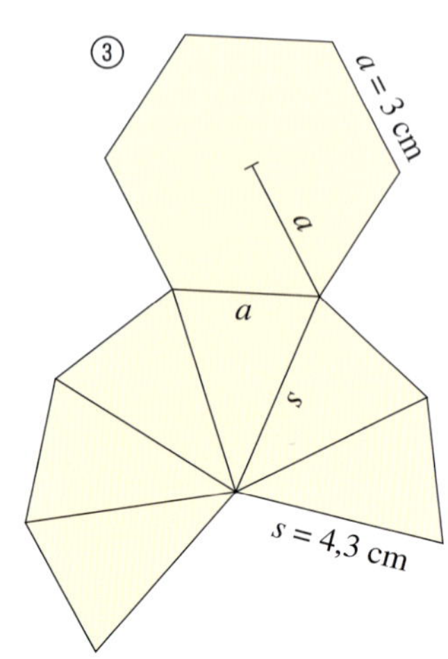

3 Eine gerade Pyramide ist 34 cm hoch und hat eine quadratische Grundfläche mit 56 cm langen Seiten.

a) Berechne die Höhe h_a einer Seitenfläche.
Hinweis: Betrachte die Pyramide im Grundwissen.

b) Berechne den Oberflächeninhalt der Pyramide.

4 Vervollständige die Tabelle für gerade Pyramiden mit quadratischen Grundflächen.
Hinweis: Betrachte die Pyramide im Grundwissen.

a	h	s	h_a	M_{Pyramide}	O_{Pyramide}
3 cm	5 cm				
		3,5 cm	2,9 cm		
	7,9 m		12,5 m		

Anwenden und Vernetzen

5 Ein Turmdach soll neu gedeckt werden. Die Dachdecker haben ermittelt, dass alle unteren Dachkanten 8 m lang sind und ein Quadrat bilden. Alle schrägen Dachkanten sind 9 m lang.
Jeder der neuen Ziegel deckt eine Fläche von 15 cm mal 12 cm ab.
Berechne die Anzahl der benötigten Ziegel.

6 Eine 12 cm hohe Schachtel hat die Form einer geraden Pyramide.
Die Grundfläche ist ein regelmäßiges Achteck mit der Seitenlänge $a = 7$ cm.
Die Höhe h_d jedes Teildreiecks der Grundfläche beträgt rund 8,45 cm.

a) Berechne den Oberflächeninhalt der Pyramide.

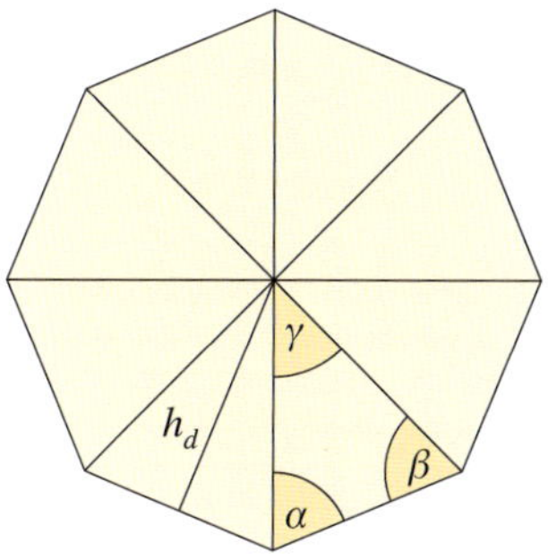

b) Karl betrachtet das Achteck und behauptet: „α ist genau 86° groß.“
Hat er Recht? Begründe deine Meinung mithilfe einer Rechnung.

Oberfläche von Kegeln

▶ Grundwissen

Für den Oberflächeninhalt eines Kegels gilt:

O_{Kegel} = ______________________

G_{Kreis} = ______________________

M_{Kegel} = ______________________

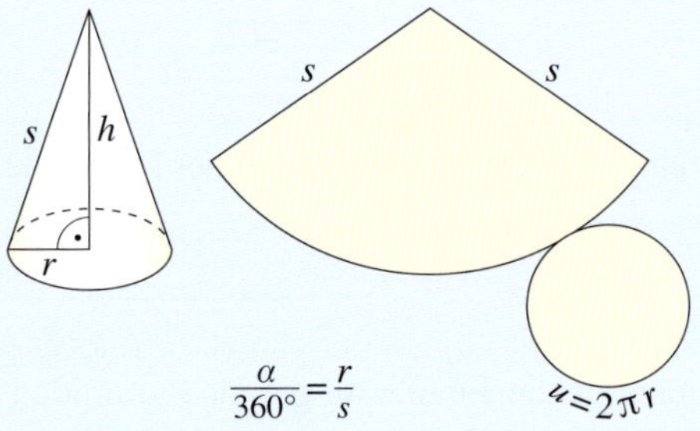

▶ Auftrag: Ergänze die Formeln.

Trainieren

1

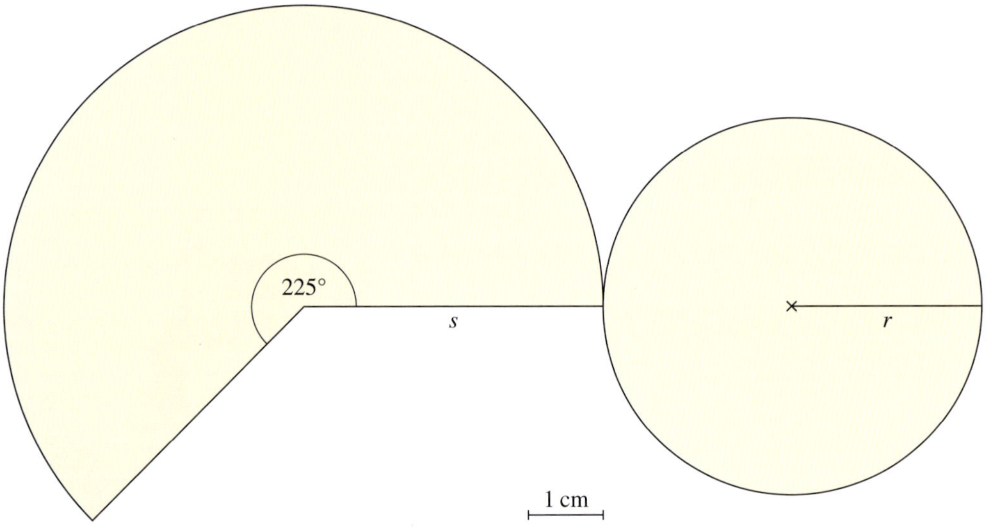

Ermittle die Größen der Flächen des geraden Kegels. Entnimm dazu benötigte Angaben dem Körpernetz.

Größe der Grundfläche: ______________________

Größe der Mantelfläche: ______________________

Größe der Oberfläche: ______________________

2 Berechne den Flächeninhalt der Grundfläche, des Mantels und der Oberfläche der Kegel.

a)

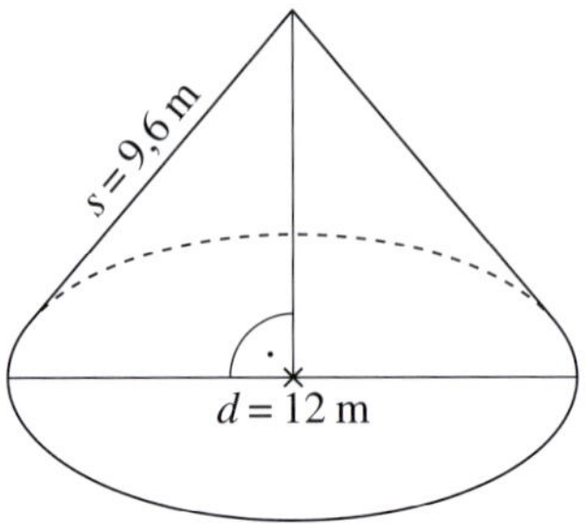

b)

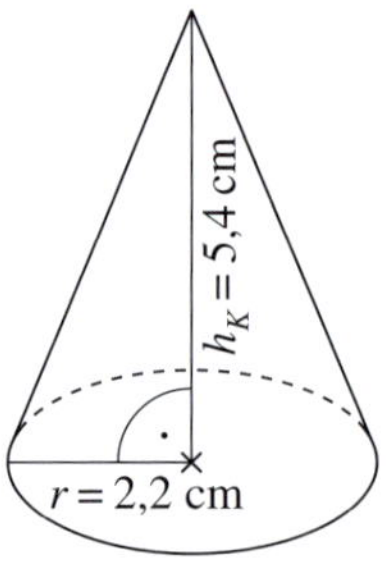

______________________ ______________________

______________________ ______________________

______________________ ______________________

3 Zeichne das Netz eines Kegels mit einem Durchmesser von 2,6 cm und einer Seitenhöhe von 2,1 cm. Berechne den Oberflächeninhalt.

4 Vervollständige die Tabelle für Kegel. Betrachte dazu die Abbildungen im Grundwissen.

r	s	h	α	M_{Kegel}	G_{Kreis}	O_{Kegel}
	8 dm			65 dm^2		
	15,2 m	12,4 m				
25,6 m	27,5 m					
5,5 m				97,6 m^2		
8 cm						950 cm^2

Anwenden und Vernetzen

5 Auf dem Bild ist ein Kletterturm zu sehen, der „Kegel" genannt wird. Er befindet sich in Berlin.
Der Turm hat eine Gesamthöhe von 18,70 m. Der Zylinder hat einen Umfang von 44 m und eine Höhe von 10,7 m.
Berechne näherungsweise die Größe der Fläche im Außenbereich, die den Kletterern zur Verfügung steht.

6 Das Körpernetz eines Kegels besteht aus einem Viertelkreis mit einem Radius von 10 cm und einem Kreis.

a) Welchen Oberflächeninhalt hat der zugehörige Kegel?
Zusatzaufgabe: Bastle einen derartigen Kegel.

b) Schätze, wie groß das Volumen des zugehörigen Kegels ist.
Kreuze alle passenden Angaben an.

☐ ca. 6 cm^2 ☐ ca. $6 \cdot 10^{-5}$ m^3 ☐ ca. $6 \cdot 10^3$ mm^3

☐ ca. 0,006 dm^3 ☐ ca. 60 cm^3 ☐ 6 000 mm^3

Volumen von Pyramiden und Kegeln

▶ Grundwissen

- Für das Volumen einer Pyramide gilt:

  V_{Pyramide} = ____________________

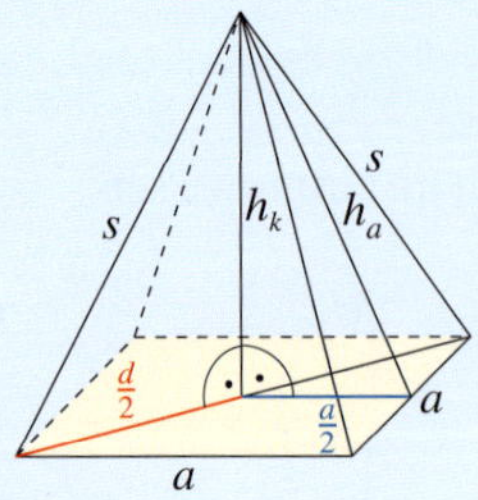

- Für das Volumen eines Kegels gilt:

  V_{Kegel} = ____________________

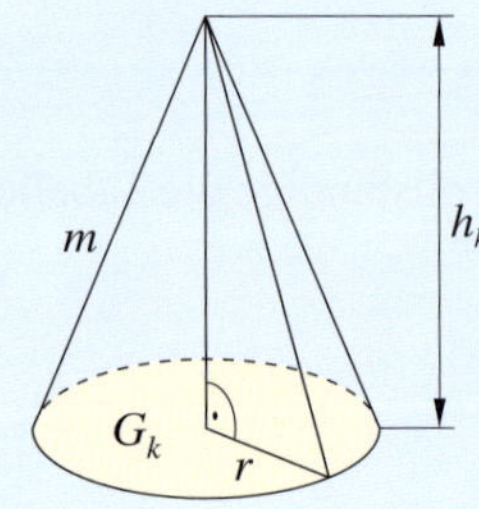

▶ **Auftrag:** Ergänze die Formeln.

Trainieren

1 Ermittle das Volumen der skizzierten Pyramide.

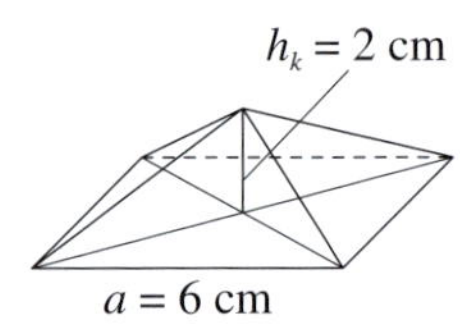

____

____

2 Ergänze die Tabelle für Pyramiden.

Flächeninhalt der Grundfläche	$6\ cm^2$	$10\ dm^2$		$0{,}25\ m^2$
Höhe	4 cm		11 mm	0,6 m
Volumen		$40\ dm^3$	$77\ mm^3$	

3 Ermittle das Volumen des skizzierten Kegels.

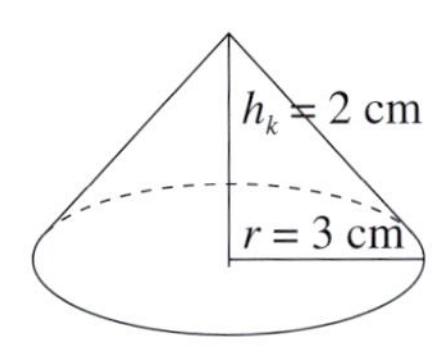

____

____

4 Ergänze die Tabelle für Kegel.

Radius	Durchmesser	Flächeninhalt der Grundfläche	Höhe	Volumen
4 dm			6 dm	
	2 m			$12{,}56\ m^3$
1,5 cm			2 cm	
	2 mm			$7{,}32\ mm^3$

5 Formuliere eine gemeinsame Regel zur Berechnung des Volumens von Pyramiden und Kegeln.

____

6 Ordne die Körper nach der Größe der Volumen. Beginne mit dem kleinsten Wert.
Körper ① ist eine 5 cm hohe quadratische Pyramide mit 2 cm langen Kanten an der Grundfläche.
Körper ② ist ein 5 cm hoher Kegel, dessen Grundfläche einen Durchmesser von 5 cm hat.
Körper ③ ist eine 4 cm hohe rechteckige Pyramide mit 6 cm und 2,5 cm langen Kanten an der Grundfläche.
Körper ④ ist ein 4 cm hoher Kegel, dessen Grundfläche einen Radius von 3 cm hat.

Anwenden und Vernetzen

7 Auf einer Drehmaschine wurde das in der Zeichnung dargestellte Werkstück gefertigt. Es entstehen bei der Drehung um die eingezeichnete Achse Rotationskörper. Die Maße sind in Millimetern angegeben.
Benenne die entstandenen Körper.
Berechne Volumen und Oberflächeninhalt von jedem der beiden Körper.

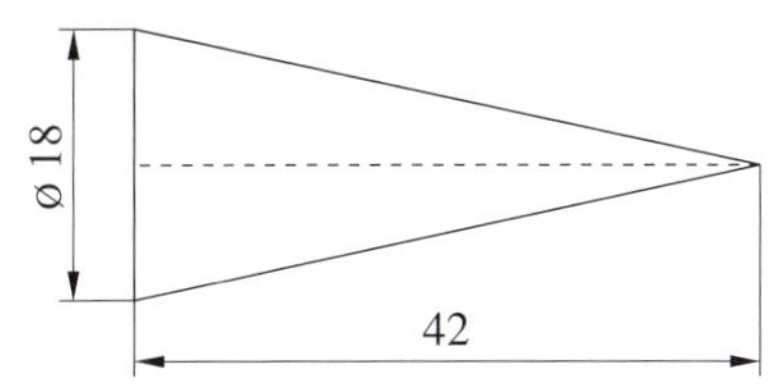

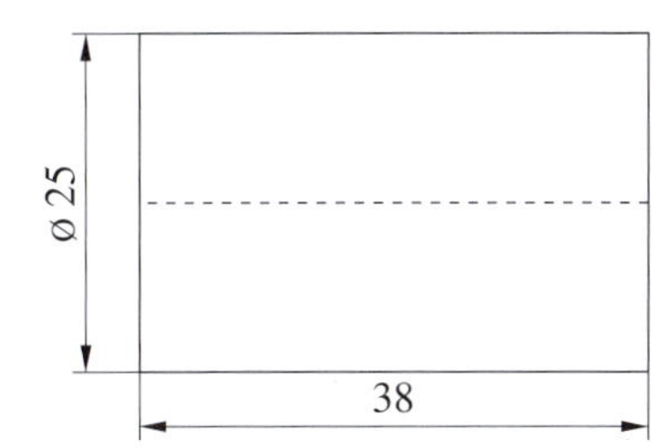

8 Alle Kanten eines regelmäßigen Tetraeders und einer geraden quadratischen Pyramide haben eine Länge von $a = 3$ cm.
Berechne die Volumen beider Körper.

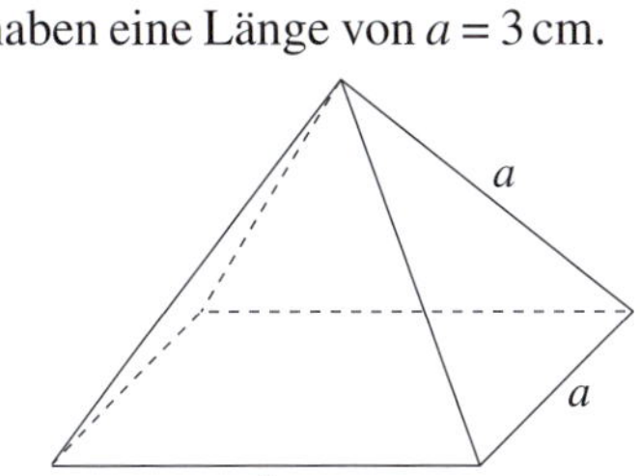

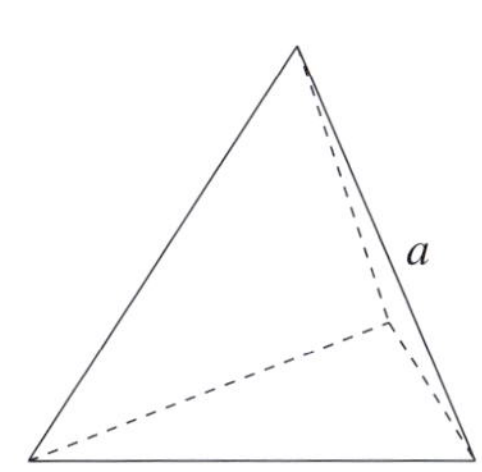

Volumen und Oberfläche von Kugeln

▶ Grundwissen

- Für das Volumen einer Kugel gilt:

  $V_{Kugel} = \frac{4}{3}\pi \cdot r^3$.

  $V_{Kugel} =$ ______________________

- Für den Oberflächeninhalt einer Kugel gilt:

  $O_{Kugel} = 4\pi \cdot r^2$.

  $O_{Kugel} =$ ______________________

Beispiel:

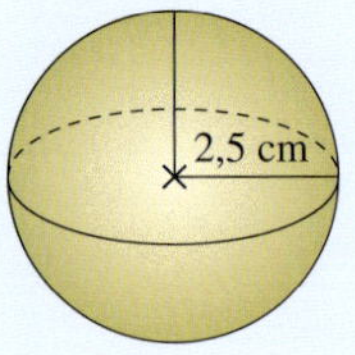

▶ Auftrag: Ergänze das Beispiel.

Trainieren

1 Berechne jeweils das Volumen und den Oberflächeninhalt der Kugel. Runde die Ergebnisse auf Hundertstel.
Hinweis: Nutze zum Rechnen gegebenenfalls ein zusätzliches Blatt.

Radius	7,6 cm	32,1 cm	0,69 cm	99,9 cm
Oberflächeninhalt				
Volumen				

2 Ergänze die Tabelle für Kugeln. Runde die Ergebnisse auf Hundertstel.
Hinweis: Nutze zum Nachrechnen gegebenenfalls ein zusätzliches Blatt.

Radius	3,5 cm			
Durchmesser		4 dm		
Oberflächeninhalt			$120\ mm^2$	
Volumen				$700\ m^3$

3 Ordne mithilfe von Überschlägen innerhalb einer Minute möglichst viele Werte jeweils einer Kugel zu (Radius bzw. Durchmesser, Oberflächeninhalt, Volumen).
Markiere einander zugeordnete Größenangaben mit der gleichen Farbe.
Hinweis: Nutze gegebenenfalls zum Nachrechnen ein zusätzliches Blatt.

3,5 cm	$79\ cm^2$	$154\ cm^2$	$4347\ cm^2$
$12\ cm^2$	$180\ cm^3$	18,6 cm	1 cm
$26\,954\ cm^3$	$65\ cm^3$	$4\ cm^3$	5 cm

4 Schätze, welchen Oberflächeninhalt und welches Volumen ein Fußball hat.

____

____

5 Untersuche, ob alle Kugeln aus dem gleichen Gusseisen bestehen können. Berechne dazu mithilfe des Volumens die Dichte des Materials, aus dem jeweils die Kugel besteht.
Hinweis: $\varrho = \frac{m}{V}$

	Kugel ①	Kugel ②	Kugel ③	Kugel ④
Masse m	3 000 g	4 000 g	5 000 g	7 260 g
Durchmesser d	9,4 cm	10,3 cm	11,0 cm	12,5 cm
Volumen V				
Dichte ϱ				

Anwenden und Vernetzen

6 Je drei Tennisbälle sollen platz- und materialsparend verpackt werden. Sie haben einen Durchmesser von 6,6 cm. Es bieten sich zylinderförmige oder quaderförmige Schachteln an. Gib jeweils die Raumausnutzung in Prozent an. Wie viel Karton ist mindestens nötig, um eine solche Schachtel zu falten, wenn man 15 % für Klebestellen und Überlappung hinzurechnet?

7 Einem Würfel mit der Kantenlänge $a = 10$ cm wird eine Kugel einbeschrieben. Um wie viel Prozent sind Volumen und Oberflächeninhalt der Kugel kleiner als die entsprechenden Größen des Würfels?

Seitenverhältnisse in rechtwinkligen Dreiecken

▶ Grundwissen

Beispiel:

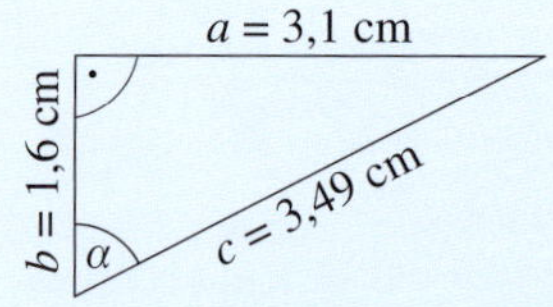

Beziehungen in rechtwinkligen Dreiecken:

Sinus eines Winkels = $\frac{\text{Länge der Gegenkathete des Winkels}}{\text{Länge der Hypotenuse}}$ $\qquad \sin(\alpha) =$ ______

Kosinus eines Winkels = $\frac{\text{Länge der Ankathete des Winkels}}{\text{Länge der Hypotenuse}}$ $\qquad \cos(\alpha) =$ ______

Tangens eines Winkels = $\frac{\text{Länge der Gegenkathete des Winkels}}{\text{Länge der Ankathete des Winkels}}$ $\qquad \tan(\alpha) =$ ______

▶ **Auftrag:** Berechne den Sinus, den Kosinus und den Tangens von α.

Trainieren

1 Ergänze die Sätze.
Hinweis: „δ“ steht für Delta. „ε“ steht für Epsilon. „ζ“ steht für Zeta.

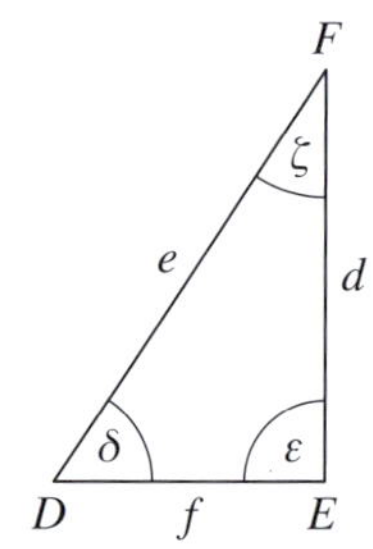

① ___ ist der rechte Winkel im Dreieck *DEF*. Die Hypotenuse ist die Seite ___.

② Die Ankathete zum Winkel δ im Dreieck *DEF* ist die Seite ___. Die Gegenkathete ist die Seite ___.

③ Die Ankathete zum Winkel ζ im Dreieck *DEF* ist die Seite ___. Die Gegenkathete ist die Seite ___.

2 Vervollständige die Gleichungen so, dass sie zum jeweiligen Dreieck passen.

a) $\sin(\alpha) = \frac{\square}{\square}$ $\quad \cos(\alpha) = \frac{\square}{\square}$ $\quad \tan(\alpha) = \frac{\square}{\square}$

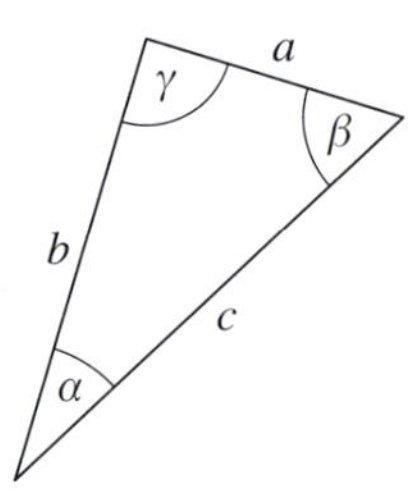

b) $\sin(\alpha) = \frac{\square}{\square}$ $\quad \cos(\alpha) = \frac{\square}{\square}$ $\quad \tan(\alpha) = \frac{\square}{\square}$

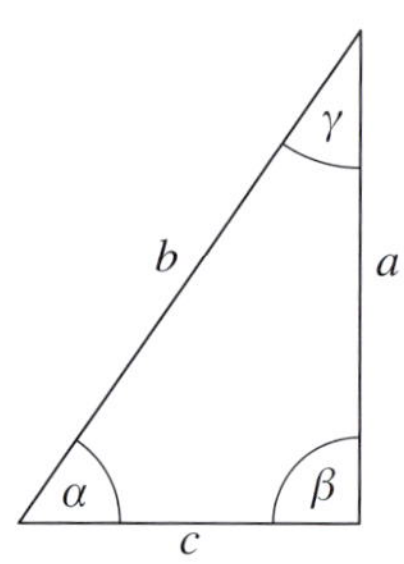

c) $\sin(\beta) = \frac{\square}{\square}$ $\quad \cos(\gamma) = \frac{\square}{\square}$ $\quad \tan(\gamma) = \frac{\square}{\square}$

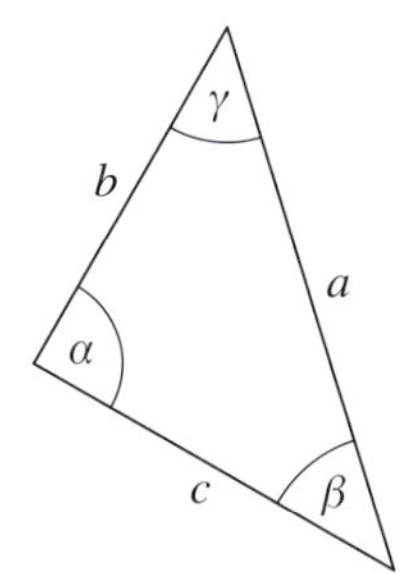

3 Kreuze alle zum Dreieck *ABC* passenden Formeln an.
Zusatzaufgabe: Gib weitere passende Formeln an.

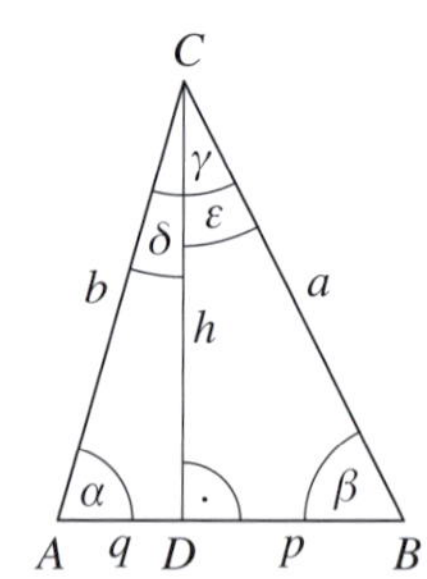

- ☐ $\sin(\alpha) = \frac{a}{b}$ ☐ $\sin(\alpha) = \frac{h}{b}$ ☐ $\sin(\beta) = \frac{h}{a}$ ☐ $\sin(\beta) = \frac{h}{p}$
- ☐ $\cos(\alpha) = \frac{b}{a}$ ☐ $\cos(\alpha) = \frac{b}{h}$ ☐ $\cos(\beta) = \frac{h}{a}$ ☐ $\cos(\beta) = \frac{p}{a}$
- ☐ $\tan(\alpha) = \frac{q}{b}$ ☐ $\tan(\alpha) = \frac{q}{h}$ ☐ $\tan(\beta) = \frac{p}{h}$ ☐ $\tan(\beta) = \frac{p}{a}$
- ☐ $\frac{q}{b} = \sin(\delta)$ ☐ $\frac{h}{b} = \cos(\delta)$ ☐ $\frac{p}{a} = \sin(\varepsilon)$ ☐ $\frac{p}{h} = \tan(\varepsilon)$

4 Berechne mit einem Taschenrechner.
Hinweis: Nutze beim Taschenrechner z. B. „sin“ und „$\sin^{-1}$“.

a) $\sin(20°) \approx$ ______ **b)** $\sin($ ______ $) \approx 0{,}3$

c) $\cos(20°) \approx$ ______ **d)** $\cos($ ______ $) \approx 0{,}3$

e) $\tan(20°) \approx$ ______ **f)** $\tan($ ______ $) \approx 0{,}3$

5 Ergänze die Tabelle zu verschiedenen rechtwinkligen Dreiecken ABC.

α	10°			50°		
$\sin(\alpha)$		0,50				0,90
$\cos(\alpha)$					0,50	
$\tan(\alpha)$			1			

6 Entscheide, welcher der beiden spitzen Winkel der größere ist.
Trage das entsprechende Zeichen ein.

a) $\cos(\alpha) = \frac{3}{5}$ und $\cos(\beta) = \frac{2}{5}$ α ☐ β

b) $\sin(\alpha) = \frac{3}{5}$ und $\sin(\beta) = \frac{3}{7}$ α ☐ β

c) $\cos(\alpha) = \frac{3}{5}$ und $\cos(\beta) = \frac{2}{3}$ α ☐ β

d) $\sin(\alpha) = \frac{2}{5}$ und $\sin(\beta) = \frac{3}{7}$ α ☐ β

e) $\tan(\alpha) = 2$ und $\tan(\beta) = 3$ α ☐ β

f) $\tan(\alpha) = \frac{3}{5}$ und $\tan(\beta) = \frac{4}{7}$ α ☐ β

Anwenden und Vernetzen

7 Dächer mit einem Neigungswinkel von 30° bis 45° bieten in Deutschland die besten Voraussetzungen für eine Installation von Sonnenkollektoren.

a) Ein symmetrisches Satteldach ist 9,8 m breit.
Welche Höhe sollte es mindestens bzw. höchstens haben, damit die Voraussetzungen für Sonnenkollektoren optimal sind? Wie groß ist die insgesamt zu deckende Dachfläche, wenn das Haus 12 m lang ist?
Hinweis: Fertige eine Skizze an.

b) Ein symmetrisches Satteldach ist 10,5 m breit. Die Länge der Dachkanten am Giebel beträgt 8,3 m.
Ist es für die Installation von Sonnenkollektoren geeignet?

Strecken- und Winkelberechnungen

▶ Grundwissen

- Seitenlängen oder Winkelgrößen in rechtwinkligen Dreiecken können mithilfe von Sinus, Kosinus und Tangens oder dem Satz des Pythagoras berechnet werden. Die Größe eines zweiten Winkels und einer Seite bzw. zweier Seiten eines rechtwinkligen Dreiecks müssen dazu bekannt sein.
- Ist es möglich, Figuren in rechtwinklige Dreiecke zu zerlegen, so können unbekannte Streckenlängen oder Winkelgrößen ermittelt werden.

Beispiel: Berechne den Flächeninhalt A des Rechtecks $ABCD$.

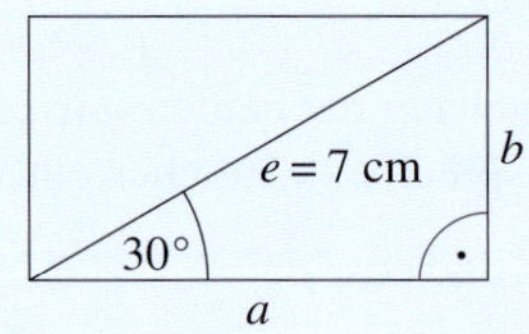

$\sin(30°) = \frac{b}{7\,\text{cm}}$ und $\sin(30°) =$ ________, man erhält $b =$ ________.

$a^2 + b^2 = e^2$, man erhält $a \approx$ ________. $A = a \cdot b \approx$ ________

____

____

▶ **Auftrag:** Ergänze das Beispiel und notiere einen anderen Lösungsweg, ohne den Satz des Pythagoras anzuwenden.

Trainieren

1 Berechne jeweils die Größe des blau markierten Winkels bzw. die Länge der Strecke.

a)

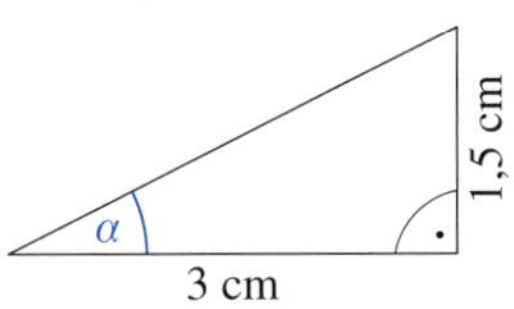

b)

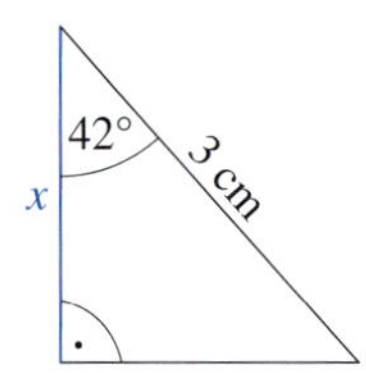

c)

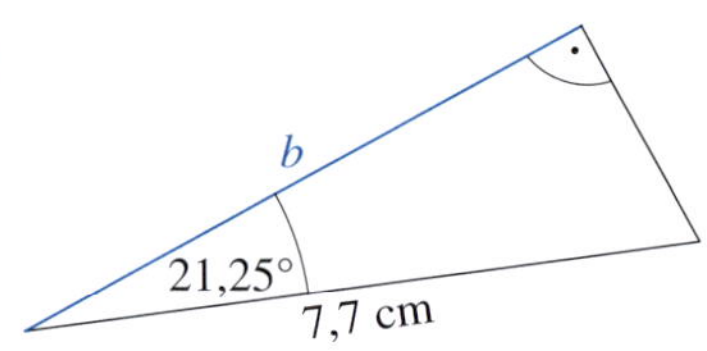

________________ ________________ ________________

________________ ________________ ________________

d)

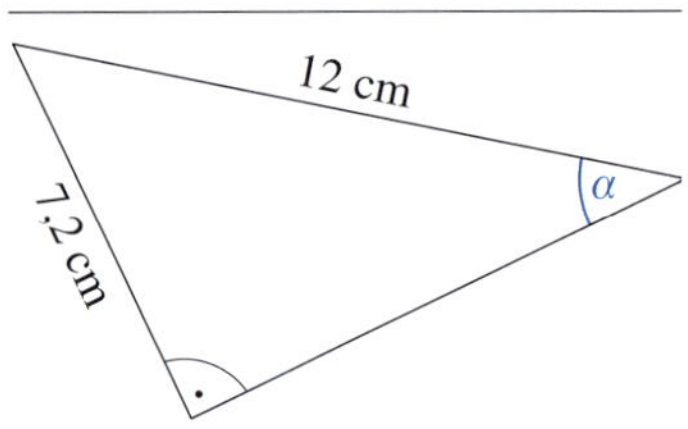

e)

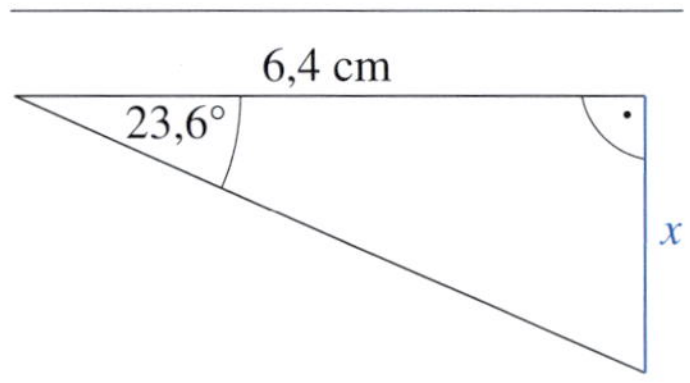

f)

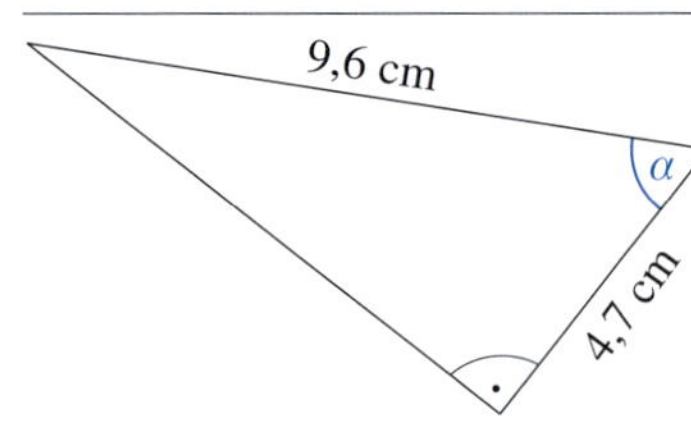

________________ ________________ ________________

________________ ________________ ________________

2 Berechne die fehlenden Stücke in den rechtwinkligen Dreiecken ABC mit $\gamma = 90°$.
Hinweis: Nutze zum Rechnen, wenn nötig, ein zusätzliches Blatt.

a	b	c	α	β	A	h
4,0 m		5,0 m				
	5,0 cm		45°			
5,0 dm						2 dm
	26 cm				4,16 dm^2	

3 In den gleichschenkligen Dreiecken ABC sind die Winkel α und β gleich groß.
Ergänze die Tabelle.

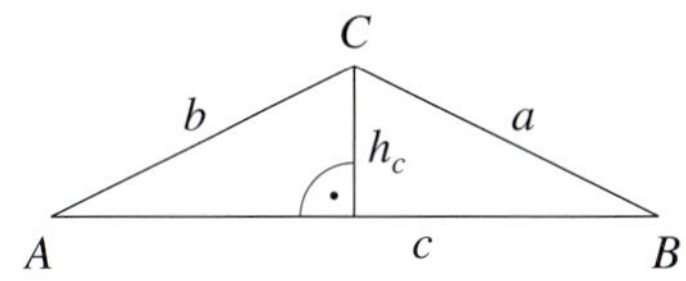

a	c	α	β	γ	h_c	A
4,5 cm	7,0 cm	39°				
2,3 m				50°		
	4,0 m			70°		

4 Berechne den Flächeninhalt des Parallelogramms $ABCD$.
Hinweis: $A_{\text{Parallelogramm}} = a \cdot h_a$

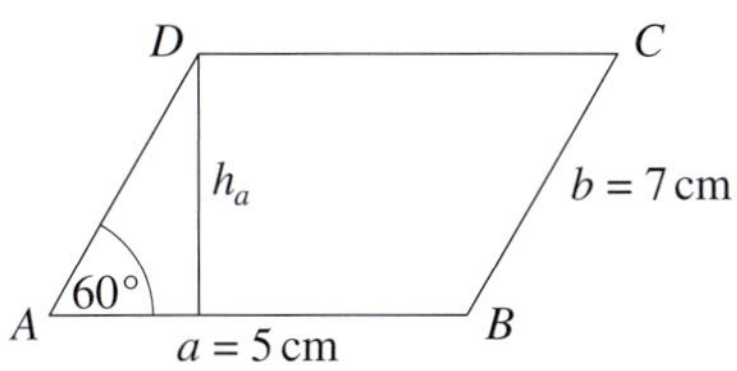

Anwenden und Vernetzen

5 Eine bewegliche Kamera ist am Hausdach in einer Höhe von 27 m angebracht.
Berechne mithilfe der angegebenen Maße den Abstand e der Dächer und die Höhe h des gegenüberliegenden Hauses.
Zusatzaufgabe: Prüfe mit einer Zeichnung auf einem zusätzlichen Blatt, ob deine Ergebnisse stimmen können.

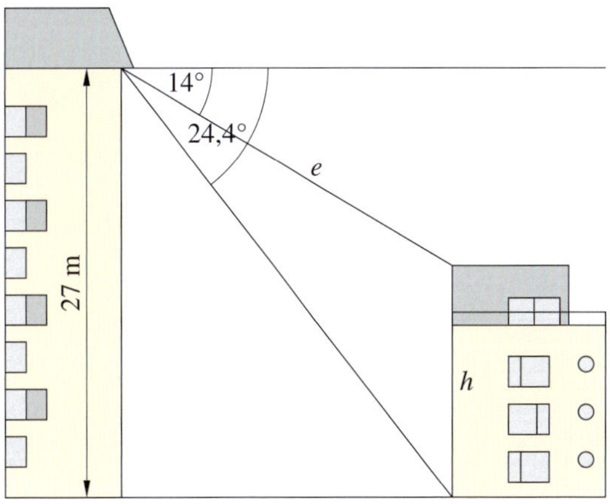

6 Eine gerade Pyramide hat eine quadratische Grundfläche mit 5,0 m langen Seiten.
Der Neigungswinkel zwischen Seitenfläche und der Grundfläche beträgt 45 °.

a) Berechne die Höhe der Pyramide.

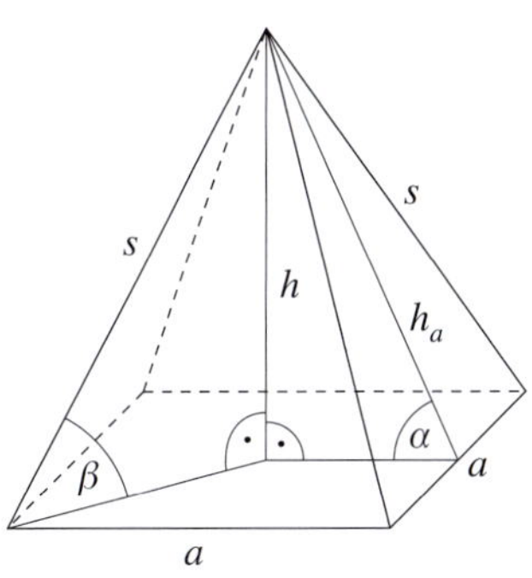

b) Berechne den Neigungswinkel einer Seitenkante gegenüber der Grundfläche.

Sinus- und Kosinussatz

▶ Grundwissen

- Sinussatz: In jedem Dreieck *ABC* gilt:
  $\frac{a}{\sin(\alpha)} = \frac{b}{\sin(\beta)} = \frac{c}{\sin(\gamma)}$
- Kosinussatz: In jedem Dreieck *ABC* gilt:
  $a^2 = b^2 + c^2 - 2bc \cdot \cos(\alpha)$
  $b^2 = a^2 + c^2 - 2ac \cdot \cos(\beta)$
  $c^2 = a^2 + b^2 - 2ab \cdot \cos(\gamma)$

Beispiel:

$\frac{6{,}1\text{ cm}}{\sin(47°)} = \frac{\square}{\sin(52°)}$

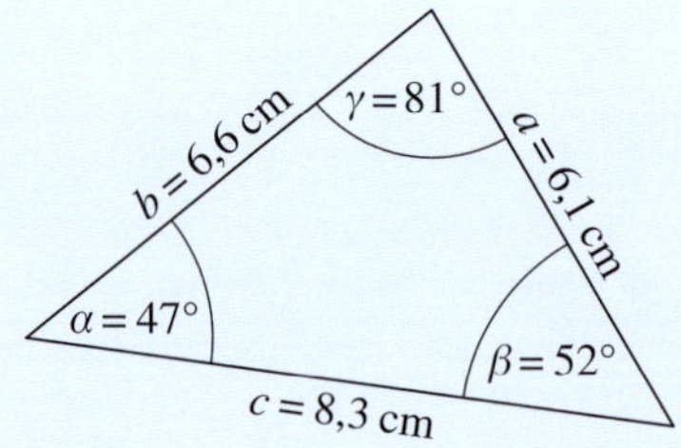

$a^2 = (6{,}6\text{ cm})^2 + (8{,}3\text{ cm})^2 -$ ______

▶ **Auftrag:** Ergänze die Beispiele.

Trainieren

1 Berechne die fehlenden Seitenlängen mithilfe des Sinussatzes.

a)

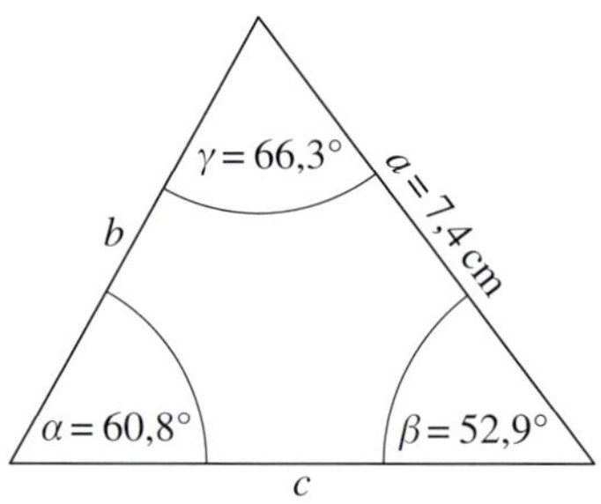

$\frac{b}{\square} = \frac{\square}{\square}$

______

$\frac{c}{\square} = \frac{\square}{\square}$

______

b)

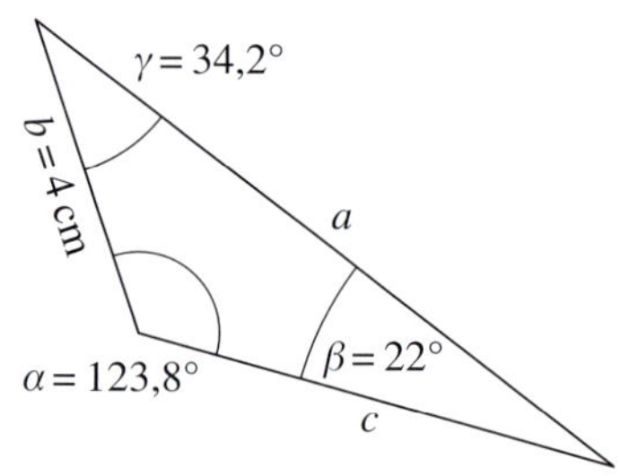

$\frac{a}{\square} = \frac{\square}{\square}$

______

$\frac{c}{\square} = \frac{\square}{\square}$

______

2 Berechne die fehlenden Winkelgrößen mithilfe des Sinussatzes.
Zusatzaufgabe: Prüfe mithilfe der Innenwinkelsumme von Dreiecken, ob deine Ergebnisse stimmen können.

a)

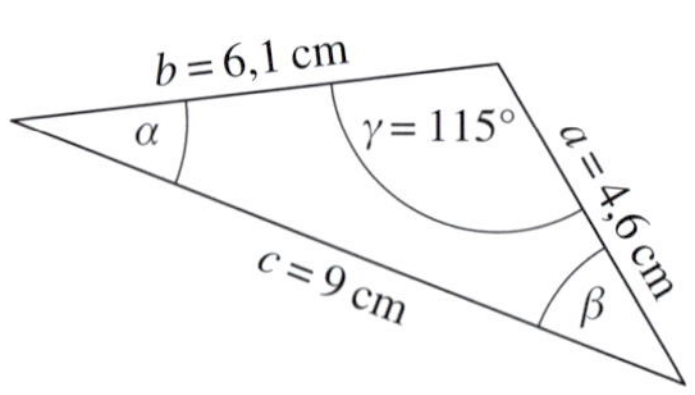

$\frac{\sin(\alpha)}{\square} = \frac{\square}{\square}$

______

$\frac{\sin(\beta)}{\square} = \frac{\square}{\square}$

______

b)

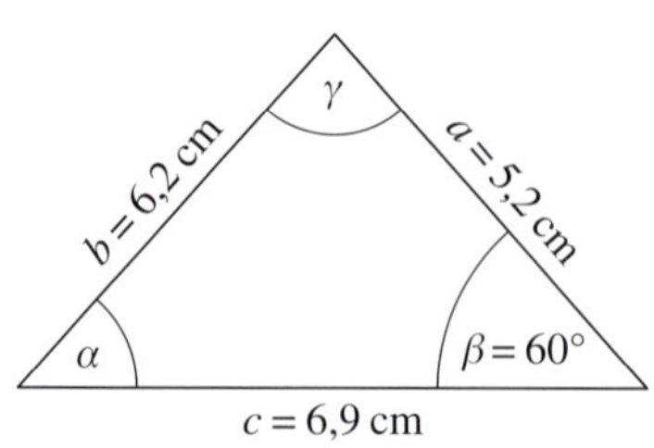

$\frac{\sin(\alpha)}{\square} = \frac{\square}{\square}$

______

$\frac{\sin(\gamma)}{\square} = \frac{\square}{\square}$

______

3 Berechne die fehlende Seitenlänge mithilfe des Kosinussatzes.

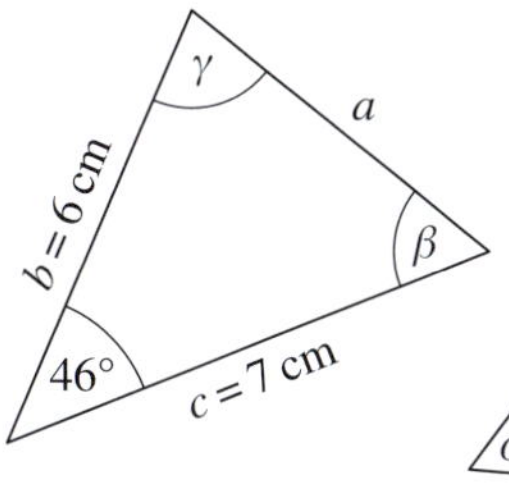

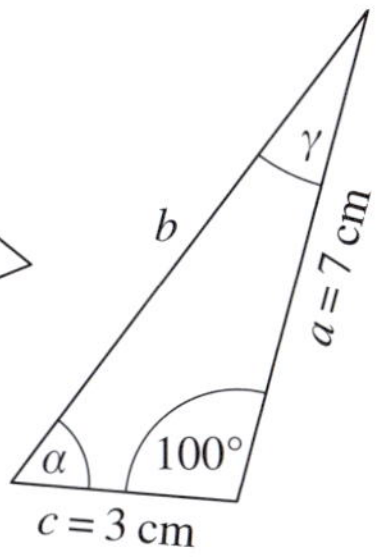

4 Berechne die drei Winkelgrößen mithilfe des Kosinussatzes.
Zusatzaufgabe: Prüfe mithilfe der Innenwinkelsumme von Dreiecken, ob deine Ergebnisse stimmen können.

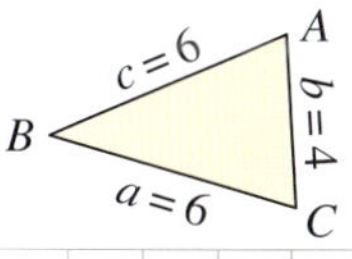

Anwenden und Vernetzen

5 Berechne alle fehlenden Seitenlängen und Winkelgrößen.
Schreibe die Ergebnisse an die Skizze.
Hinweis: Die Skizze ist nicht maßstabsgetreu.

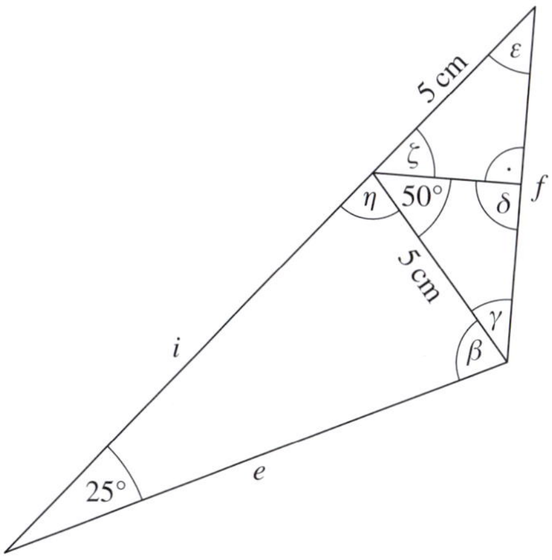

6 Flora ist auf dem Leuchtturm Westerheversand. Deniz und Yasmin stehen auf der Eingangshöhe des Turms.
Sie sind etwa 100 m voneinander entfernt.
Flora sieht beide in einem Sichtwinkel von ca. 10°.
Deniz sieht Flora in einem Sichtwinkel von ca. 10°.
Er schätzt, dass der Leuchtturm Westerheversand 25 m hoch ist.
Yasmin sieht Flora in einem Sichtwinkel von 20°.
Sie schätzt, dass der Leuchtturm Westerheversand 40 m hoch ist. Wer schätzt besser?
Hinweis: Die Skizze ist nicht maßstabsgetreu.

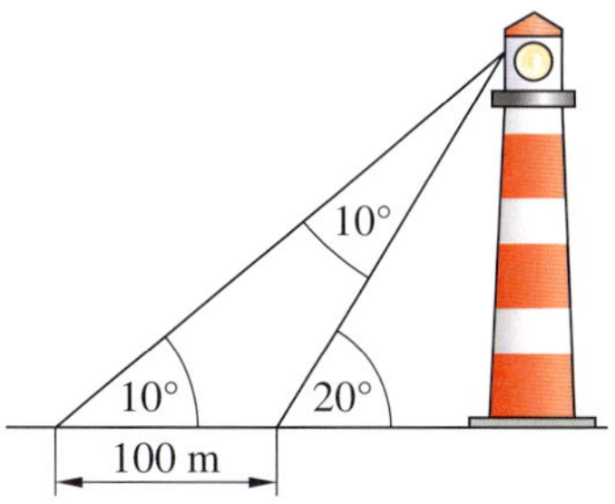

Funktionen beschreiben

▶ Grundwissen

Funktionen lassen sich anhand bestimmter Eigenschaften von einander unterscheiden und beschreiben, z. B.

1. ______________________
2. ______________________
3. ______________________
4. ______________________ $m[x_1; x_2] = \frac{f(x_2) - f(x_1)}{x_2 - x_1}$.

Beispiel:

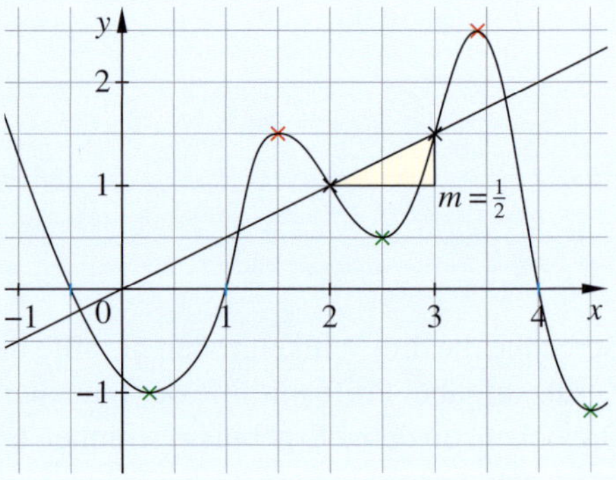

▶ **Auftrag:** Trage die passenden Bezeichnungen ein.

Trainieren

1 Markiere jeweils alle Nullstellen, Tiefpunkte und Hochpunkte. Gib das Steigungsverhalten an.
Lege zuvor Farben fest. ☐ Nullstellen ☐ Tiefpunkte ☐ Hochpunkte ☐ steigend ☐ fallend

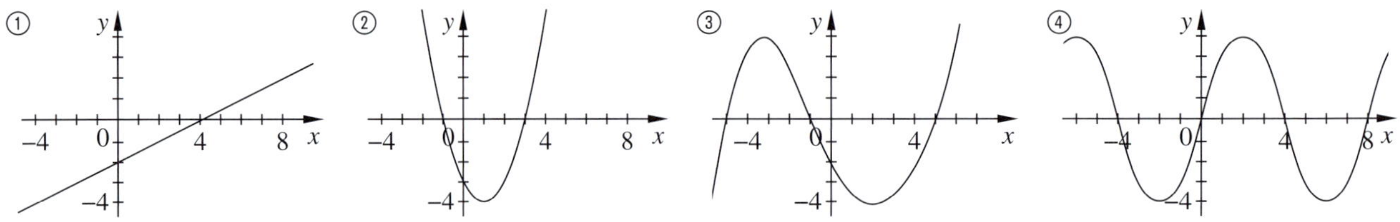

2 Kreuze alle Aussagen an, die zum Graphen der Funktion im dargestellten Bereich passen.

- ☐ Die Funktion hat zwei Nullstellen.
- ☐ Alle Funktionswerte liegen zwischen –5 und 5.
- ☐ Alle Tiefpunkte haben negative y-Werte.
- ☐ Bei $x = 0$ gibt es einen Hochpunkt.
- ☐ Die Funktion hat mehr Tief- als Hochpunkte.
- ☐ Alle Hochpunkte haben positive x-Werte.
- ☐ Die Funktion ist in zwei Teilbereichen fallend.
- ☐ Für $x > 7$ steigt die Funktion.

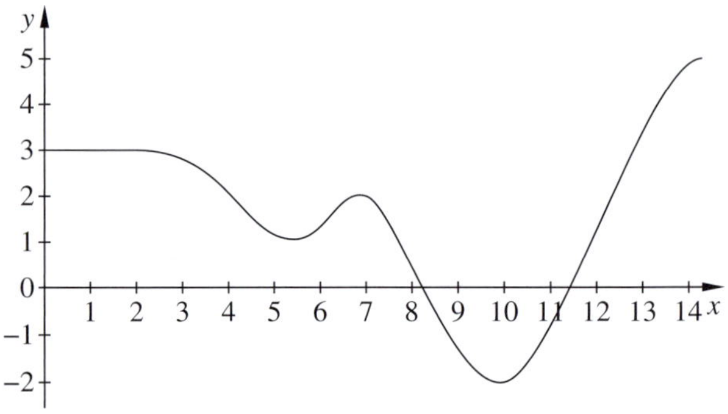

3 Ermittle die mittleren Änderungsraten in den Intervallen.
Hinweis: Zeichne jeweils ein Steigungsdreieck ein.

$m[0; 2] =$ ______________________

$m[2; 3] =$ ______________________

$m[4; 4{,}5] =$ ______________________

$m[5{,}5; 7] =$ ______________________

$m[0; 4] =$ ______________________

$m[2; 3{,}5] =$ ______________________

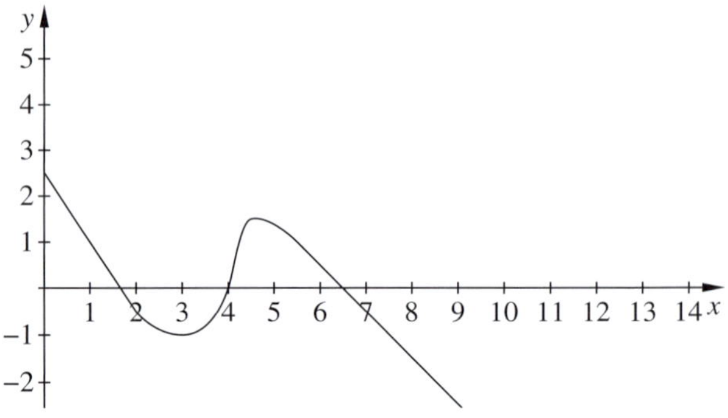

4 Berechne die mittleren Änderungsraten von $f(x) = 0{,}5\,x^2$ in den Intervallen [0; 5] und [5; 10].

____

5 Verschiedene Graphen von Funktionen mit gleichen Eigenschaften

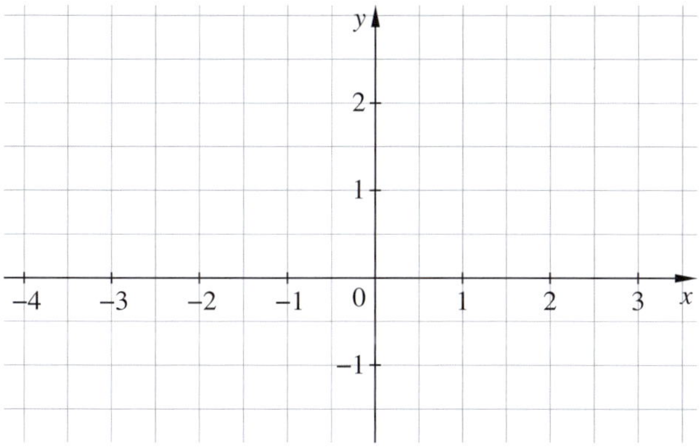

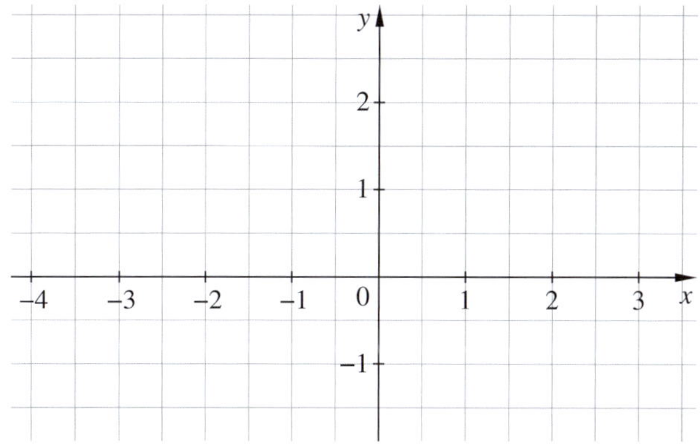

a) Zeichne zwei verschiedene Graphen mit den folgenden drei Eigenschaften.
① zwei Hochpunkte, davon einer mit positivem y-Wert und einer mit negativem y-Wert
② genau ein Tiefpunkt
③ mindestens eine Nullstelle

b) Beschreibe einen der beiden Graphen aus Teilaufgabe **a**. Nutze dabei folgende Textbausteine.
Hinweis: Überprüft die Lösungen gegenseitig.

Nullstelle(n) | bei $x = \dots$ | Tiefpunkt(e) | negativ | zwischen $x = \dots$ und $x = \dots$ | Hochpunkt(e) | y-Wert(e) | positiv | fällt | steigt

____

____

____

____

c) Zusatzaufgabe: Gib zu einem der beiden Graphen in Teilaufgabe **a** eine passende Situation an.

Anwenden und Vernetzen

6 Ein Hubschrauber mit Kamera steigt zunächst auf 10 m und filmt aus dieser Höhe rund 5 Minuten die Umgebung. Er fliegt danach 5 m höher.
Aus Spaß wird er nach insgesamt 15 Minuten durch ein Fenster eines Hauses hinein- und durch ein anderes hinausgesteuert, dafür muss er sich dem Erdboden bis auf 2 m nähern. Er landet danach langsam.

☐
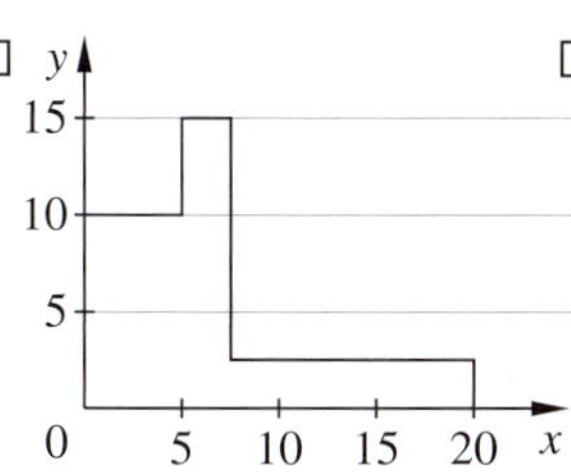

☐
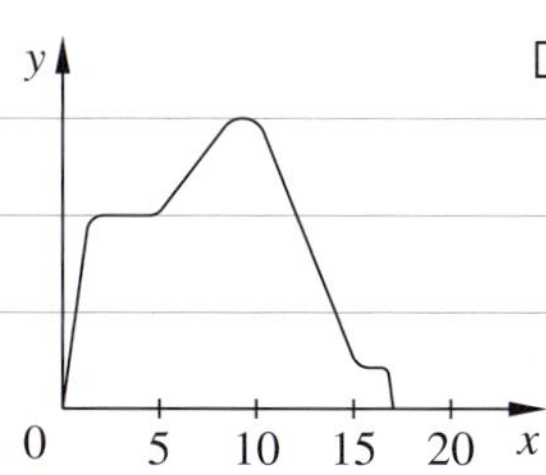

☐
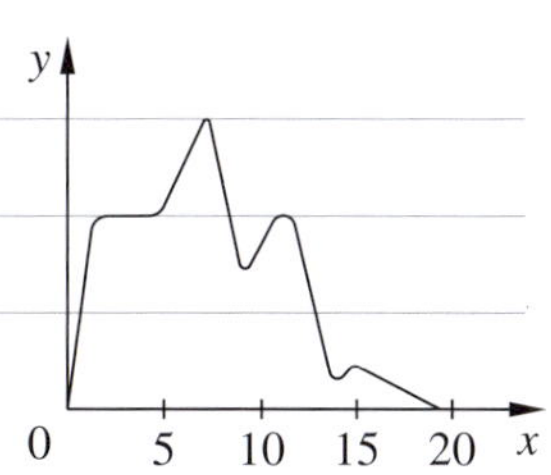

a) Kreuze zuerst das zum Flug des Hubschraubers passende Diagramm an.
Beschrifte danach die Achsen.

b) Ordne mit Linien Zutreffendes zu.

Nullstellen | Tiefpunkte | Hochpunkte | mittlere Änderungsrate

Start | Wechsel vom Sinken auf Steigen | Wechsel vom Steigen auf Sinken | Landung | Geschwindigkeit

c) Wähle mindestens eines der drei bei Teilaufgabe **a** nicht angekreuzten Diagramme aus.
Beschreibe den dazu passenden Flug des Hubschraubers.

Exponentialfunktionen

▶ Grundwissen

- Funktionen mit einer Gleichung der Form $f(x) = c \cdot a^x$ (mit $c > 0$ und $a > 0$) nennt man Exponentialfunktionen.
- Die x-Achse ist die Asymptote bei Exponentialfunktionen.

Beispiele: $f(x) = \frac{1}{2} \cdot 2^x$

$g(x) = 2 \cdot \left(\frac{1}{2}\right)^x$

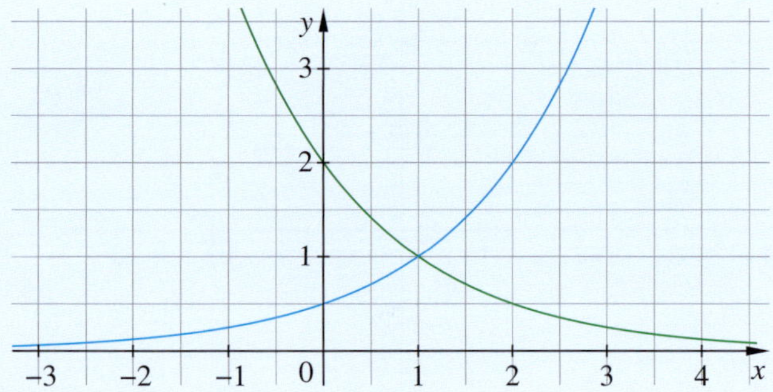

▶ **Auftrag:** Ordne jedem Graphen die passende Funktionsgleichung zu.

Trainieren

1 Wertetabellen und Graphen zu Funktionen

☐ $f(x) = \left(\frac{1}{2}\right)^x$

x	−3	−1	0	1	3
y					

☐ $g(x) = 2^x$

x	−3	−1	0	1	3
y					

☐ $h(x) = \frac{1}{4} \cdot 3^x$

x	−3	−1	0	1	3
y					

☐ $i(x) = 3 \cdot \left(\frac{1}{4}\right)^x$

x	−3	−1	0	1	3
y					

☐ $j(x) = \frac{1}{2}x^2$

x	−3	−1	0	1	3
y					

☐ $k(x) = \frac{1}{2}x$

x	−3	−1	0	1	3
y					

a) Ergänze jeweils die y-Werte.

b) Trage die zugehörigen Punkte im Koordinatensystem ein und beschrifte die Graphen.

c) Kreuze die Exponentialfunktionen an. Zusatzaufgabe: Gib die Art der anderen Funktionen an.

d) Kreuze die wahren Aussagen an.

☐ Alle dargestellten Exponentialfunktionen haben eine Asymptote.

☐ Die Punkte einer der dargestellten Exponentialfunktionen liegen auf einer Geraden.

☐ Die Punkte einer der dargestellten Exponentialfunktionen liegen auf einer Parabel.

☐ Die Punkte aller dargestellten Exponentialfunktionen nähern sich der x-Achse an.

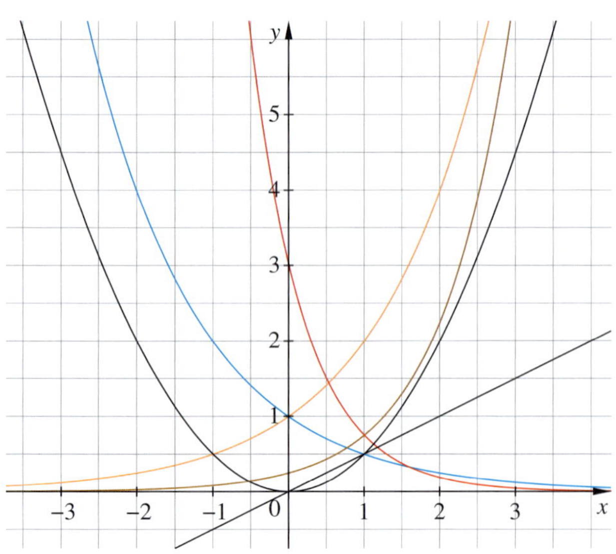

2 Kreuze alle Gleichungen von Exponentialfunktionen an.

☐ $f(x) = 0{,}3\,x$ ☐ $g(x) = 0{,}3\,x^3$ ☐ $h(x) = 0{,}3 \cdot 3^x$ ☐ $i(x) = 0{,}3^x$

3 Im Winter wird eine Thermoskanne mit 80 °C heißem Tee versehentlich draußen stehen gelassen. Stündlich nimmt die Temperatur des Tees in der Kanne um etwa 10 % ab.

a) Kreuze zuerst die passende Funktionsgleichung an. Gib danach die praktische Bedeutung der Variablen an.

☐ $y = 80 \cdot 10^x$ ☐ $y = 80 \cdot 1{,}1^x$

☐ $y = 80 \cdot 0{,}9^x$ ☐ $y = 80 \cdot 0{,}1^x$

x steht für ______________________

y steht für ______________________

b) Erstelle eine Wertetabelle und skizziere dazu den Graphen.

x					
y					

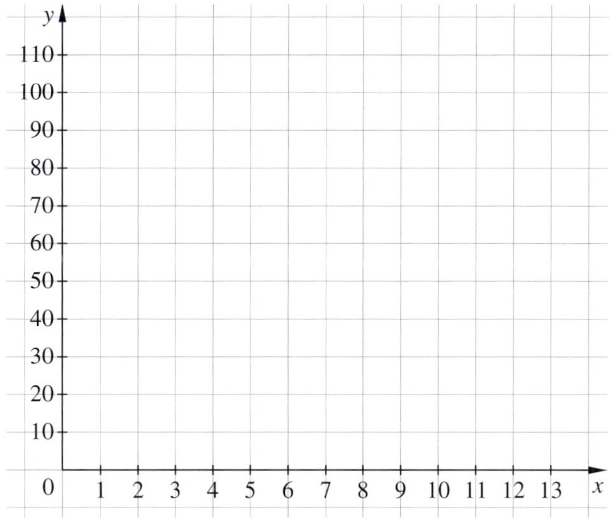

c) Finde heraus, nach wie vielen Stunden der Tee eine Temperatur von unter 10 °C hat. ______________

Anwenden und Vernetzen

4 Salmonellen sind stäbchenförmige Bakterien, die bei Menschen und Tieren Krankheiten verursachen.
Sie kommen unter anderem bei Eiern und in Geflügelfleisch vor.
Bei sommerlichen Temperaturen verdoppelt sich die Anzahl der Salmonellen etwa alle 20 Minuten.
Eine Speiseprobe enthielt zu Beginn der Untersuchung rund 160 Bakterien.

Zeit in min									
Generation vor und nach der Untersuchung	−4	−3	−2	−1	0	+1	+2	+3	+4
Anzahl der Salmonellen					160				

a) Ergänze die Tabelle und veranschauliche die Werte im Koordinatensystem.

b) Stelle eine passende Funktionsgleichung auf. Gib danach die praktische Bedeutung der Variablen an.

$y =$ ______________

x steht für ______________________

y steht für ______________________

c) Ermittle, vor wie vielen Stunden die ersten beiden Salmonellen in die Speiseprobe gekommen sein könnten.

____

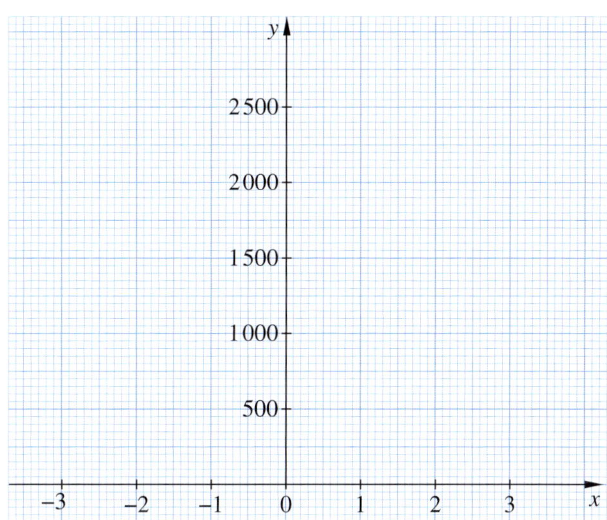

d) Angenommen, es liegt lineares Wachstum vor, bei dem pro Generation 160 Bakterien hinzukommen. Zeichne den passenden Graphen in das Koordinatensystem ein. Gib die zugehörige Funktionsgleichung an. $y =$ ______________

Sinusfunktion

▶ Grundwissen

P ist ein Punkt auf dem Einheitskreis.
α ist der Winkel zwischen der positiven x-Achse und dem Strahl, der vom Ursprung durch P geht.
Die Funktion, die dem Winkel α ($\alpha \in \mathbb{R}$) den entsprechenden y-Wert zuordnet, heißt Sinusfunktion.

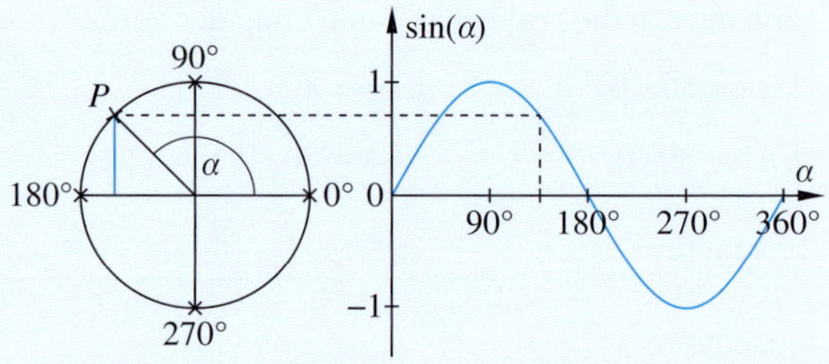

Beispiele:

sin (90°) = ______ sin (180°) = ______

▶ **Auftrag:** Ergänze die Beispiele.

Trainieren

1 Einheitskreis und Sinusfunktion

a) Vervollständige mithilfe der Zeichnung die Tabelle.
Zeichne für sin(α) entsprechende Strecken ein und lies die Werte ab.

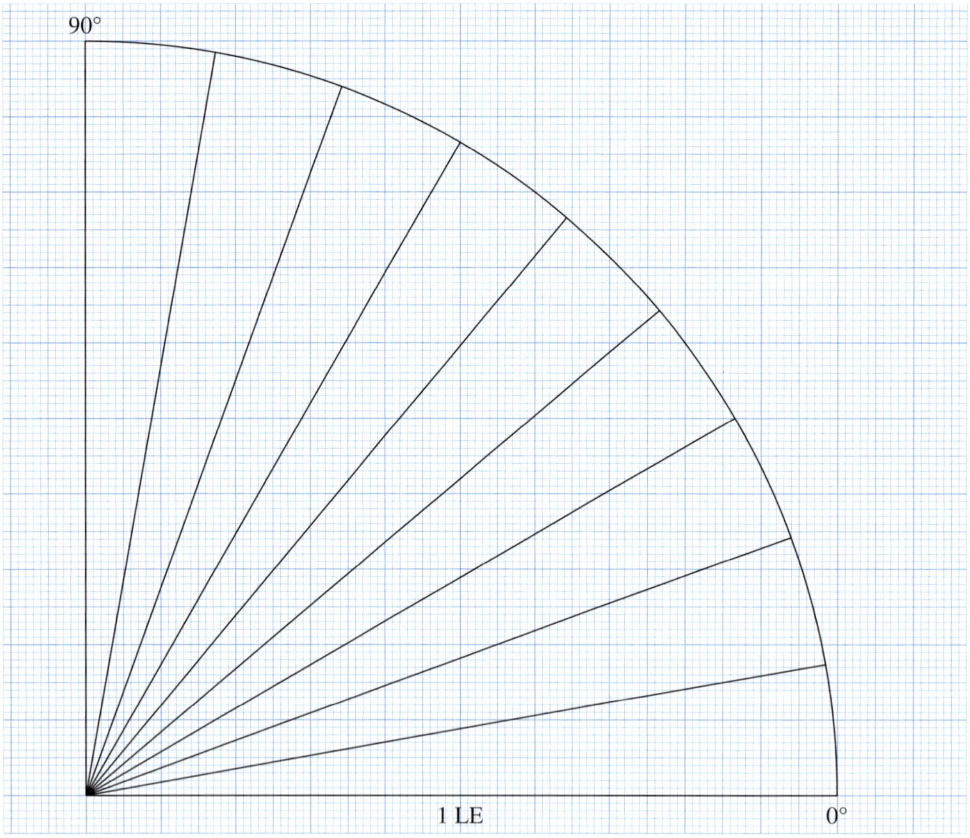

α im Gradmaß	sin (α)
0°	
10°	
20°	
30°	
40°	
50°	
60°	
70°	
80°	
90°	

b) Skizziere die Sinusfunktion $y = \sin(x)$ mithilfe der Teilaufgabe **a** im vorgegebenen Koordinatensystem.

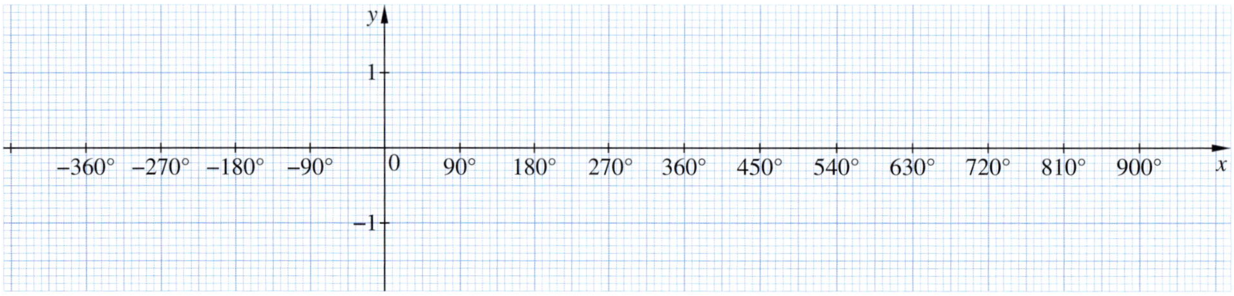

2 Gib jeweils vier zu dem Funktionswert passende Winkelgrößen an.
Hinweis: Nutze die Zeichnungen bei Aufgabe 1.
Zusatzaufgabe: Gib eine allgemeine Regel zum Berechnen der Winkelgrößen an.

a) sin (______) = 1 sin (______) = 1 sin (______) = 1 sin (______) = 1

b) sin (______) = −1 sin (______) = −1 sin (______) = −1 sin (______) = −1

c) sin (______) = 0 sin (______) = 0 sin (______) = 0 sin (______) = 0

d) sin (______) = 0,5 sin (______) = 0,5 sin (______) = 0,5 sin (______) = 0,5

3 Gegeben ist jeweils der Graph der Sinusfunktion.
Vervollständige die Darstellungen.

a)

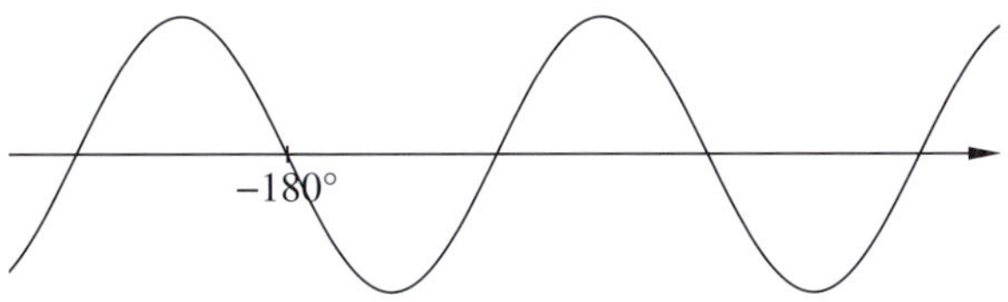

b)

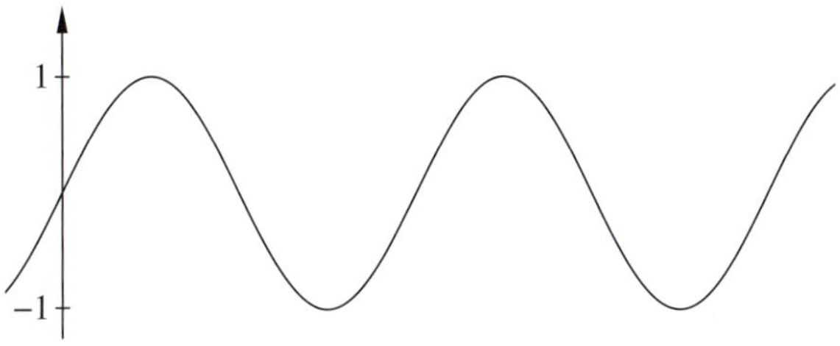

Anwenden und Vernetzen

4 Jedem Winkel am Einheitskreis (Kreis mit $r = 1$) kann die Länge des zugehörigen Kreisbogens zugeordnet werden.
Hinweis: Der Umfang des Einheitskreises beträgt 2π (Bogenmaß). Dazu gehört ein Winkel von 360° (Gradmaß).

a) Ergänze die Tabelle.

α im Gradmaß	360°	180°	90°	60°	45°	30°	20°	10°	0°
α im Bogenmaß	2π								

b) Gib die Funktionswerte an.
Hinweis: $\pi \approx 3{,}14$

$\sin(\pi) =$ ______ $\sin(\frac{1}{2}\pi) =$ ______ $\sin(\frac{1}{3}\pi) \approx$ ______ $\sin(\frac{5}{18}\pi) \approx$ ______

$\sin(3{,}14) \approx$ ______ $\sin(1{,}57) \approx$ ______ $\sin(0{,}79) \approx$ ______ $\sin(0{,}314) \approx$ ______

5 Ein Feuerwehrfahrzeug hat eine 35 m lange Drehkorbleiter.
Diese ist in einer Höhe von 1,60 m angebracht.
Die Drehleiter wird bis zu einem Winkel von 45° aufgerichtet und dann voll ausgefahren.

a) Veranschauliche den Sachverhalt mithilfe einer Skizze.

b) Kann mit dieser Leiter eine Person aus einer Höhe von 25 m gerettet werden?

____

____

c) Gib die erreichte Höhe h der Leiter als Funktion des Aufrichtungswinkels x an. ______________

Form- und Lageveränderungen der Sinusfunktionen

▶ Grundwissen

Der Graph von Funktionen der Form
$f(x) = a \cdot \sin(b \cdot (x - d)) + c$
$(a \neq 1, b \neq 1; c \neq 0; d \neq 0)$
unterscheidet sich vom Graphen der Funktion
$g(x) = \sin(x)$.
Die Parameter a, b, c und d verursachen folgende Veränderungen.

Beispiel:

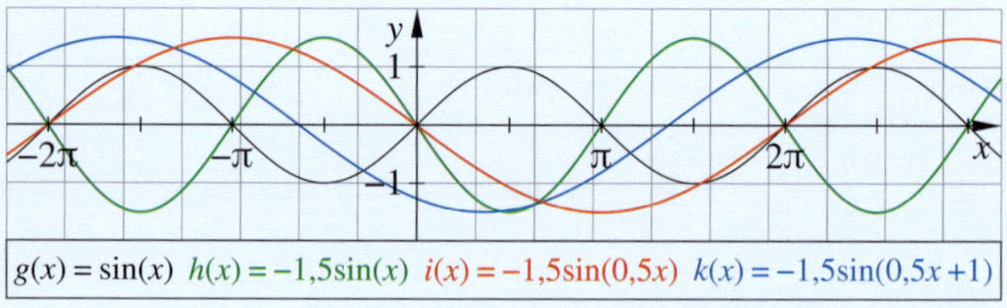

– a bewirkt die Streckung oder Stauchung in ________________ mit Faktor $|a|$.
  Für $a < 0$ wird der Graph zusätzlich an der x-Achse gespiegelt.

– b bewirkt die Streckung oder Stauchung in ________________ mit Faktor $|\frac{1}{b}|$.
  Für $b < 0$ wird der Graph zusätzlich an der y-Achse gespiegelt.

– d bewirkt die Verschiebung um d in ________________

– c bewirkt die Verschiebung um c in ________________

▶ **Auftrag:** Ergänze die Sätze.

Trainieren

1 Gegeben sind Graphen von Funktionen der Form $f(x) = a \cdot \sin(b \cdot x - d) + c$.
Vervollständige die Tabelle und beschrifte die Graphen.

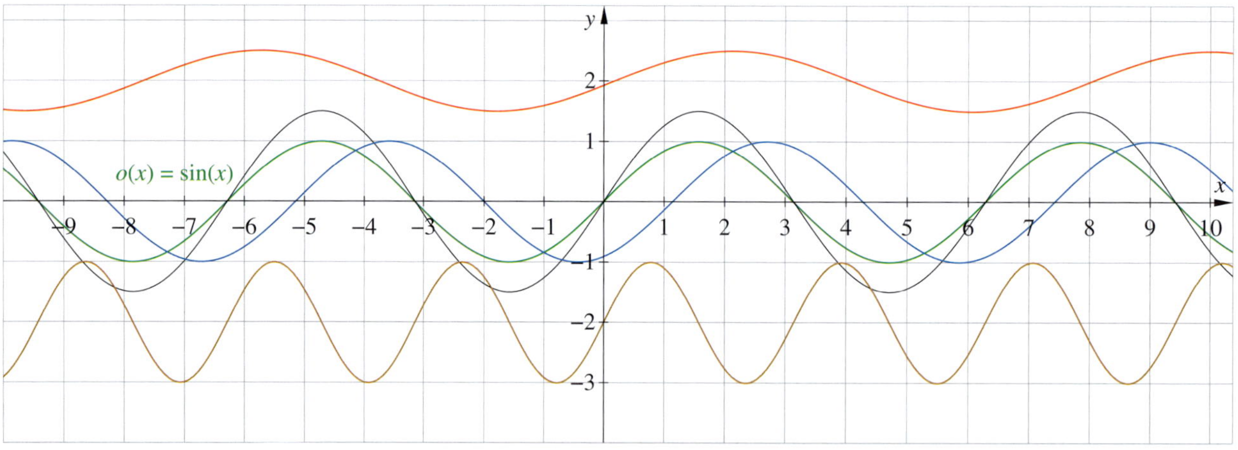

Funktionsgleichungen \ Einfluss der Parameter	Streckung oder Stauchung in Richtung der …		Spiegelung an der …		Verschiebung in Richtung der …	
	x-Achse um	y-Achse um	x-Achse	y-Achse	x-Achse um	y-Achse um
$g(x) = \frac{3}{2}\sin(x)$						
$h(x) = \sin(2x) - 2$						
$k(x) = -\sin(x + 2)$						
$i(x) = \frac{1}{2}\sin(-0{,}8x - 3) + 2$						

2 Kreuze die passenden Funktionsgleichungen an.
Zusatzaufgabe: Zeichne die Graphen mit dynamischer Geometriesoftware.

a) Der Graph der Sinusfunktion ist um 5 nach unten geschoben.

☐ $f(x) = 5 + \sin(x)$ ☐ $g(x) = \sin(x) - 5$ ☐ $h(x) = \sin(x) + 5$ ☐ $i(x) = \sin(5x)$

b) Der Graph der Sinusfunktion ist um 6 nach rechts geschoben.

☐ $f(x) = \sin(x) + 6$ ☐ $g(x) = \sin(x) - 6$ ☐ $h(x) = \sin(x - 6)$ ☐ $i(x) = \sin(x - 7)$

c) Der Graph der Sinusfunktion wurde in Richtung der y-Achse auf $\frac{1}{7}$ gestaucht.

☐ $f(x) = \frac{1}{7} \cdot \sin(x)$ ☐ $g(x) = \sin\left(\frac{1}{7}x\right)$ ☐ $h(x) = 7 \cdot \sin(x)$ ☐ $i(x) = \sin(7x)$

d) Der Graph der Sinusfunktion wurde zuerst an der x-Achse und danach an der y-Achse gespiegelt.

☐ $f(x) = -\sin(-x)$ ☐ $g(x) = -\sin(x)$ ☐ $h(x) = \sin(-x)$ ☐ $i(x) = \sin(x)$

Anwenden und Vernetzen

3 Im folgenden Diagramm ist die Bewegung des Pendels einer Uhr dargestellt.
Vor der ersten Schwingung befindet sich das Pendel in der Mitte in Ruhestellung.

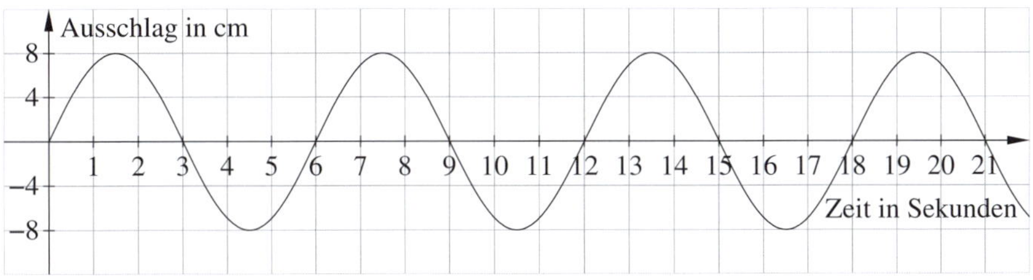

a) Wie groß ist der Abstand zwischen den Maximalausschlägen?

____

b) Wie viele Schwingungen finden pro Stunde statt?

____

____

4 Ergänze die entsprechenden Funktionsgleichungen.
Hinweis: Skizziere die Graphen der Funktionen auf einem zusätzlichen Blatt Papier oder mit dynamischer Geometriesoftware.

	Der Graph der Funktion $h(x) = x^2 \ldots$	Der Graph der Funktion $k(x) = \sin(x) \ldots$
wurde an der x-Achse gespiegelt		
wurde an der y-Achse gespiegelt		
wurde zuerst an der x-Achse und danach an der y-Achse gespiegelt		
wurde in y-Richtung um -5 verschoben		
wurde in x-Richtung um 4 verschoben		
wurde in x-Richtung um -2 und um -7 in y-Richtung verschoben		

Kapitel **Quadratische Funktionen**

1 Beschrifte die vorgegebenen Graphen und gib die Nullstellen an.

$y_1 = -3x^2$ Nullstellen: ______

$y_2 = x^2$ Nullstellen: ______

$y_3 = -x^2 + 4$ Nullstellen: ______

$y_4 = -(x+3)^2 + 4$ Nullstellen: ______

$y_5 = (x-3)^2$ Nullstellen: ______

$y_6 = -(x+2)^2 - 4$ Nullstellen: ______

$y_7 = 0{,}8(x-2{,}5)^2 + 1{,}5$ Nullstellen: ______

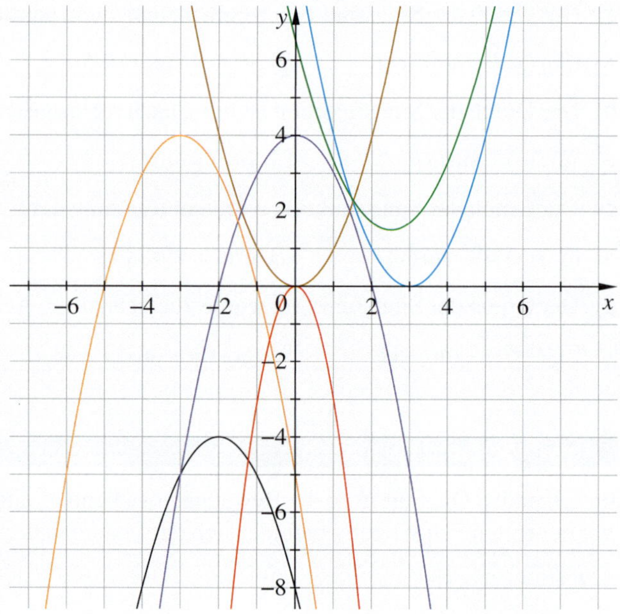

2 Ergänze die Tabelle.

Funktionsgleichung in allgemeiner Form			$f(x) = 0{,}5x^2 + 6x$
Funktionsgleichung in Scheitelpunktform		$f(x) = (x+9)^2$	
Scheitelpunkt S	$S(0 \mid -16)$		
Öffnungsrichtung			
Anzahl der Nullstellen	0		
gestaucht oder gestreckt	keine		

3 Der Weg eines Wassertropfens durch die Luft lässt sich annähernd mit einer Gleichung beschreiben.

a) Kreuze die passende Gleichung an.
Hinweis: Welche Art von Funktion kommt infrage? Wie ist die Öffnung?

☐ $f(x) = 1{,}8\,(x - 0{,}8)^2 + 1$ ☐ $f(x) = -1{,}8x - 1{,}0$ ☐ $f(x) = -1{,}8\,(x - 1{,}25)^2 + 1$

b) Skizziere mithilfe einer Wertetabelle den Graphen zur passenden Gleichung aus Teilaufgabe **a**.

x						
y						

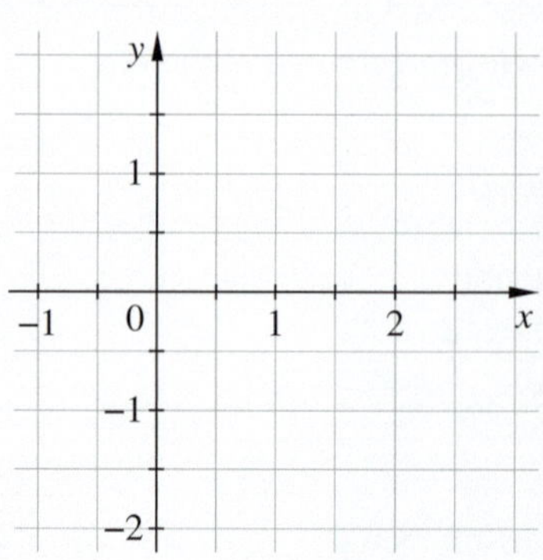

c) Ein Wassertropfen geht bei 1,5 m Höhe in die Luft. In welchem Abstand zu diesem Startpunkt erreicht er die gleiche Höhe?

______

______

Kapitel Quadratische Gleichungen

1 Kreuze jeweils alle Lösungen der quadratischen Gleichung an.

a) $a^2 = 9$	☐ −3	☐ −1	☐ 0	☐ 1	☐ 3
b) $b^2 = -9$	☐ −3	☐ −1	☐ 0	☐ 1	☐ 3
c) $c^2 - 4 = 0$	☐ −2	☐ −1	☐ 0	☐ 1	☐ 2
d) $d \cdot (d+1) = 0$	☐ −2	☐ −1	☐ 0	☐ 1	☐ 2
e) $(-2+e) \cdot (e-2) = 0$	☐ −4	☐ −2	☐ 0	☐ 2	☐ 4
f) $-f^2 = 16 - 8f$	☐ −4	☐ −2	☐ 0	☐ 2	☐ 4

2 Gib die Lösungen an.

a) $x^2 = 100$

Lösungen: ____________

b) $x^2 + 19 = 100$

Lösungen: ____________

c) $x \cdot (x - 1{,}75) = 0$

Lösungen: ____________

d) $(x - 8{,}7) \cdot (x + 1{,}7) = 0$

Lösungen: ____________

3 Wandle zuerst die Gleichungen in die Normalform $x^2 + px + q = 0$ um.
Gib danach p und q an.

a) $2x^2 + 72 - 0{,}8x = 10$

$p =$ ______ $q =$ ______

b) $3{,}6x = 2{,}4 + 4x^2$

$p =$ ______ $q =$ ______

4 Ermittle die Lösungen.

a) $0 = 2x^2 - 10x - 28 \quad | :2$

Lösungen: ____________

b) $10x = x^2 + 9 \quad | -10x$

Lösungen: ____________

5 In einem gleichschenkligen Trapez $ABCD$ mit einem Flächeninhalt von $20\,\text{cm}^2$ ist die eine parallele Seite viermal so lang wie die andere und die Höhe ist doppelt so lang wie die kürzere Parallele.

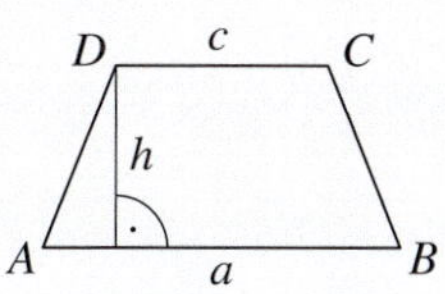

a) Berechne die Längen der zueinander parallelen Seiten a und c sowie die der Höhe h.
Hinweis: $A = \frac{a+c}{2} \cdot h$

b) Zeichne das gleichschenklige Trapez $ABCD$.

Kapitel Potenzen, Wurzeln und Wachstum

1 Ermittle jeweils, zwischen welchen natürlichen Zahlen das Ergebnis liegt.
Hinweis: Arbeite ohne Taschenrechner.

a) ____ $< \sqrt[2]{60} <$ ____ , denn $7^2 = 49$ und $8^2 = 64$

b) ____ $< \sqrt[2]{0{,}6} <$ ____ , denn ______________

c) ____ $< \sqrt[4]{30} <$ ____ , denn ______________

d) ____ $< \sqrt[3]{90} <$ ____ , denn ______________

2 Gib die Größenangaben in Zehnerpotenzschreibweise in den gegebenen Einheiten an.

a) Masse der Erde

6 000 000 000 000 000 000 000 000 t = ________ t = ________ dt = ________ kg

b) Dicke eines Haares von Tim

0,06 mm = ________ mm = ________ cm = ________ m = ________ km

3 Lineares und exponentielles Wachstum

①

n	0	1	2	3	4
w_n	2	2,25	2,5		

②

n	0	1	2	3	4
w_n	1	1,4	1,96		

③

n	0	1	2	3	4
w_n			0,75	0,375	0,1875

④

n	0	1	2	3	4
w_n			2,5	1,75	1

a) Ermittle jeweils die fehlenden Werte und trage jeweils alle fünf Punkte im Koordinatensystem ein.

b) Ordne die Gleichungen den Tabellen zu und den Graphen. Gib jeweils die Art des Wachstums an.

$w_n = 1{,}4^n$ ________

____

$w_n = 2 + 0{,}25x$ ________

____

$w_n = 3 \cdot 0{,}5^n$ ________

____

$w_n = 4 - 0{,}75x$ ________

____

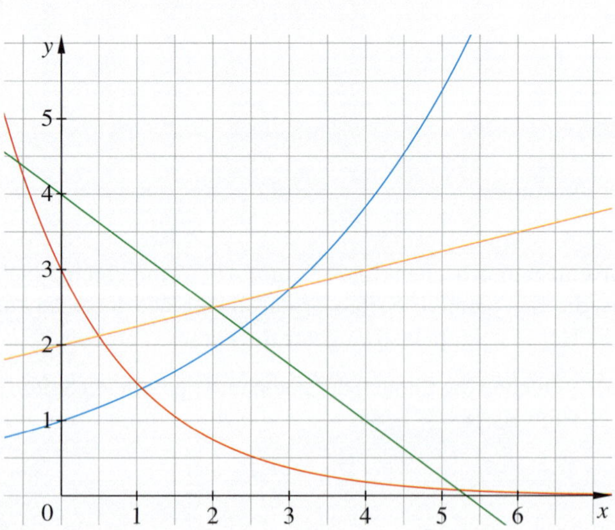

4 5 000 € werden zu einen Zinssatz von 6,5 % p. a. für 10 Jahre als Festgeld mit Zinseszins angelegt.
Stelle eine passende Formel auf. Ermittle damit den Betrag, der am Ende des 10-ten Jahres ausgezahlt wird.

____

____

Kapitel **Pyramide, Kegel, Kugel**

1 Vervollständige die Schrägbilder.

a) 3 cm hohe, gerade quadratische Pyramide mit 4 cm langer Grundfläche

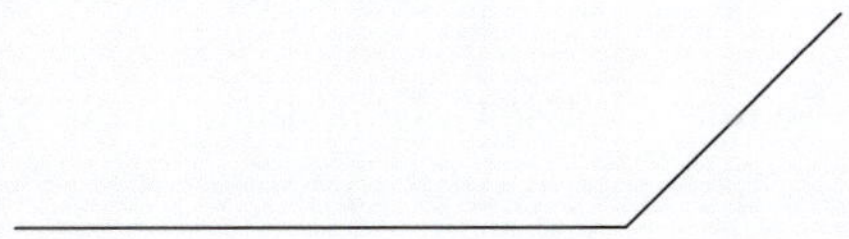

b) 3 cm hoher gerader Kegel mit 2 cm Radius

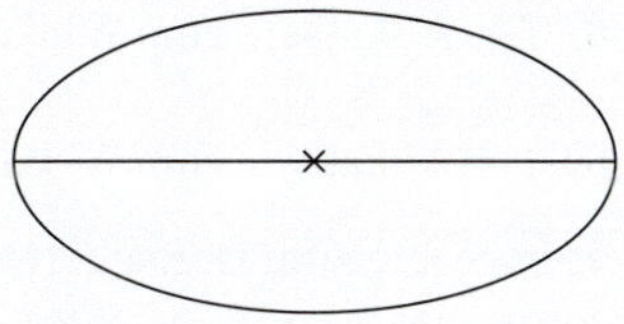

2 Entscheide, ob die Angaben sinnvoll sind. Wenn ja, ergänze die Größenangaben in der Tabelle.
Hinweis: Rechne gegebenenfalls auf einem zusätzlichen Blatt.

	Flächeninhalt der Grundfläche	Oberflächeninhalt	Volumen
6 cm hoher Kegel mit einem Grundflächenradius von 4 cm			
6 cm hohe Pyramide mit quadratischer Grundfläche mit 5 cm langen Seiten			
Kugel mit 6 cm Durchmesser			

3

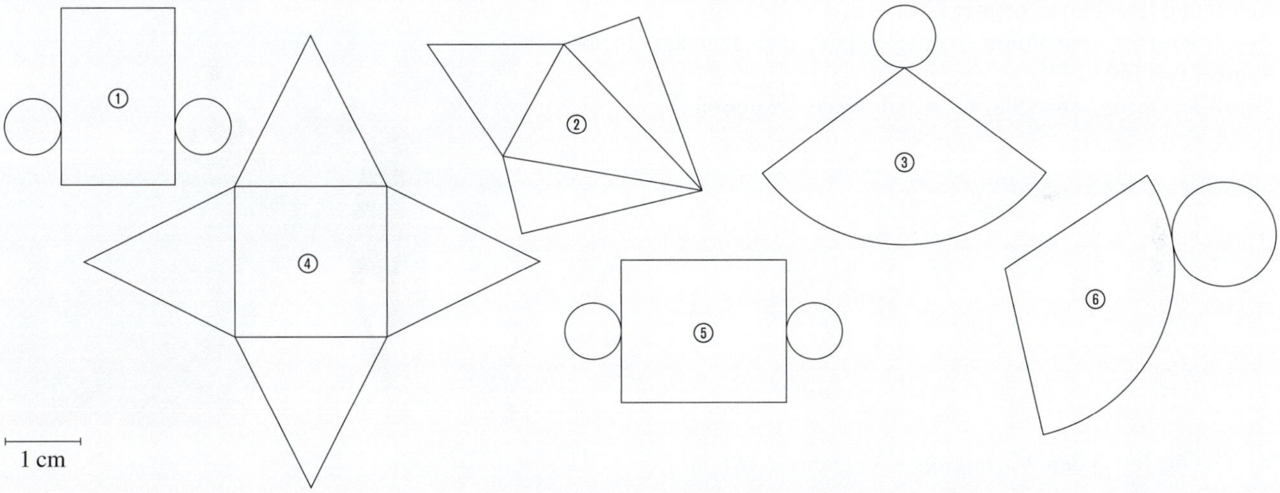

Streiche alle Zeichnungen durch, die keine Netze von Körpern darstellen.
Berechne die Größe der Oberfläche des passenden Kegels und der passenden Pyramide.

4 In einigen Geschäften wurden für Kunden Wasserspender aufgestellt. Um zu verhindern, dass volle Becher in den Regalen abgestellt werden, verwendet man kegelförmige Gefäße aus Papier. Ein Becher mit einem Durchmesser von 8 cm fasst maximal ca. 0,15 l Wasser. Berechne seine Höhe.

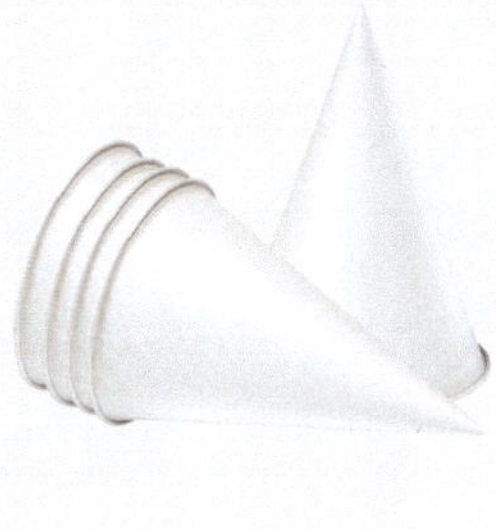

Kapitel Trigonometrie

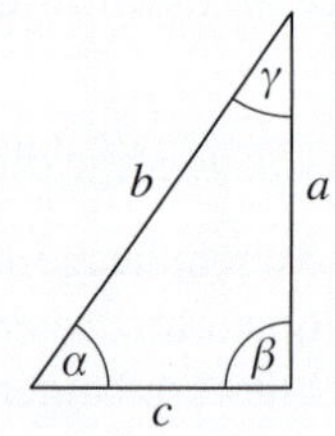

1 Die Skizze zeigt ein rechtwinkliges Dreieck mit $\beta = 90°$.

a) Ergänze die Sätze.

① ____ ist der rechte Winkel im Dreieck ABC. Die Hypotenuse ist die Seite ____.

② Die Ankathete zum Winkel α im Dreieck ABC ist die Seite ____. Die Gegenkathete ist die Seite ____.

③ Die Ankathete zum Winkel γ im Dreieck ABC ist die Seite ____. Die Gegenkathete ist die Seite ____.

b) Kreuze alle zum Dreieck ABC passenden Formeln an.

☐ $\sin(\alpha) = \frac{a}{b}$ ☐ $\sin(\alpha) = \frac{b}{a}$ ☐ $\sin(\beta) = \frac{h}{a}$ ☐ $\cos(\beta) = \frac{h}{a}$

☐ $\tan(\alpha) = \frac{a}{c}$ ☐ $\sin(\gamma) = \frac{c}{b}$ ☐ $\cos(\gamma) = \frac{a}{b}$ ☐ $\tan(\gamma) = \frac{c}{a}$

2 Berechne mit einem Taschenrechner.

a) $\sin(25°) \approx$ ____ b) $\sin($____$) \approx 0{,}88$ c) $\cos(42°) \approx$ ____ d) $\cos($____$) \approx 0{,}56$

e) $\tan(56°) \approx$ ____ f) $\tan($____$) \approx 2{,}14$ g) $\sin(28°) \approx$ ____ h) $\tan($____$) \approx 7{,}11$

3 Ein Schiff fährt auf geradem Kurs an einer Insel vorbei.
Vom Bug (Vorderteil des Schiffsrumpfes) ist gegen 12:00 Uhr ein Leuchtturm unter einem Winkel von 50° zu sehen. Der Abstand von Schiff und Leuchtturm beträgt 3 km.
Später wird der Leuchtturm erneut angepeilt, diesmal unter einem Winkel von 150°.
Hinweis: Die passende Skizze ist nicht maßstabsgetreu.

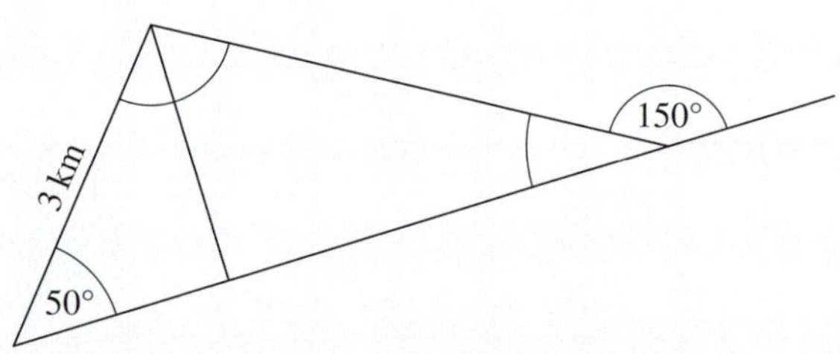

a) Gib die fehlenden Winkelgrößen im Dreieck ABC an.

b) Berechne den geringsten Abstand zwischen Schiff und Leuchtturm.
Wie weit ist das Schiff nach der ersten Peilung bis zum Punkt mit dem geringsten Abstand zwischen Schiff und Leuchtturm gefahren?
Wie lang ist die Strecke, die zwischen beiden Peilungen zurückgelegt wurde?

Kapitel Funktionale Zusammenhänge

1 Funktionen beschreiben

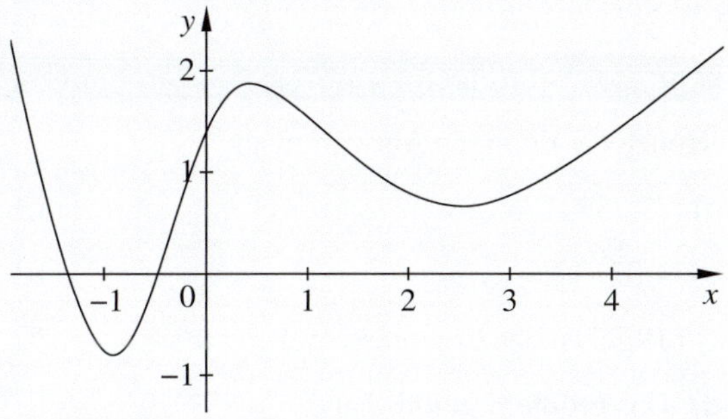

a) Markiere jeweils alle Nullstellen, Tiefpunkte und Hochpunkte.
Gib das Steigungsverhalten an.
Lege zuvor Farben fest.

☐ Nullstellen
☐ Tiefpunkte
☐ Hochpunkte
☐ steigend
☐ fallend

2 Exponentialfunktionen

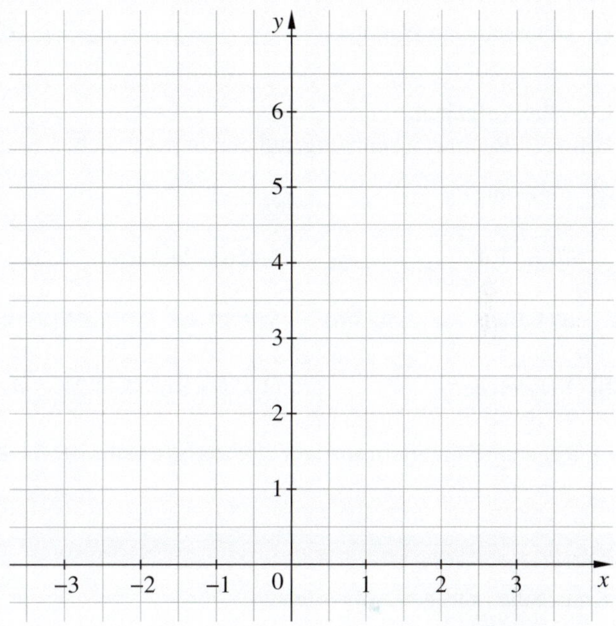

a) Kreuze alle Gleichungen von Exponentialfunktionen an.

☐ $f(x) = 0{,}5\,x^2$ ☐ $g(x) = 0{,}5 \cdot 2^x$

☐ $h(x) = 2 \cdot 0{,}5^x$ ☐ $i(x) = 0{,}5^x$

b) Erstelle eine Wertetabelle zu $f(x) = 0{,}6^x$ und skizziere dazu den Graphen.

x					
y					

c) Ermittle die mittleren Änderungsraten in den Intervallen.
Hinweis: Zeichne jeweils ein Steigungsdreieck ein.

$m\,[-4;\,0] =$ ______________________

$m\,[1;\,2] =$ ______________________

3 Ordne den Uhrzeiten (x) Höhendifferenzen (y) des 1 m langen Minutenzeigers zu.

x	00:00	02:00	05:00	07:00	10:00	12:00	14:00
y							

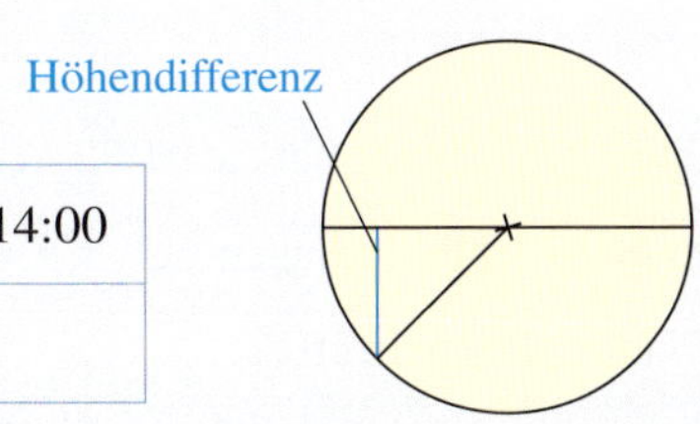

4 Im Koordinatensystem ist der Graph der Sinusfunktion vorgegeben.
Zeichne die Graphen folgender Funktionen in das Koordinatensystem ein. $f(x) = 2\sin(x)$ $g(x) = \sin(2x)$

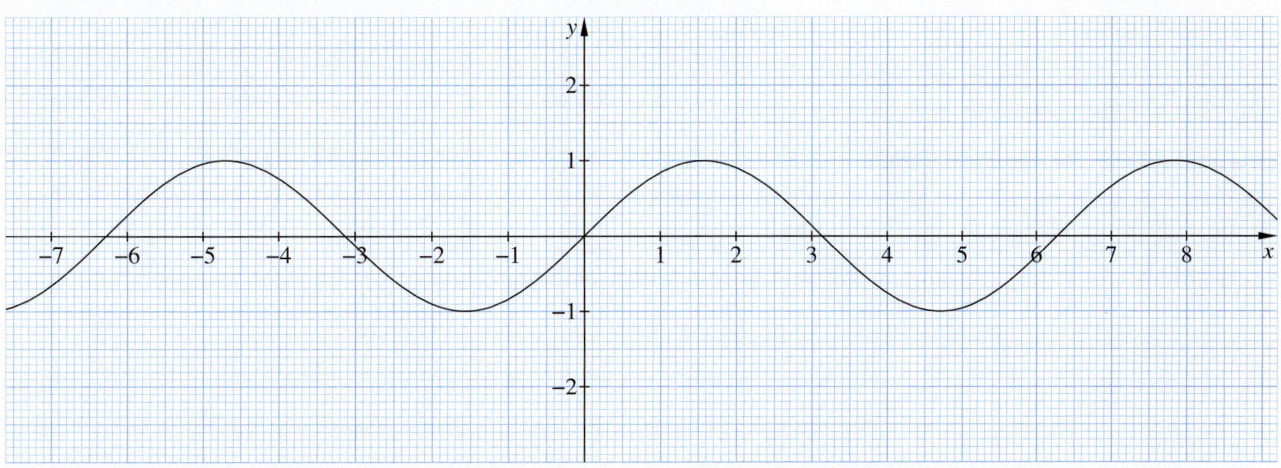

Beispielaufgaben **Basiskompetenzen**

Hinweis: Löse die Aufgaben ohne Taschenrechner und Formelsammlung.

Grundrechenarten

1 Kreuze die richtigen Antworten an.

a) $27\,937 : 7 = \ldots$	☐ 39 991	☐ 3 991	☐ 399,1	☐ 39,91
b) $4{,}07 \cdot 13 = \ldots$	☐ 52,91	☐ 5,291	☐ 52,7	☐ 40,21
c) 19,32 ist das Ergebnis von …	☐ $5{,}57 + 14{,}75$	☐ $6{,}9 \cdot 2{,}8$	☐ $48{,}3 : 2{,}5$	☐ $27{,}1 - 7{,}78$
d) Das größte Ergebnis hat …	☐ $-14{,}1 : 2{,}2$	☐ $27{,}1 \cdot 1{,}05$	☐ $-1{,}9 + (-2)$	☐ $3 + (-2 \cdot -2)$
e) Rund 2,1 ist …	☐ 2,0732	☐ 2,0449	☐ 2,151	☐ 2,1459
f) Den kleinsten Wert hat …	☐ $3{,}1 \cdot 0{,}2$	☐ $3{,}1 : (-0{,}2)$	☐ $-3{,}1 \cdot 5$	☐ $3{,}1 \cdot (-0{,}2)$

2 Löse die Aufgaben.
Hinweis: Rechne, wenn nötig, auf einem zusätzlichen Blatt.

a) Berechne.

$79{,}8 : 1{,}4 =$ ____ $2{,}456 - 24{,}5 =$ ____ $35 - 6{,}25 \cdot 2{,}4 =$ ____ $29{,}4 : (-2) - 1{,}8 =$ ____

$625{,}1 \cdot$ ____ $= 687{,}61$ $512{,}47 +$ ____ $= 514{,}981$ ____ $\cdot\, 17 = 365{,}5$ $235{,}4 :$ ____ $= 0{,}1$

b) Vergleiche. $(1\,455 + 8\,633) \cdot 4{,}2$ ☐ $42\,370$ $2{,}14 \cdot 5{,}25$ ☐ $13{,}1 + (-1{,}865)$

c) Ergänze Klammern so, dass die Aussage wahr ist. $14{,}24 - 15{,}49 \cdot 8 = -10$ $7 \cdot 3 + 2{,}4 : (6 - 1 = 24{,}36$

Größen

3 Kreuze die richtigen Antworten an.

a) Länger als 8 h dauern …	☐ 20 000 s	☐ 500 min	☐ 0,4 Tage	☐ 400 min
b) 127 kg = …	☐ 0,127 t	☐ 127 000 g	☐ 172 000 g	☐ 1,27 t
c) Die Grundfläche einer 2-€-Münze hat ca. 0,052 …	☐ mm^2	☐ cm^2	☐ cm	☐ dm^3
d) Zwischen 9:42 Uhr und 14:21 Uhr liegen …	☐ 16 740 s	☐ 439 min	☐ 279 min	☐ 4 h 39 min
e) Meine Mitschüler laufen 100 m in etwa …	☐ 2 h 14 min	☐ 2,3 km	☐ 97 kg	☐ 0,25 min

4 Löse die Aufgaben.

a) Vergleiche.

0,2 g ☐ 51 mg 0,12 km ☐ 12 000 dm 7 l ☐ 700 cm^3 350 l ☐ 0,35 m^3

b) Wandle um. 1,3 h = ____ s 120 dm = ____ km

c) Ordne 833 dm, 38,3 m und 0,338 km. ____ < ____ < ____

d) Berechne den Unterschied von −1,6 km und 325 m. ____

e) Ein Mensch ist 135 873 Stunden alt. Gib sein Alter in Jahren und Sekunden an.

____

____

Brüche und Prozente

5 Kreuze die richtigen Antworten an.

a) Statt 0,22 kann man auch schreiben …	☐ $\frac{1}{22}$	☐ $\frac{22}{100}$	☐ 2,2 %	☐ $\frac{11}{50}$
b) $\frac{288}{480}$ ist gekürzt …	☐ $\frac{3}{5}$	☐ $\frac{24}{36}$	☐ $\frac{12}{15}$	☐ $\frac{24}{40}$
c) $\frac{36}{144} = \ldots$	☐ 25 %	☐ $\frac{17}{70}$	☐ $\frac{38}{152}$	☐ $\frac{18}{72}$
d) $\frac{1}{2} + \frac{1}{4} \cdot 2 - \frac{14}{5} : 4 = \ldots$	☐ $\frac{3}{10}$	☐ $\frac{360}{12}$	☐ 30 %	☐ 2
e) Zwischen $\frac{3}{7}$ und $\frac{5}{7}$ liegen …	☐ $\frac{17}{17}$	☐ 49,3 %	☐ $\frac{11}{17}$	☐ $\frac{4}{5}$
f) Größer als 0,49 sind …	☐ $\frac{2}{5}$	☐ $\frac{5}{2}$	☐ 49 %	☐ $\frac{13}{25}$
g) $\frac{15}{12} \cdot 24\,\% = \ldots$	☐ $\frac{3}{10}$	☐ $\frac{360}{12}$	☐ 30 %	☐ 2 %
h) Der Preis von 27 € wird um 30 % reduziert auf …	☐ 18,90 €	☐ 24,00 €	☐ 30 %	☐ 70 %
i) Aus 1 000 € werden mit Zinseszins bei 5 % p. a. in $2\frac{1}{2}$ Jahren rund …	☐ 1 130 €	☐ 2 049 €	☐ 3 457	☐ 4 550 €

6 Beiträge in einem Sportverein

a) Ergänze die Tabelle.

b) Gib das Feld mit dem passenden Wert zu „= B2*5+C2*9“ an.

____

c) Gib jeweils eine Formel zur Berechnung der Werte an.

	A	B	C	D	E
1		Jugendliche (5 €)	Erwachsene (9 €)	Anteil in %	Summe in €
2	Fußball	50	46	37,5	
3	Volleyball	33		37,5	732
4	Sonstige	32	32		448
5	Insgesamt		141	100,0	

Feld D2: ______________________ Feld D5: ______________________

d) Ordne nach der Größe. Beginne mit dem kleinsten Wert.

0 $\frac{1}{2}$ $-\frac{1}{2}$ −1,5 $-1\frac{1}{5}$ 0,75 100 % $2 \cdot 10^5$ $8 \cdot 10^{-6}$ $\frac{5}{4}$

____ < ____ < ____ < ____ < ____ < ____ < ____ < ____ < ____ < ____

Terme mit Klammern und Formeln

7 Kreuze die richtigen Antworten an.

a) $x^2 - 4 = \ldots$	☐ $(x-2)(x+2)$	☐ $(x-2)^2 + 4x$	☐ $x\left(x - \frac{4}{x}\right)$	☐ $4(x^2 - 1)$
b) Wenn die Formel $v = \frac{s}{t}$ gilt, gilt auch …	☐ $t = \frac{v}{s}$	☐ $t = s \cdot v$	☐ $t = \frac{s}{v}$	☐ $s = v \cdot t$
c) $(a+3-b)(a+b) - 3(a+b) = \ldots$	☐ $a^2 - b^2$	☐ $(a-b)(a+b)$	☐ $(a+b)$	☐ $(a+3-b)$
d) Zur Zahlenfolge 12; 30; 60 … passt …	☐ $12x^2$	☐ $x^3 + 11x$	☐ $6x^2 + 6$	☐ $6 \cdot 2^x$
e) Die nächste Zahl in der Zahlenfolge ist … −0,1; 0,3; -0,6; 0,9; −1,5	☐ 1,8	☐ −1,8	☐ 2	☐ $6 \cdot 2^x$

8 Löse die Aufgaben.

b) Stelle die Formel $s = 0{,}5 \cdot a \cdot t^2$ nach t um. ______________________

a) Schreibe ohne Klammern so kurz wie möglich.

$(x-y)(y-z) - y(z+x) =$ ______________________

c) Klammere möglichst viel aus. $18\,txz^2 + 6\,tvxz - 9\,vxz =$ ______________________

Potenzen

☺ 😐 ☹

9 Kreuze die richtigen Antworten an.

a) $0{,}5^2 = \dots$	☐ 1	☐ 0,25	☐ $\frac{1}{2^2}$	☐ 0,52
b) $2^3 = \dots$	☐ 8	☐ 3^2	☐ 6	☐ $\sqrt{64}$
c) $2^x = 64$ $x = \dots$	☐ $\sqrt{36}$	☐ 32	☐ 6	☐ 2^5
d) Welche Aussagen sind wahr?	☐ $\sqrt{\frac{4}{9}} = \frac{2}{9}$	☐ $\sqrt{47^2} = 47$	☐ $\sqrt{\frac{12}{13}} = \frac{\sqrt{12}}{\sqrt{13}}$	☐ $\sqrt{x^6} = x^4$
e) Den größten Wert hat …	☐ $2 \cdot 4^2$	☐ $2 \cdot 2^4$	☐ $\sqrt{2048}$	☐ $(2 \cdot 4)^2$
f) 48 ist der Wert von …	☐ $1{,}5 \cdot 2^5$	☐ $0{,}48 \cdot 10^3$	☐ $0{,}048 \cdot 10^5$	☐ 2^6
g) $1{,}07 \cdot 10^5 = \dots$	☐ 107 000	☐ 10 700	☐ $107 \cdot 10^3$	☐ $0{,}107 \cdot 10^6$

10 Löse die Aufgaben.

a) Ermittle die Lösung von $2^x = 32$. ______________________

b) Setze Klammern, sodass die Rechnung stimmt. $7 + 3 \cdot 3^2 - 2 \cdot 5^3 = -100$

c) Schreibe sieben Millionstel als Bruch, als Dezimalzahl und in Zehnerpotenzschreibweise. ______________________

d) Vergleiche die Werte. 7^4 ☐ 4^7 $0{,}2^3$ ☐ $0{,}2^5$

Proportionale und antiproportionale Zuordnungen

☺ 😐 ☹

11 Kreuze an, ob die Zuordnung im Alltag meist proportional (p), antiproportional (a) oder keines von beidem (k) ist.

Ein 5-Jähriger ist 1,12 m groß. Wie groß wird er mit 10 Jahren sein?	☐ p	☐ a	☐ k
Ein Stück Kuchen kostet 1,20 €. Wie viel kosten 3 Stück Kuchen dieser Sorte?	☐ p	☐ a	☐ k
Ein Sack Futter reicht für 7 Hühner 6 Wochen. Wie lang reicht er für 10 Hühner?	☐ p	☐ a	☐ k

12 Löse die Aufgaben.

a) Eine Firma plant 6 Maler für 24 Tage für ein Projekt ein.
Dem Auftraggeber dauert dies zu lange, deshalb werden vor dem Beginn der Arbeiten zwei weitere Mitarbeiter hinzugezogen.
Wie lange dauert das Projekt?

____

b) In einem 2,5 m hohen quaderförmigen Raum sollen alle Wände zweimal gestrichen werden.
Sie sind 6,5 m und 4,5 m lang. Die Tür ist ca. 2 m hoch und 1 m breit. Das Fenster ist ca. 1,3 m hoch und 3 m breit.
Ein Eimer der gewünschten Farbe reicht für ca. 25 m^2.
Berechne, wie viele Eimer gekauft werden sollten.

____

____

c) Unter welcher Bedingung ist eine lineare Funktion eine proportionale Zuordnung?

____

____

Funktionen

13 Kreuze die richtigen Antworten an.

a) Auf dem Graphen von $y = x - 2$ liegen … ☐ $P(2|6)$ ☐ $Q(0|-2)$ ☐ $R(15|10)$ ☐ $S(6|2)$

b) Gleichungen von linearen Funktion sind … ☐ $f(x) = \frac{5}{6}$ ☐ $f(x) = x^2 + 1$ ☐ $f(x) = 2x + 1$ ☐ $\frac{2}{3}$

14 Löse die Aufgaben.

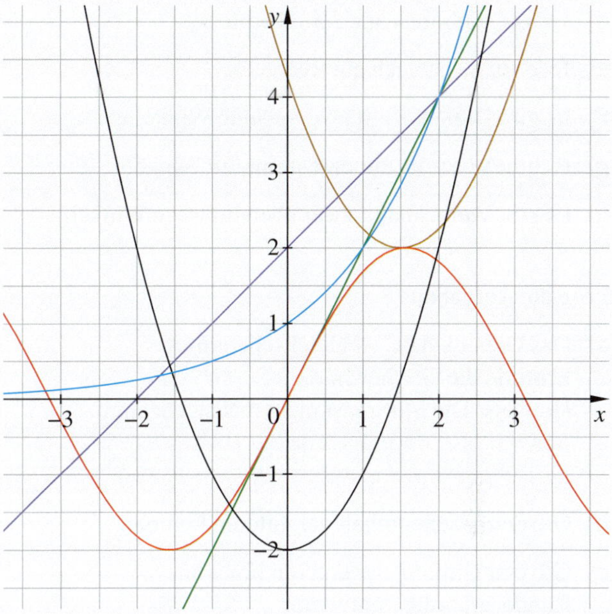

a) Beschrifte die Graphen der Funktionen.

$y_1 = 2x$ $y_2 = x + 2$

$y_3 = (x - 1{,}5)^2 + 2$ $y_4 = x^2 - 2$

$y_5 = 2\sin x$ $y_6 = 2^x$

b) Markiere alle Nullstellen.

c) Gib die Funktionstypen beider Funktionen an.

$y_2 = x + 2$ ____________________

$y_3 = (x - 1{,}5)^2 + 2$ ____________________

d) Untersuche auf Symmetrie und ergänze.

$y_4 = x^2 - 2$ ist ____________________

$y_5 = 2\sin(x)$ ist ____________________

e) Ergänze zuerst die Wertetabelle zu $f(x) = -0{,}5x - 1{,}5$.
Zeichne danach den Graphen der Funktion.

x	−4	−2	−1	0	1	3	4
y							

Daten und Zufall

15 Kreuze die richtigen Antworten an.

a) Wie viele verschiedene vierstellige Zahlen gibt es? ☐ 10^4 ☐ 9999 ☐ 4^{10} ☐ 1000

b) Mit welcher Wahrscheinlichkeit fällt bei einem regulären Spielwürfel eine Zahl, die kleiner als 3 ist? ☐ 0,2 ☐ $0{,}\overline{3}$ ☐ $\frac{1}{2}$ ☐ $\frac{1}{3}$

16 Löse die Aufgaben.

a) Schreibe alle dreistelligen Zahlen, in denen die „3“, „5“ und „7“ genau einmal vorkommen, geordnet auf.

____

b) Wie groß ist die Wahrscheinlichkeit, mit dem Spielwürfel zu Netz ① eine „1“ zu würfeln? ________

c) Bei 500 Würfen ist 172-mal eine „3“ gefallen. Welches Würfelnetz passt dazu? ________

①
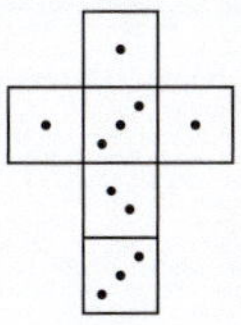

②
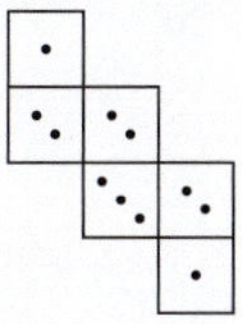

③
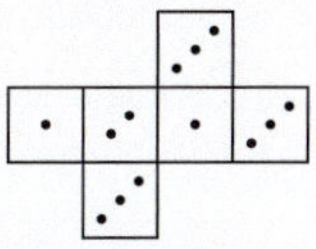

④
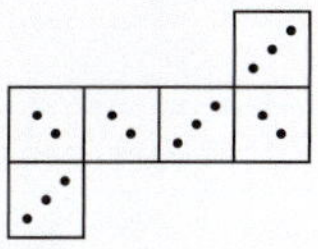

Winkel und Flächen

☺ 😐 ☹

17 Kreuze die richtigen Antworten an.

a) Spitze Winkel sind … ☐ $\alpha = 40°$ ☐ $\beta = 130°$ ☐ $\gamma = 44°$ ☐ $\delta = 85°$

b) Überstumpfe Winkel sind … ☐ $\alpha = 91°$ ☐ $\beta = 181°$ ☐ $\gamma = 355°$ ☐ $\delta = 180°$

c) Jedes Quadrat ist auch eine Raute. ☐ wahr ☐ falsch

d) Jedes Quadrat ist auch ein Rechteck. ☐ wahr ☐ falsch

e) Jede Raute ist auch ein Rechteck. ☐ wahr ☐ falsch

f) Es gibt Dreiecke mit zwei rechten Winkeln. ☐ wahr ☐ falsch

g) Es gibt Vierecke mit drei stumpfen Winkeln. ☐ wahr ☐ falsch

h) Es gibt Vierecke mit zwei überstumpfen Winkeln. ☐ wahr ☐ falsch

18 Löse die Aufgaben.

a) Das Dreieck *ABC* ist gleichschenklig.
Ermittle die Größe von α. ____________
Hinweis: Die Skizze ist nicht maßstabsgetreu.

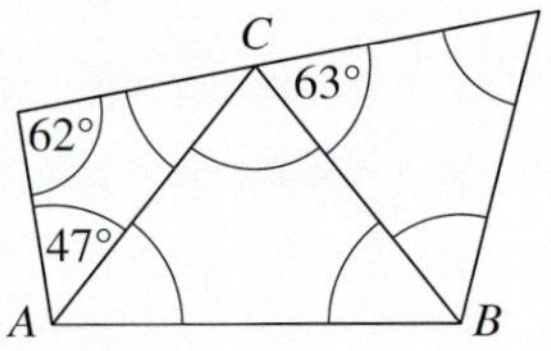

b) Gib den Flächeninhalt der unteren Figur an. ____________

c) Gib den Umfang der unteren Figur an.
Runde auf volle Zentimeter. ____________

d) Zeichne ein Quadrat und ein Dreieck mit gleich großem Flächeninhalt wie bei der unteren Figur.

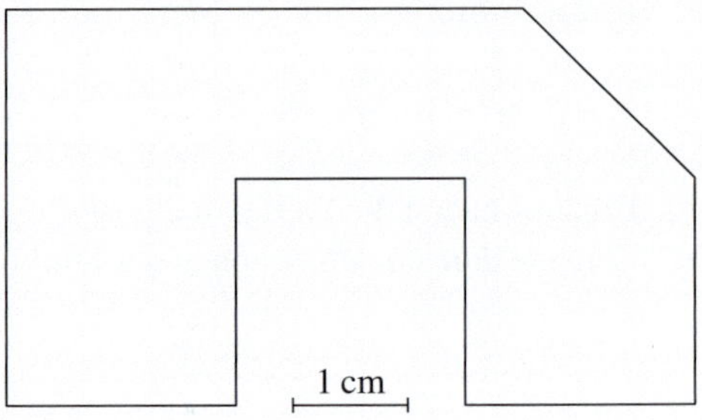

e) Ein Quadrat ist im Maßstab 1 : 1 genau 4 cm² groß.
Wie groß erscheint die Fläche im Maßstab 3 : 1?
Begründe deine Antwort.

____

____

____

____

f) 160 Personen durften sich für eine von vier Farben entscheiden.
Veranschauliche die Angaben in einem Kreisdiagramm.

Blau	Rot	Grün	Gelb
26	40	46	48

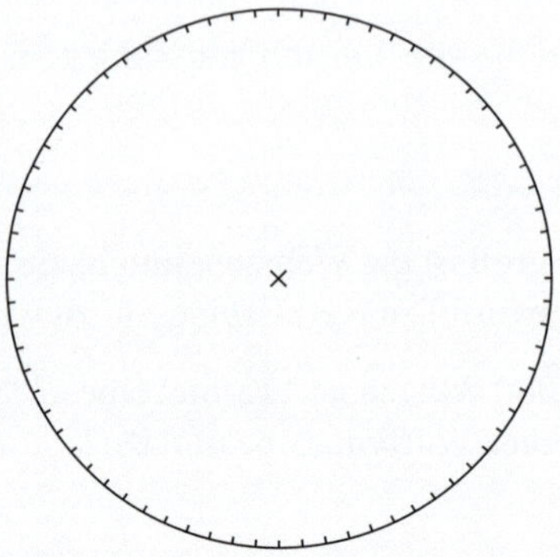

Körper

19 Kreuze die richtigen Antworten an.

a) Volumeneinheiten sind … ☐ l ☐ m^2 ☐ cm^3 ☐ kg

b) Ein Würfel mit 8 cm Kantenlänge ist … groß. ☐ 512 cm^3 ☐ 0,512 dm^3 ☐ 512 ml ☐ 0,512 l

c) Ein rechtwinkliges Dreieck rotiert um eine Kathete. Welche Form hat der dadurch entstehende Körper? ☐ Quader ☐ Zylinder ☐ Kegel ☐ Prisma

20 Löse die Aufgaben.

a) Gib die gesuchten Größen an.

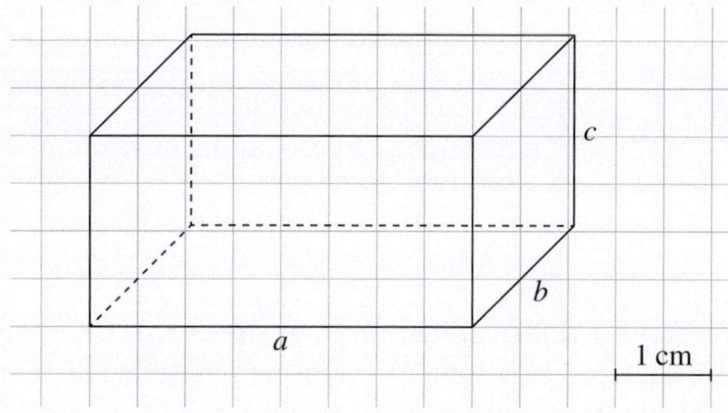

Kantenlängen: ______________________

____

____

Grundfläche: ______________________

Volumen: ______________________

b) Vervollständige zum Schrägbild eines Quaders mit dem Volumen 20 cm^3.

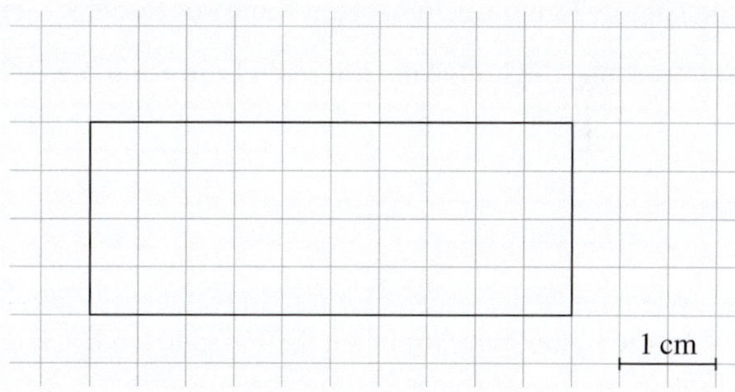

c) Wie viele Würfel mit 5 mm Kantenlänge passen in den 20 cm^3 großen Quader?

____

d) Stell dir vor, dass unter einem gleichmäßig tropfenden Wasserhahn jeweils eins der Gläser steht. Jedes der sehr dünnwandigen Gläser ist insgesamt 20 cm hoch. Beide Glasstiele sind 9 cm lang. Die Öffnungen oben haben 8 cm Durchmesser bzw. 8 cm lange Diagonalen. Ordne zuerst mit Linien jedem Glas eine Bezeichnung für seine Form und eine Füllkurve zu. Schätze danach, wie viel Milliliter drei der vier Gläser fassen können.

Würfel | Quader | Prisma | Zylinder | Kegel | Pyramide | Kugel

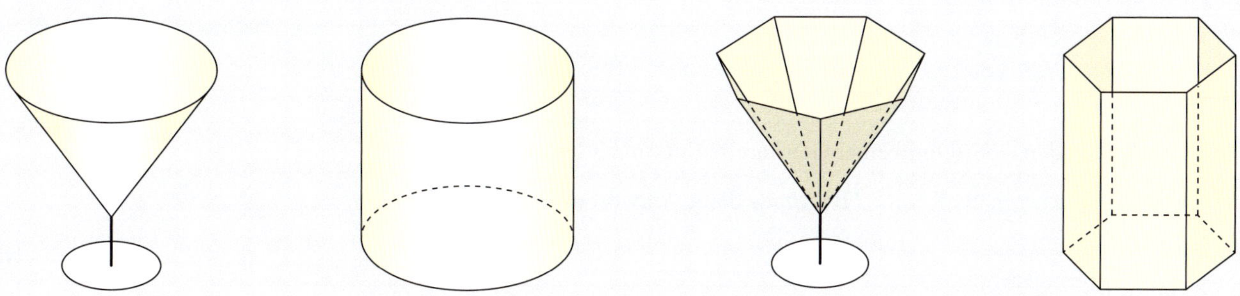

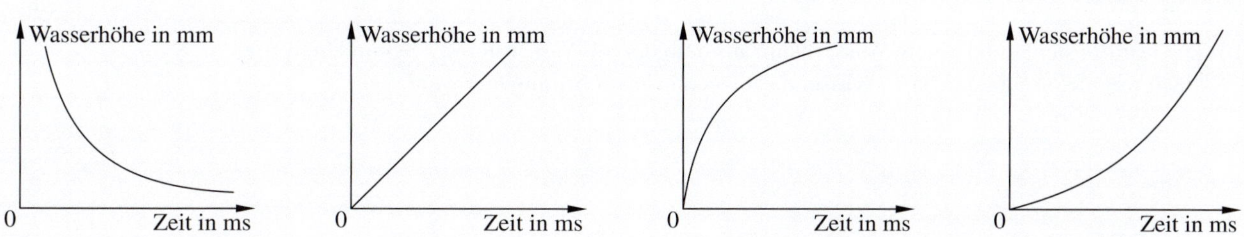

____

Beispielaufgaben Komplexere Aufgaben

Hinweis: Formelsammlung und Taschenrechner sind erlaubt. Rechne, wenn nötig, auf einem zusätzlichen Blatt.

1 Das fast rechteckige Badezimmer soll gefliest werden. Die Bereiche für Dusche und Badewanne werden dabei ausgespart.
Hinweis: Entnimm benötigte Maße der nicht maßstabsgetreuen Skizze.

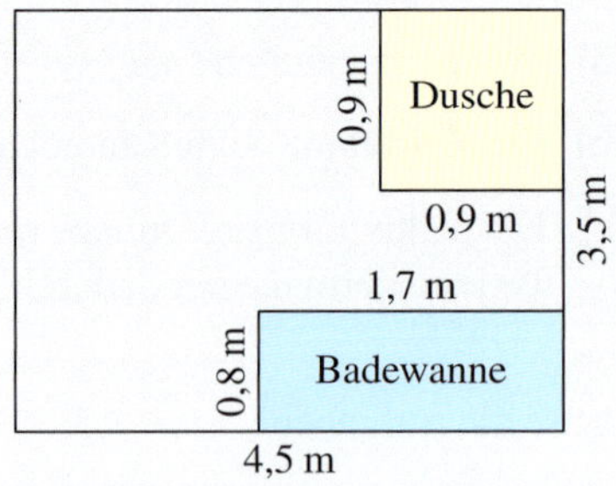

a) Gib die zu fliesende Fläche in Quadratmetern an.

b) Beim Verlegen von Fliesen ist mit ca. 15 % Verschnitt zu rechnen.
Wie viele Quadratmeter Fliesen sollte man kaufen?

2 Die Brüder Kolöhr sollen ein Haus streichen. Dafür haben sie zwei Leitern.
Die kürzere Leiter steht 2 m vom Haus entfernt auf dem Boden und trifft die Fassade auf halber Höhe in einem Winkel von 30°.
Die längere Leiter reicht bis zum Rand des Daches, wenn man sie 1 m von der Wand entfernt aufstellt.

a) Berechne die Länge der kürzeren Leiter und die Höhe der Hausfassade.

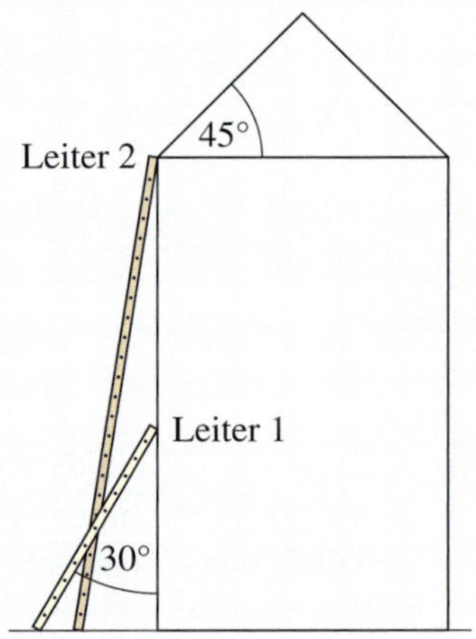

b) Wie lang ist die längere Leiter? In welchem Winkel trifft sie auf die Hausfassade?
Ist die Leiter zum Streichen der Fassade am Dach geeignet?

c) Das Dach hat eine Neigung von 45° und das Haus ist an der Giebelseite 7 m lang.
Berechne, wie hoch das Haus samt Dach ist.

3 Die Skizze zeigt den Querschnitt einer Glaskaraffe mit runder Grundfläche.

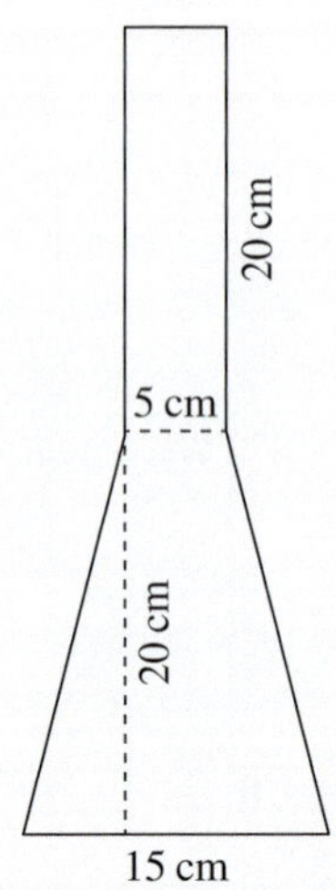

a) Passen 2 l Wasser in die Karaffe? Begründe deine Antwort mit einer Rechnung.

b) Die Karaffe steht unter einem Wasserhahn, aus dem 0,4 ml Wasser in je 12 Sekunden tropfen.
Nach wie vielen Stunden ist 1 l Wasser darin, wenn sie am Anfang leer war?

4 Gegeben sind Graphen quadratischer Funktionen.

a) Kreuze Zutreffendes an.

	y_1	y_2	y_3	y_4	y_5
Die Parabel ist weder gestaucht noch gestreckt.					
Der Faktor vor x^2 ist negativ.					

b) Gib zu allen fünf Graphen die Funktionsgleichung zuerst in Scheitelpunktform und danach in Normalform an.

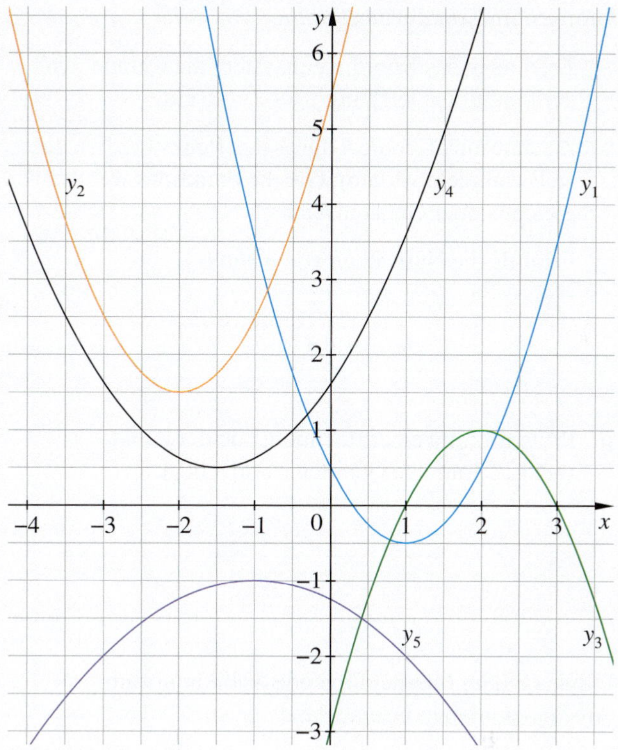

5 Die Mitglieder eines Sportvereins verteilen sich auf PKWs und Kleinbusse.
In einem PKW sind je 4 Personen, im Kleinbus je 7. Am Ende fahren die 59 Personen mit 11 Fahrzeugen.

a) Gib ein Gleichungssystem zur Berechnung der Anzahl der PKWs (p) und der Kleinbusse (b) an.

b) Löse das Gleichungssystem und gib an, wie viele PKWs und Kleinbusse fahren.

6 Berechne die Lösungen der quadratischen Gleichungen.

a) $x^2 + 6x + 9 = 0$

b) $x^2 + x - 2 = 0$

7 Aus einer kreisförmigen Baumscheibe mit einem Umfang von 3,2 m soll eine möglichst große quadratische Tischplatte ausgeschnitten werden.

a) Wie lang ist die Diagonale der Tischplatte? Wie lang und breit ist die Tischplatte?

b) Die Tischplatte ist 3,5 cm dick. Das Eichenholz, aus dem sie gefertigt wird, hat eine Dichte von $680\,\frac{g}{l}$.
Berechne, wie viel Kilogramm die fertige Tischplatte schwer sein wird.

8 Graphen im Koordinatensystem

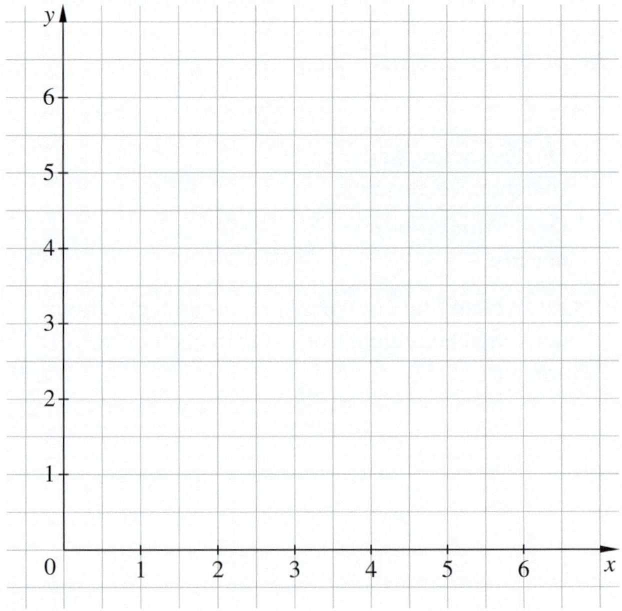

a) Zeichne in das Koordinatensystem die Gerade g mit der Funktionsgleichung $y = -2x + 5$ ein.

b) Zeichne eine Gerade h durch den Punkt $P(2\,|\,3)$, die zu g senkrecht verläuft. Gib die Funktionsgleichung der Geraden h an.

c) Ermittle die Nullstellen von g und h.

d) Prüfe mithilfe einer Rechnung, ob der Punkt $Q(1\,|\,2{,}5)$ auf den Geraden g und h liegt.

9 Olivia fand im Internet folgende Abbildung zum Ausländeranteil in Deutschland.

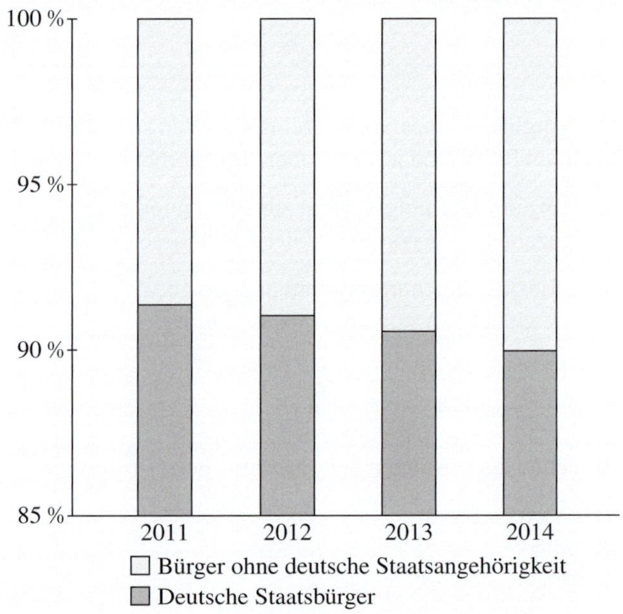

a) In Deutschland lebten in dem Zeitraum ca. 80 Millionen Menschen. Gib die Anzahl der Personen mit deutscher Staatsangehörigkeit im Jahr 2012 an.

b) Gib an, wodurch das Diagramm einen falschen Eindruck in Bezug auf den Anteil der Bürger ohne deutsche Staatsangehörigkeit erzeugt.

c) Zeichne Kreisdiagramme, die den Anteil der Bürger mit und ohne deutsche Staatsangehörigkeit im Jahr 2011 und 2014 darstellen.

☐ Anteil der Bürger mit deutscher Staatsangehörigkeit

☐ Anteil der Bürger ohne deutsche Staatsangehörigkeit

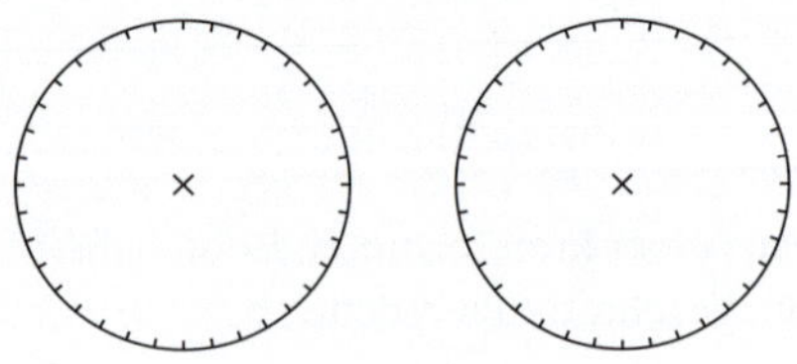

10 Linus und Hedda haben jeweils 1500 €.
Linus legt sie für 5 Jahre mit 2,1 % Jahreszinsen an. Hedda legt ihr Geld mit 1,5 % Jahreszinsen für 7 Jahre an.
Berechne den Unterschied beider Guthaben am Ende der jeweiligen Laufzeit bei Verzinsung mit Zinseszins.
Was meinst du dazu?

11 Die abgebildete Kelle fasst laut Verpackung 0,4 l.
Kann die Angabe stimmen?
Begründe deine Entscheidung.

12 Eine Firma stellt Stahlkugeln für große Kugellager her. Eine der Kugeln wiegt ca. 1,41 kg. Der verwendete Stahl hat eine Dichte von 7,86 kg/dm^3.

a) Berechne den Durchmesser der Kugeln.

b) Jede der Stahlkugeln wird in einem möglichst kleinen würfelförmigen Karton versandt. Gib in Prozent den Anteil der Verpackung, der mit Kugeln ausgefüllt werden kann, an.

c) Wie verändert sich das Verhältnis von Kugel und Füllmaterial, wenn sich der Durchmesser der Kugel verdoppelt?

13 Bei einem Würfelspiel wird ein regulärer 12-seitiger Würfel zweimal geworfen.
Auf acht der Seiten steht eine „0“, auf einer eine „2“ und auf dem Rest eine „1“.
Einmal spielen kostet 1 €, am Ende bekommt man die Summe der beiden Würfe ausbezahlt.

a) Vervollständige das Baumdiagramm.

b) Gib jeweils die Wahrscheinlichkeit an, am Ende 0 €, 1 €, 2 €, 3 € und 4 € ausbezahlt zu bekommen.

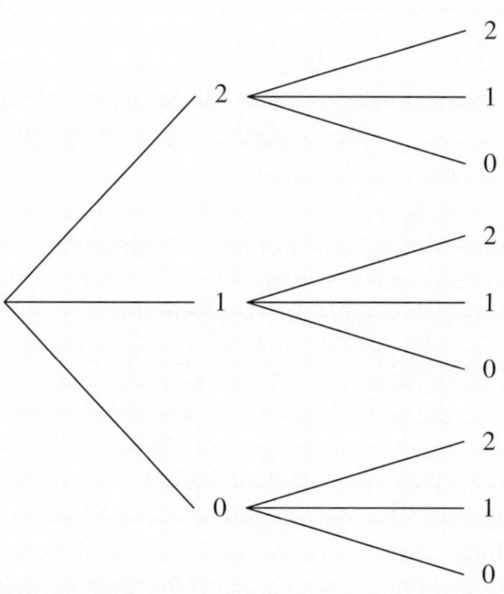

Beispielaufgaben Abschlussprüfung

Prüfungsteil 1

Hinweis: In der Prüfung sind in diesem Prüfungsteil keine Hilfsmittel, d. h. Taschenrechner und Formelsammlung, zugelassen.

1 Berechne.

a) $42012 : 6 =$ ______ b) $485 \cdot 2{,}05 =$ ______ c) $\frac{9}{10} - \frac{1}{3} =$ ______

2 Wandle um.

$98\,900\ \text{cm}^3 =$ ________________ m^3

3 Löse das folgende Gleichungssystem.

I $4y = 3x + 15{,}5$
II $y = 6x - 4$

4 Gegeben sind die Punkte $A\,(3\,|\,2)$, $B\,(11\,|\,2)$ und $C\,(4\,|\,6)$ eines Dreiecks ABC.
Hinweis: 1 Einheit ≙ 1 cm

a) Zeichne das Dreieck ABC in ein Koordinatensystem ein.

b) Gib den Flächeninhalt des Dreiecks an.

c) Berechne den Umfang des Dreiecks, ohne dabei die Länge einer Strecke zu messen.

5 Ein Küchentisch und vier Stühle kosten insgesamt 349 €. Der Tisch kostet allein 159 €.
Mit welcher der Gleichungen kann der Preis eines Stuhles berechnet werden? Kreuze an.

☐ $4x + 349 = 159$ ☐ $349 + 159 = 4x$ ☐ $349 - 4x = 159$ ☐ $4x - 349 = 159$

6 Das Dreieck ABC ist gleichseitig.
Gib die Größe des Winkels δ an.
Hinweis: Die Skizze ist nicht maßstabsgetreu.

____

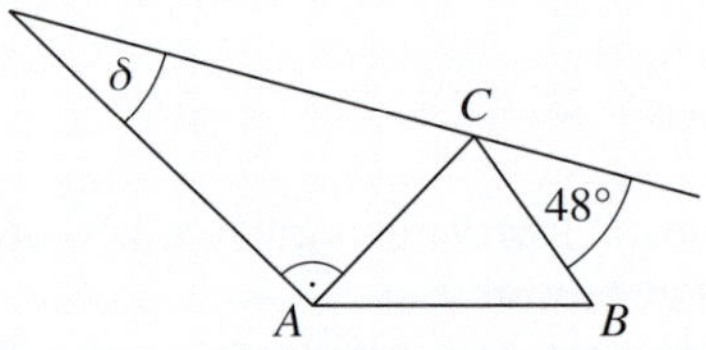

7 Zum Ende des ersten Halbjahres wurde erfasst, was die Schülerinnen und Schüler nach den Sommerferien machen werden. Ergänze die fehlenden Angaben.

	Anzahl der Schülerinnen und Schüler	Anteil
Berufsausbildung oder weiterer Schulbesuch	90	
Freiwilliges soziales Jahr oder Praktikum	18	12,5 %
ist noch offen		25,0 %

8 Die Äquatorlänge beträgt rund 40 000 km.
Wie lange bräuchte ein Fußgänger, der 8 Stunden pro Tag läuft, um eine derartig lange Strecke zurückzulegen?
Überschlage und kreuze an.
Hinweis: Ein Fußgänger hat eine Geschwindigkeit von rund $5\,\frac{\text{km}}{\text{h}}$.

☐ 52 Wochen ☐ 2 Jahre 9 Monate ☐ 18 Monate ☐ 5 Jahre

Prüfungsteil 2

Hinweis: In der Prüfung sind in diesem Prüfungsteil Hilfsmittel, d. h. Taschenrechner und Formelsammlung, zugelassen.

1 Gewinnspiel für Kunden

Auf einem Tisch liegen 12 Karten. Nur auf drei der Karten sind Kleeblätter.
Einen Preis erhält, wer nacheinander zufällig alle drei Kleeblätter aufdeckt.
Einen Trostpreis erhält, wer in einem Versuch zufällig zwei Kleeblätter aufdeckt.
Nach jedem Versuch, d. h. vor dem Aufdecken von drei Karten, wir neu gemischt.

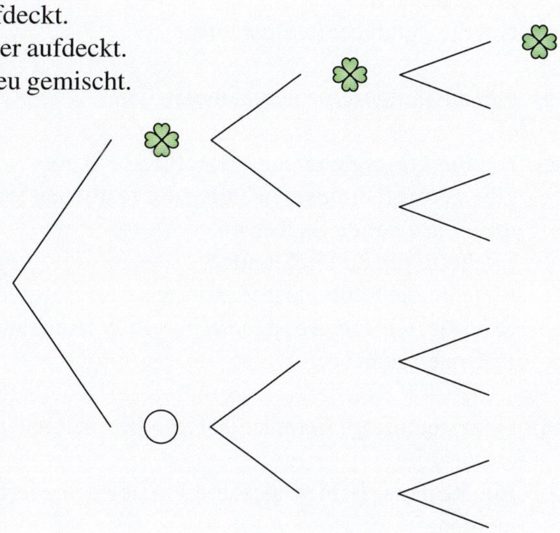

a) Zeichne ein passendes Baumdiagramm.

b) Ermittle folgende Wahrscheinlichkeiten.

$P(„Preis“) =$ ________ $P(„Trostpreis“) =$ ________

c) Versehentlich blieb ein Kleeblatt aufgedeckt.
Ermittle unter dieser Bedingung folgende Wahrscheinlichkeiten.

$P(„Preis“) =$ ________ $P(„Trostpreis“) =$ ________

d) Paul sagt: „Läuft alles entsprechend der Regeln, gibt es bei je 3 von 10 Versuchen einen Preis bzw. Trostpreis.“
Was meinst du dazu?

e) Diese Netze gehören zu zwei regulären Spielwürfeln.

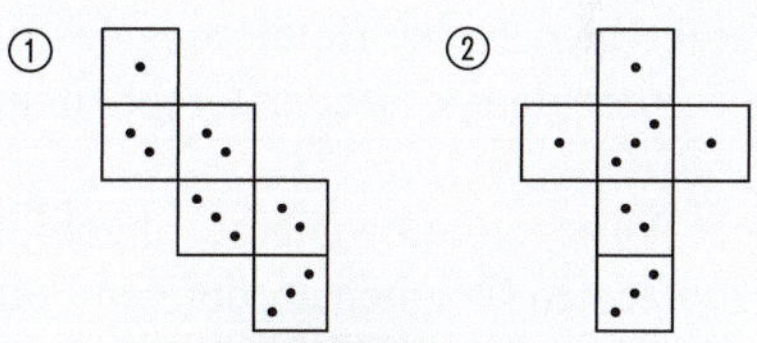

Wie groß ist die Wahrscheinlichkeit, mit Würfel ① eine „3“ zu würfeln? ________

Bei 800 Würfen mit einem der Würfel ist in 127 Fällen eine „1“ gefallen. Welcher der beiden Würfel wurde mit größerer Wahrscheinlichkeit genutzt? ________

f) Die durchschnittliche Verteilung der 4 565 Kunden auf die Wochentage ist der Grafik zu entnehmen.
Etwa 60 % davon sind weiblich.
Die Geschlechterverteilung ist an jedem Tag etwa gleich.
Wie viele männliche Kunden kommen etwa am Montag?
Hinweis: Berechne die Anzahl aller männlichen Kunden.

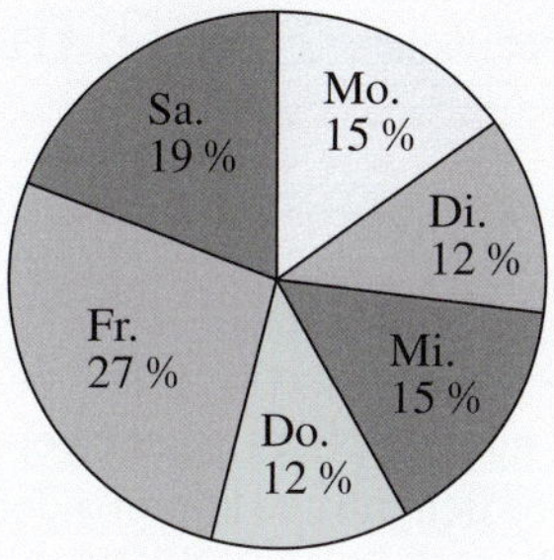

2 Preise beim Gewinnspiel

a) Das Glas ist insgesamt ca. 15 cm hoch.

① Wie viel Milliliter des Drinks befinden sich etwa im Glas?

② Wo passt mehr hinein? In ein zylinderförmiges Glas mit einem genauso hohen Hohlraum und halb so großer Grundfläche oder ins abgebildete Glas?

b) Am Taschendrachen ist eine 50 m lange Schnur so befestigt, dass der Drachen bei einem Winkel von rund 55° in der Luft bleibt.
Welche Höhe erreicht er somit?
Gib das Ergebnis mit sinnvoller Genauigkeit an.

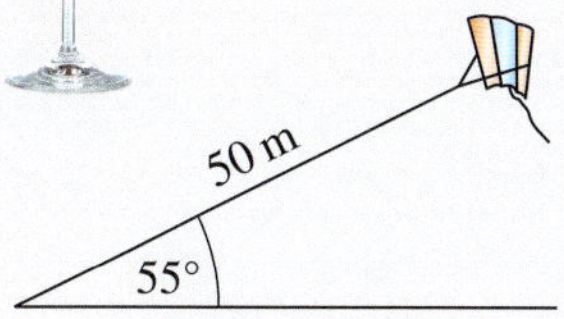

c) Ein Briefbeschwerer aus Stahl hat die Form eines Prismas mit Loch für einen Stift.
Zwei der Flächen sind gleichschenklige Trapeze.
Hinweis: $\varrho = 7{,}86\,\frac{\text{g}}{\text{cm}^3}$

① Berechne die Masse des Briefbeschwerers.

② Eine Stahlkugel hat einen Radius von 10 cm.
Wie viele der Briefbeschwerer könnte man aus dem Stahl herstellen?

③ Der Briefbeschwerer steht vollständig auf einem Untersetzer aus Filz.
Welchen Durchmesser muss der Untersetzer mindestens haben?

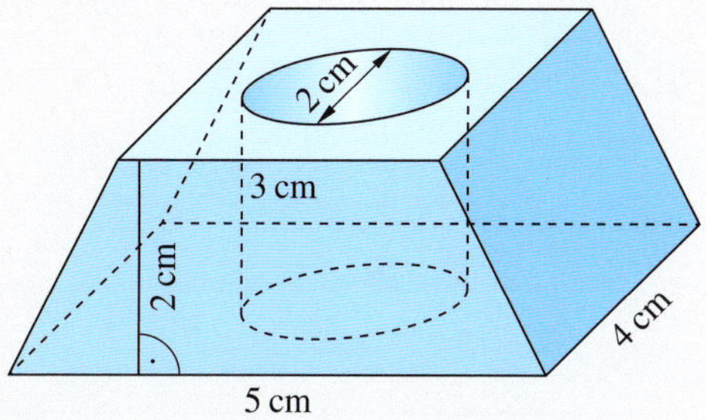

3 Abschluss der Sanierungsarbeiten

Die Becken eines Spaßbades sind nach einer Sanierung erstmals neu zu füllen.
Die Veränderung des Wasserstandes werden beobachtet, um schnell auf Probleme reagieren zu können.

a) Wie lange dauert das Befüllen des ersten 1,20 m tiefen Beckens?
Gib die Zeitdauer in Stunden an.

b) Gib die Füllgeschwindigkeiten in $\frac{\text{m}}{\text{h}}$ an.

c) Die Funktionsgleichung $h(t) = 0{,}15\,t + 0{,}50$ gibt das problemlose Auffüllen des restlichen Wassers in einem zweiten Becken an.
t steht für die Zeit in Stunden.
$h(t)$ gibt die Füllhöhe in Zentimetern an.
Ermittle, wie lange es dauert, bis ein Wasserstand von 1,40 m erreicht ist.

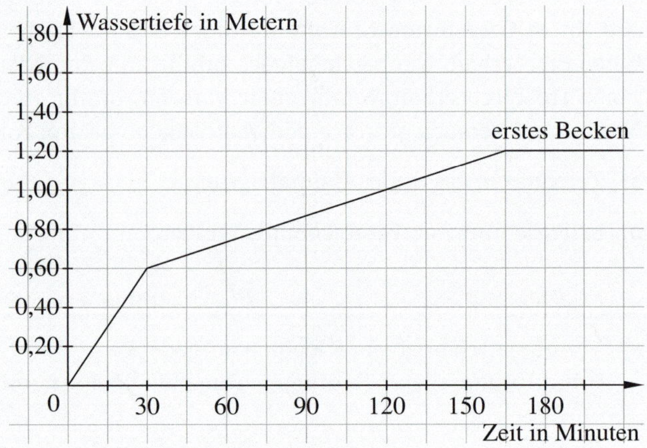

d) Gib zwei infrage kommende Grundformen und passende Beckenmaße aus Teilaufgabe **c** an.

e) Ein 10 m mal 10 m großes und 1 m tiefes quaderförmiges drittes Becken soll mit 1 m^3 Wasser pro Stunde gefüllt werden.
Welche Auswirkungen hätten genau nach der ersten Stunde zuerst ein halbstündiges Aussetzen und direkt danach eine Halbierung des Wasserzulaufs auf den zugehörigen Graphen?
Skizziere den passenden Graphen im vorhandenen Koordinatensystem.

f) Der Wasserzulauf war beim abgebildeten Becken gleichmäßig und es gab keine Probleme.
Kreuze den Graphen an, der den Füllvorgang am besten beschreibt.

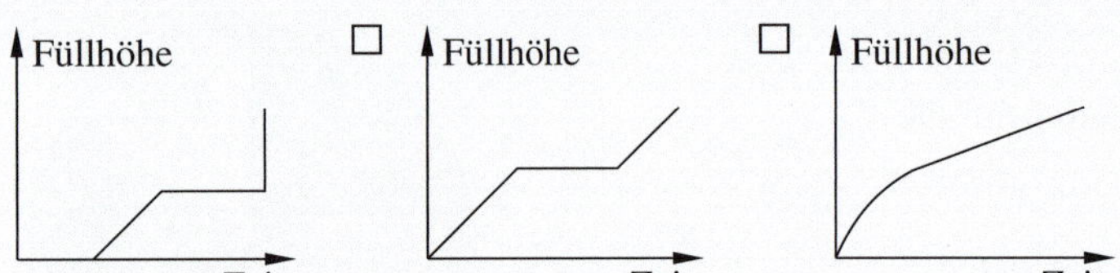

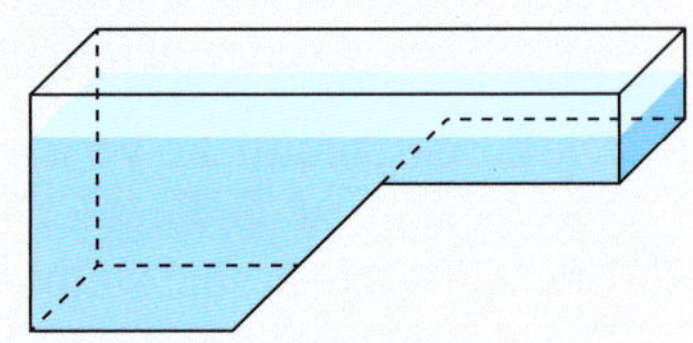

g) Auf einem DIN-A4-Blatt ist ein Plan des Spaßbades mit einem 5 cm langen Schwimmbecken.
Kreuze den infrage kommenden Maßstab an.
Gib die passende Originallänge des Schwimmbeckens an.

☐ 1 : 100 ☐ 1 : 1 000 ☐ 1 000 : 1 ☐ 1 000 : 1

Arbeitsheft

Mathematik
real
Klasse 10
Nordrhein-Westfalen

LÖSUNGEN

Cornelsen

Redaktion: Berit Kroschel
Illustration: Gudrun Lenz, Berlin

Grafik: Christian Böhning
Umschlaggestaltung: Studio Syberg
Technische Umsetzung: Ralf Franz, CMS – Cross Media Solutions GmbH

Bildnachweis
Umschlag Bühne, H. W., Essen
Fotos 7/1 www.schurr-fotografie.de; 9/1 Shutterstock / atiger; 11/1 Fotolia/DURIS Guillaume; 15/1 Berit Kroschel, Berlin; 17/1 Fotolia/tigger11th; 19/1 Fotolia/svort; 21/1 Fotolia/Fiona Coulter; 22/1 Fotolia/carlacdesign; 23/1 Fotolia/silencefoto; 25/1 Fotolia/RABE; 27/1 picture-alliance/dpa/dpaweb; 29/1 Fotolia/ehrenberg-bilder; 31/1 Shutterstock/Blend Images; 31/2 Shutterstock/C-You; 32/1 Fotolia/mathisa; 33/1 Fotolia/magicbeam; 37/1 Fotolia/pusteflower9024; 39/1 Fotolia/absurdovruslan; 41/1 Fotolia/Anatolii; 43/1 Shutterstock/ Pavel L Photo and Video; 45/1 Fotolia/lyf2; 46/1 Fotolia/Stéphane Hell; 49/1 Shutterstock/Prapann; 50/1 Shutterstock/holbox; 51/1 Shutterstock/DutchScenery; 61/1 Fotolia/Birgit Brandlhuber; 63/1 Fotolia/Markus Mainka

Inhaltsverzeichnis

Dieses Heft gehört: | Klasse:

Rein quadratische Funktionen

▶ Grundwissen

Bei quadratischen Funktionen mit Gleichungen der Form $f(x) = ax^2$ ($y = ax^2$) bestimmt der Faktor a die Form und die Öffnungsrichtung der Parabel in Richtung der y-Achse gegenüber der Normalparabel.

Für $a = 1$ entsteht eine Normalparabel.

Für $a = -1$ entsteht eine an der x-Achse gespiegelte Normalparabel.

Für $a < 0$ ist die Parabel nach unten geöffnet.

Für $a > 0$ ist die Parabel nach oben geöffnet.

Für $0 < |a| < 1$ entsteht eine gestauchte Parabel.

Für $|a| > 1$ entsteht eine gestreckte Parabel.

Beispiele:

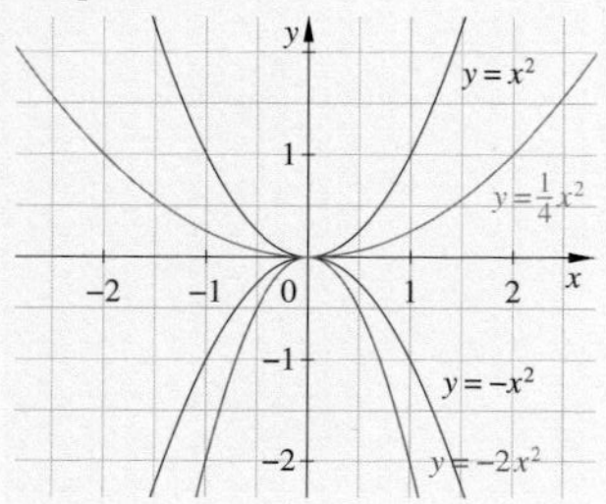

▶ Auftrag: Ergänze den Bereich, aus dem der Faktor a jeweils kommt.

Trainieren

1 Normalparabel

a) Ergänze die fehlenden Werte.

x	−2,5	−2	−1	0	1	2	2,5
$y = x^2$	6,25	4	1	0	1	4	6,25

b) Zeichne den Graphen von $y = x^2$ ins Koordinatensystem ein.

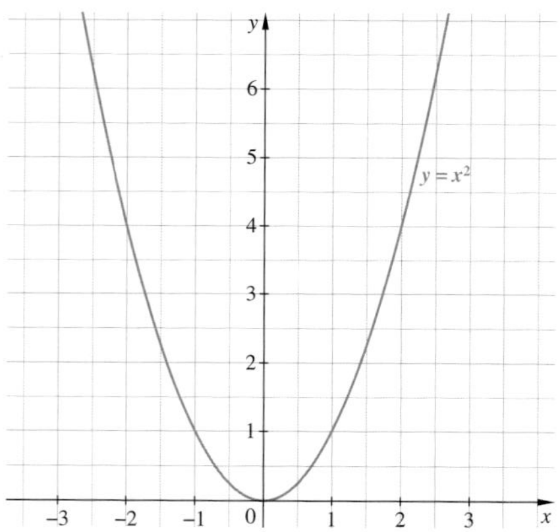

c) Prüfe jeweils mithilfe einer Rechnung, ob der Punkt auf der Normalparabel liegt. Kreuze die Punkte an, die auf der Normalparabel liegen.

☒ $A(4|16)$ $y = 4^2 = 16$

☐ $B(16|4)$ $y = 16^2 = 256$

☒ $C(-4|16)$ $y = (-4)^2 = 16$

d) Kreuze Zutreffendes an.

☒ Die Normalparabel ist nach oben geöffnet.
☐ Die Normalparabel ist symmetrisch zur x-Achse. Sie ist symmetrisch zur y-Achse.
☒ Die Normalparabel hat eine Nullstelle bei $x = 0$.
☒ Bei einer gestauchten Parabel ist die Öffnung größer als bei der Normalparabel.
☒ Die Normalparabel hat den Scheitelpunkt $Q(0|0)$. tiefster Punkt

e) Ermittle jeweils die fehlende Koordinate der vier unterschiedlichen Punkte auf der Normalparabel.

$E(10|\ 100\ )$ $F(\ -10\ |100)$ $G(\ 5\ |25)$ $H(\ -5\ |25)$

f) Ergänze die Wertetabelle zur Normalparabel.

x	−9	−10	−11	−12	−13	−14	15	16	17	18	19	20
y	81	100	121	144	169	196	225	256	289	324	361	400

2 Beschrifte zuerst die vorgegebenen Graphen. Ergänze danach die Wertetabellen für die beiden fehlenden Funktionen und zeichne deren Graphen ein.

$y_1 = -0{,}5x^2$
$y_2 = 1{,}6x^2$
$y_3 = -2{,}5x^2$
$y_4 = 0{,}7x^2$
$y_5 = 0{,}2x^2$
$y_6 = -1{,}5x^2$

x	−4	−2	0	2	4
y_5	3,2	0,8	0	0,8	3,2

x	−1,5	−1	0	1	1,5
y_6	−3,375	−1,5	0	−1,5	−3,375

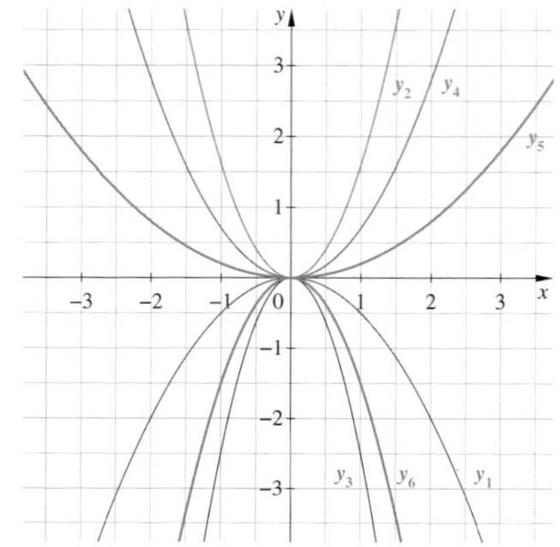

3 Ist die jeweils zugehörige Parabel gestreckt oder gestaucht? In welche Richtung ist sie geöffnet? Kreuze Zutreffendes an.

a) $f(x) = 0{,}47x^2$ ☐ gestreckt ☒ gestaucht ☒ nach oben geöffnet ☐ nach unten geöffnet

b) $f(x) = -6{,}8x^2$ ☒ gestreckt ☐ gestaucht ☐ nach oben geöffnet ☒ nach unten geöffnet

c) $f(x) = \frac{4}{3}x^2$ ☒ gestreckt ☐ gestaucht ☒ nach oben geöffnet ☐ nach unten geöffnet

d) $f(x) = -\frac{3}{4}x^2$ ☐ gestreckt ☒ gestaucht ☐ nach oben geöffnet ☒ nach unten geöffnet

e) $f(x) = 1x^2 - 0{,}47$ ☐ gestreckt ☐ gestaucht ☒ nach oben geöffnet ☐ nach unten geöffnet

Anwenden und Vernetzen

4 Gegeben ist der Punkt $O(3|27)$ der Parabel mit der Funktionsgleichung $y = ax^2$. Ermittle den Faktor a und begründe deine Antwort.

$27 = a \cdot 3^2$, d.h. $a = 3$

5 In der Abbildung siehst du eine Hängebrücke. Ihre Spannweite beträgt 50 m, die Höhe der oberen Befestigungspunkte über der Fahrbahn beträgt 15 m.

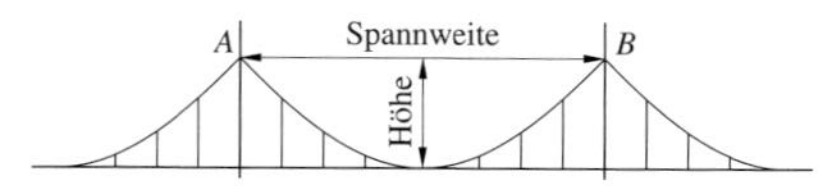

Die Hauptseile im mittleren Abschnitt hängen annähernd parabelförmig durch. Fertige eine Skizze an und bestimme die Gleichung der Form $f(x) = ax^2$, die den Verlauf der Hauptseile beschreibt.

$y = ax^2$

$15 = a \cdot 25^2$ somit ist $a = 0{,}024$ und $f(x) = 0{,}024x^2 = \frac{3}{125}x^2$

Die Gleichung $f(x) = 0{,}024x^2$ beschreibt den Verlauf der Hauptseile.

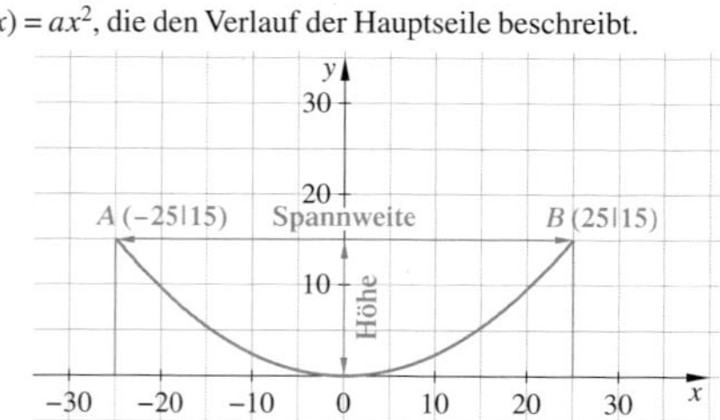

Scheitelpunktform quadratischer Funktionen

▶ Grundwissen

- Der Graph der Funktion mit der Gleichung $f(x) = x^2$ ($y = x^2$) heißt Normalparabel. Der Scheitelpunkt der Parabel ist $S(0|0)$.
- Verschiebt man die Normalparabel um y_S in y-Richtung, so lautet die Gleichung der entsprechenden Funktion

  $f(x) = x^2 + y_S$.

  Der Scheitelpunkt der Parabel ist $S(0|y_S)$.
- Verschiebt man die Normalparabel um x_S in x-Richtung, so lautet die Gleichung der entsprechenden Funktion

  $f(x) = (x - x_S)^2$.

  Der Scheitelpunkt der Parabel ist $S(x_S|0)$.
- $f(x) = (x - x_S)^2 + y_S$ hat den Scheitelpunkt $S(x_S|y_S)$.

Beispiele:

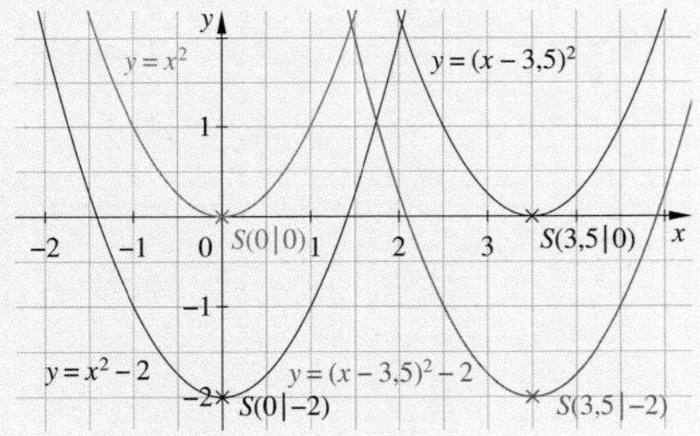

▶ **Auftrag:** Gib jeweils die Funktionsgleichungen an.

Trainieren

1 Koordinatensystem mit verschobenen Normalparabeln

a) Ergänze die fehlenden Werte.

x	–2	–1	0	1	2	3
$y_1 = x^2$	4	1	0	1	4	9
$y_2 = x^2 + 5$	9	6	5	6	9	14
$y_3 = x^2 - 4$	0	–3	–4	–3	0	5

x	–2	–1	0	1	2	3
$y_1 = x^2$	4	1	0	1	4	9
$y_4 = (x+1)^2$	1	0	1	4	9	16
$y_5 = (x-2)^2$	16	9	4	1	0	1

x	–2	–1	0	1	2	3
$y_6 = (x+1)^2 + 2$	3	2	3	6	11	17
$y_7 = (x+1)^2 - 4$	–3	–4	–3	0	5	12
$y_8 = (x-2)^2 - 4$	12	5	0	–3	–4	–3

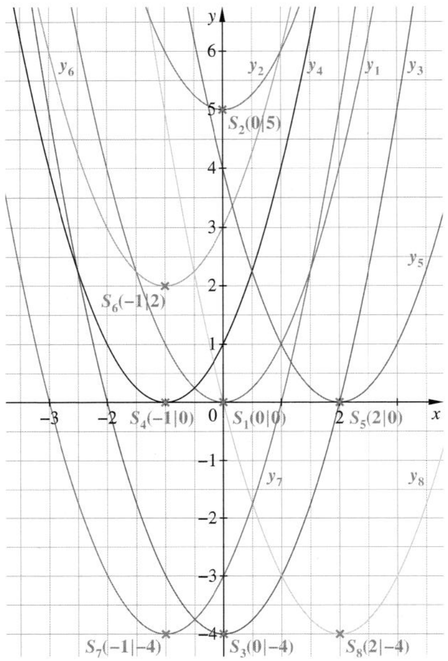

b) Beschrifte zuerst die Graphen.
Gib danach im Koordinatensystem die Scheitelpunkte an.

2 Kreuze alle Parabeln an, die symmetrisch zur y-Achse sind. Gib, wenn möglich, jeweils den Scheitelpunkt S an.
Zusatzaufgabe: Zeichne die Graphen mithilfe eines Funktionenplotters oder einer Tabellenkalkulation.

☒ $f(x) = x^2 + 3$ $S(0|3)$ ☐ $f(x) = x + 7$ ☐ $f(x) = (x+5)^2$ $S(-5|0)$ ☒ $f(x) = 7 - x^2$ $S(0|7)$

3 Nach oben geöffnete verschobene Normalparabeln

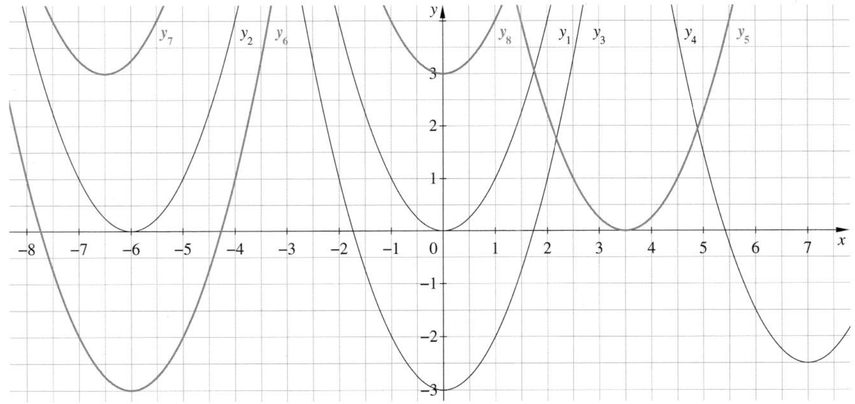

a) Gib die zugehörigen Funktionsgleichungen und die Koordinaten der Scheitelpunkte an.

$y_1 = x^2$ $S(0|0)$ $y_2 = (x+6)^2$ $S(-6|0)$

$y_3 = x^2 - 3$ $S(0|-3)$ $y_4 = (x-7)^2 - 2{,}5$ $S(7|-2{,}5)$

b) Zeichne im Koordinatensystem die verschobenen Normalparabeln ein und vervollständige die Angaben.
Hinweis: Nutze eine Schablone.

$y_5 = (x - 3{,}5)^2$ $S(3{,}5|0)$ $y_6 = (x+6)^2 - 3$ $S(-6|-3)$

$y_7 = (x + 6{,}5)^2 + 3$ $S(-6{,}5|3)$ $y_8 = x^2 + 3$ $S(0|3)$

Anwenden und Vernetzen

4 Zeichne zunächst die den Eigenschaften entsprechende verschobene Normalparabel in das Koordinatensystem ein.
Gib danach die Funktionsgleichung an.
Hinweis: Nutze eine Schablone.

a) Der Graph der Funktion f schneidet die x-Achse an den Stellen $x_1 = 1{,}5$ und $x_2 = 3{,}5$.
Hinweis: $x_S = \frac{x_1 + x_2}{2}$.

$y_1 = -(x - 2{,}5)^2 + 1$ $S_1(2{,}5|1)$
$y_2 = (x - 2{,}5)^2 - 1$ $S_2(2{,}5|-1)$

b) Der Graph von g ist für $x < -1$ fallend und für $x > -1$ steigend.
Der kleinste Funktionswert ist –2.

$y_3 = (x+1)^2 - 2$ $S(-1|-2)$

c) Der Graph der Funktion h ist symmetrisch zur Geraden $x = 3$ und verläuft durch den Punkt $P(1|2)$.

$y_4 = (x-3)^2 - 2$ $S(3|-2)$

d) Die Punkte $P(-3|2)$ und $Q(-1|2)$ gehören zum Graphen i.

$y_5 = (x+2)^2 + 1$ $S(-2|1)$

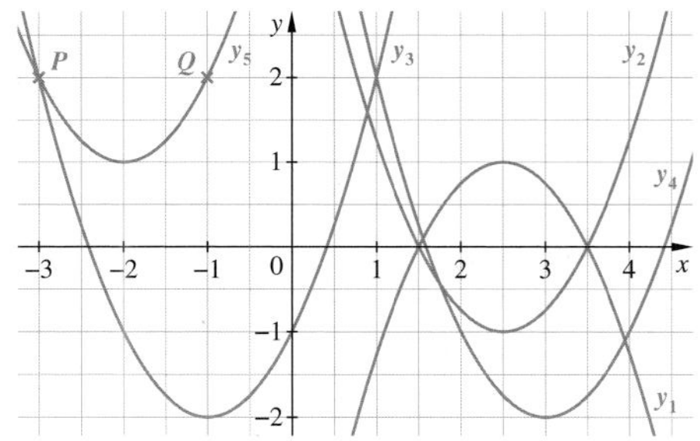

Nullstellen quadratischer Funktionen

▶ Grundwissen

- Die x-Werte, zu denen der y-Wert 0 ist, werden Nullstellen genannt.
- Eine quadratische Funktion kann entweder keine, eine oder zwei Nullstellen haben.

Beispiele:

$f_1(x) = 4(x+1)^2 + 1$ hat keine Nullstelle.

$f_2(x) = (x-3)^2$
$0 = (3-3)^2$
$x = 3$ ist die einzige Nullstelle.

$f_3(x) = x^2 - 1$
$0 = x^2 - 1$
$0 = 1^2 - 1$ und $0 = (-1)^2 - 1$
$x_1 = 1$ und $x_2 = -1$ sind die Nullstellen.

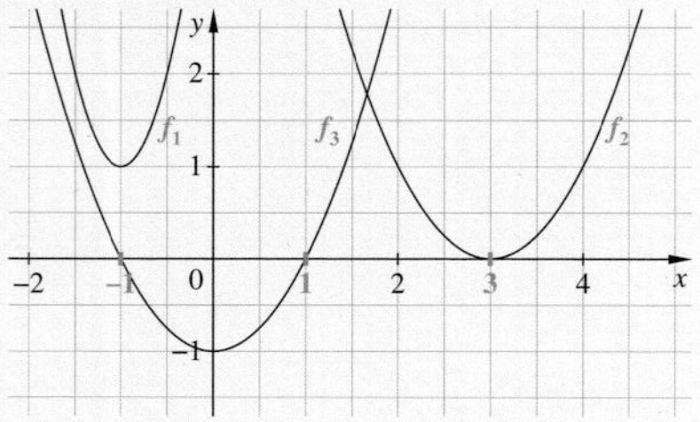

▶ Auftrag: Beschrifte die Graphen und markiere die Nullstellen.

Trainieren

1 Markiere zuerst die Nullstellen und ordne die Funktionsgleichungen zu.
Überprüfe danach, wenn möglich, mithilfe einer Rechnung die Zuordnung der Nullstellen.

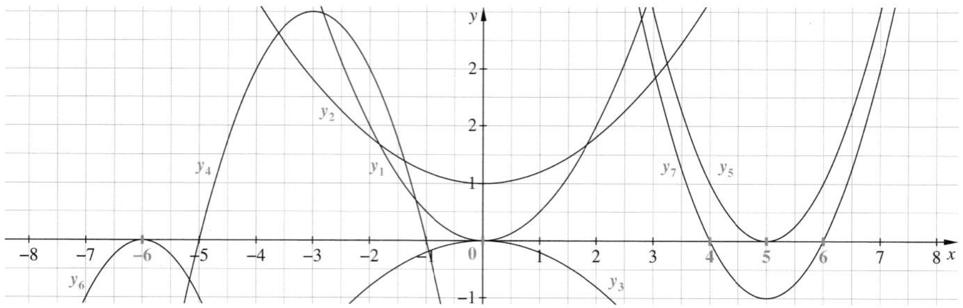

$y_1 = 0{,}5x^2$	Nullstellen: $x = 0$	Rechnung: $0{,}5 \cdot 0^2 = 0$
$y_2 = 0{,}2x^2 + 1$	Nullstellen:	Rechnung:
$y_3 = -0{,}2x^2$	Nullstellen: $x = 0$	Rechnung: $-0{,}5 \cdot 0^2 = 0$
$y_4 = -(x+3)^2 + 4$	Nullstellen: $x_1 = -1; x_2 = -5$	Rechnung: $-(-5+3)^2 + 4 = 0$ $-(-1+3)^2 + 4 = 0$
$y_5 = (x-5)^2$	Nullstellen: $x = 5$	Rechnung: $(5-5)^2 = 0$
$y_6 = -(x+6)^2$	Nullstellen: $x = -6$	Rechnung: $-(-6+6)^2 = 0$
$y_7 = (x-5)^2 - 1$	Nullstellen: $x_1 = 4; x_2 = 6$	Rechnung: $(4-5)^2 - 1 = 0$ $(6-5)^2 - 1 = 0$

2 Kreuze die Anzahl der Nullstellen an.
Zusatzaufgabe: Ermittle mithilfe von Zeichnungen oder von Rechnungen die Nullstellen.

$y_1 = -0{,}81(x-23)^2$	$x = 23$	☐ keine Nullstelle	☒ eine Nullstelle	☐ zwei Nullstellen
$y_2 = x^2 - 0{,}36$	$x_1 = 0{,}6;\ x_2 = -0{,}6$	☐ keine Nullstelle	☐ eine Nullstelle	☒ zwei Nullstellen
$y_3 = x^2 + 0{,}81$		☒ keine Nullstelle	☐ eine Nullstelle	☐ zwei Nullstellen
$y_4 = (x-7)^2 + 0{,}81$		☒ keine Nullstelle	☐ eine Nullstelle	☐ zwei Nullstellen
$y_5 = (x+2)^2 - 36$	$x_1 = 4;\ x_2 = -8$	☐ keine Nullstelle	☐ eine Nullstelle	☒ zwei Nullstellen

3 Ergänze zu vier passenden Funktionsgleichungen.
Der Scheitelpunkt soll jeweils in einem anderen Quadranten liegen.
Zusatzaufgabe: Gib die Nummer des Quadranten an, in dem der Scheitelpunkt liegt.

a) Die quadratischen Funktionen haben keine Nullstelle.

$f_1(x) = +(x-3)^2 + 4$ I. $f_2(x) = +(x+3)^2 + 4$ II. $f_3(x) = -(x+3)^2 - 4$ III. $f_4(x) = -(x-3)^2 - 4$ IV.

b) Die quadratischen Funktionen haben zwei Nullstellen.

$f_1(x) = -(x-3)^2 + 4$ I. $f_2(x) = -(x+3)^2 + 4$ II. $f_3(x) = +(x+3)^2 - 4$ III. $f_4(x) = +(x-3)^2 - 4$ IV.

c) Ermittle die Nullstellen der Funktionen bei Teilaufgabe **b**.

$0 = -(x-3)^2 + 4$	$\mid -4$	$0 = -(x+3)^2 + 4$	$\mid -4$	$0 = (x+3)^2 - 4$	$\mid +4$	$0 = (x-3)^2 - 4$	$\mid +4$
$-4 = -(x-3)^2$	$\mid \cdot(-1)$	$-4 = -(x+3)^2$	$\mid \cdot(-1)$	$4 = (x-3)^2$		$4 = (x+3)^2$	
$4 = (x-3)^2$		$4 = (x+3)^2$		$x_1 = 1; x_2 = 5$		$x_1 = -1; x_2 = -5$	
$x_1 = 1; x_2 = 5$		$x_1 = -1; x_2 = -5$					

Anwenden und Vernetzen

4 Die Flugbahn einer Kugel wird durch die dargestellte Funktionsgleichung $f(x) = -0{,}1x^2 + 0{,}6x + 1{,}6$ beschrieben.
Der Graph zeigt etwas mehr als diese Flugbahn.

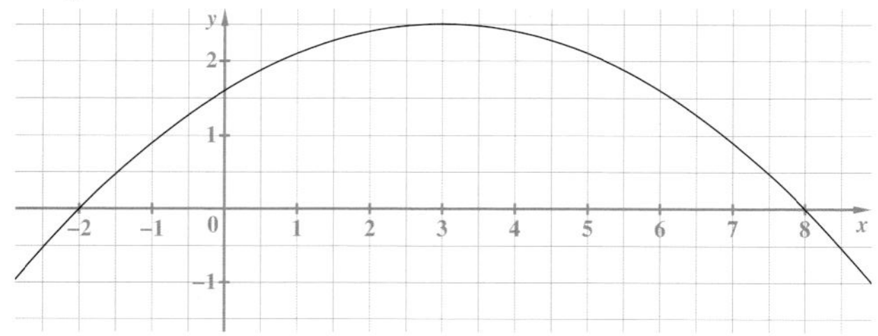

a) Aus welcher Höhe stößt Martin die Kugel ab?

$-0{,}1 \cdot 0^2 + 0{,}6 \cdot 0 + 1{,}6 = 1{,}6$ Aus 1,6 m stößt Martin die Kugel ab.

b) Wie weit fliegt die Kugel? Kreuze an.
Begründe deine Entscheidung mithilfe einer Rechnung. ☐ 7 m ☒ 8 m ☐ 9 m ☐ 10 m ☐ 11 m ☐ 12 m

$-0{,}1 \cdot (8\,\text{m})^2 + 0{,}6 \cdot 8\,\text{m} + 1{,}6 = 0$ Die Kugel fliegt 8 m weit.

c) Gib die negative Nullstelle von $y = -0{,}1x^2 + 0{,}6x + 1{,}6$ an. Hat sie eine praktische Bedeutung?
Hinweis: Die negative Nullstelle ist eine ganze Zahl.

$-0{,}1 \cdot (-2\,\text{m})^2 + 0{,}6 \cdot (-2\,\text{m}) + 1{,}6 = 0$ −2 ist die Nullstelle. Sie hat keine praktische Bedeutung.

d) Ermittle die maximale Höhe, die die Kugel erreicht.
Hinweis: Beide Nullstellen haben den gleichen Abstand zum Scheitelpunkt.

$(8\,\text{m} - 2\,\text{m}) : 2 = 3\,\text{m}$ $-0{,}1 \cdot (3\,\text{m})^2 + 0{,}6 \cdot 3\,\text{m} + 1{,}6 = 2{,}5\,\text{m}$ Scheitelpunkt: $S(3\mid 2{,}5)$

Die maximale Höhe, die die Kugel erreicht, ist 2,5 m.

e) Zeichne oben mithilfe der Ergebnisse aus den Teilaufgaben **a** bis **c** ein passendes Koordinatensystem zur Flugbahn.
Hinweis: Prüfe anhand der entstandenen Zeichnung, ob deine Ergebnisse stimmen können.

Allgemeine Form und Scheitelpunktform

▶ Grundwissen

- Jede Gleichung einer quadratischen Funktion in Scheitelpunktform $f(x) = a(x-d)^2 + e$ (mit $a \neq 0$) kann in die allgemeine Form $f(x) = ax^2 + bx + c$ umgeformt werden und umgekehrt.
- Für $a = 1$ gilt: $f(x) = x^2 + bx + c = \left(x + \frac{b}{2}\right)^2 - \left(\frac{b}{2}\right)^2 + c$.

Beispiel: $f(x) = x^2 + 2x - 4 = \left(x + \frac{2}{2}\right)^2 - \left(\frac{2}{2}\right)^2 - 4 = (x+1)^2 - 5$ Scheitelpunkt: $S(-1\,|\,-5)$

$f(x) = (x+1)^2 - 5 = x^2 + 2x + 1 - 5 = x^2 + 2x - 4$

▶ Auftrag: Ergänze das Beispiel.

Trainieren

1 Wandle jeweils in die allgemeine Form $f(x) = ax^2 + bx + c$ um.

a) $f(x) = (x+7)^2 =$ $x^2 + 14x + 49$

b) $f(x) = (x-5)^2 =$ $x^2 - 10x + 25$

c) $f(x) = (x+3)^2 + 6 =$ $x^2 + 6x + 15$

d) $f(x) = (x-9)^2 - 2 =$ $x^2 - 18x - 79$

e) $f(x) = 2(x+4)^2 - 10 =$ $2(x^2 + 8x + 16) - 10 = 2x^2 + 16x + 22$

f) $f(x) = -10(x-1)^2 + 2 =$ $-10(x^2 - 2x + 1) + 2 = -10x^2 + 20x - 8$

2 Wandle jeweils in die Scheitelpunktform $f(x) = a(x-d)^2 + e$ (mit $a \neq 0$) um. Gib die Koordinaten des Scheitelpunktes S an.

a) $f(x) = x^2 + 8x + 16 =$ $(x+4)^2$ $S(-4\,|\,0)$

b) $f(x) = x^2 - 20x + 100 =$ $(x-10)^2$ $S(10\,|\,0)$

c) $f(x) = x^2 - 10x + 26 =$ $(x-5)^2 + 1$ $S(5\,|\,1)$

d) $f(x) = x^2 - 16x + 57 =$ $(x-8)^2 - 7$ $S(8\,|\,-7)$

e) $f(x) = 2x^2 - 8x + 20 =$ $2(x^2 - 4x + 10) = 2((x-2)^2 + 6) = 2(x-2)^2 + 12$ $S(2\,|\,12)$

3 Die verschobenen Normalparabeln haben jeweils den Scheitelpunkt S.
Gib die Scheitelpunktform und die allgemeine Form der Gleichung der Funktion an.

a) $f(x) = (x-5)^2 + 1 =$ $x^2 - 10x + 26$ $S(5\,|\,1)$

b) $f(x) = (x-8)^2 - 7 =$ $x^2 - 16x + 57$ $S(8\,|\,-7)$

c) $f(x) = (x+4)^2 - 5 =$ $x^2 + 8x + 11$ $S(-4\,|\,-5)$

d) $f(x) = (x-10)^2 - 6 =$ $x^2 - 20x + 94$ $S(10\,|\,-6)$

e) $f(x) = (x+0{,}2)^2 - 0{,}3 = x^2 + 0{,}4x - 0{,}14$ $S(-0{,}2\,|\,-0{,}3)$

f) $f(x) = (x-0{,}5)^2 + 2 =$ $x^2 - x + 2{,}25$ $S(\frac{1}{2}\,|\,2)$

4 Parabeln im Koordinatensystem

$y_1 = -x^2 - 4x - 4 =$ $-(x+2)^2$

$y_2 = x^2 - 4x + 4 =$ $(x-2)^2$

$y_3 = x^2 + 4x + 1 =$ $(x+2)^2 - 3$

$y_4 = -x^2 + 4x - 7 =$ $-(x-2)^2 - 3$

$y_5 = -2x^2 - 8x - 11 =$ $-2(x+2)^2 - 3$

$y_6 = 3x^2 - 12x + 21 =$ $3(x-2)^2 + 3$

a) Wandle jeweils in die Scheitelpunktform um.

b) Gib im Koordinatensystem die Scheitelpunkte an und beschrifte die vorgegebenen Graphen.

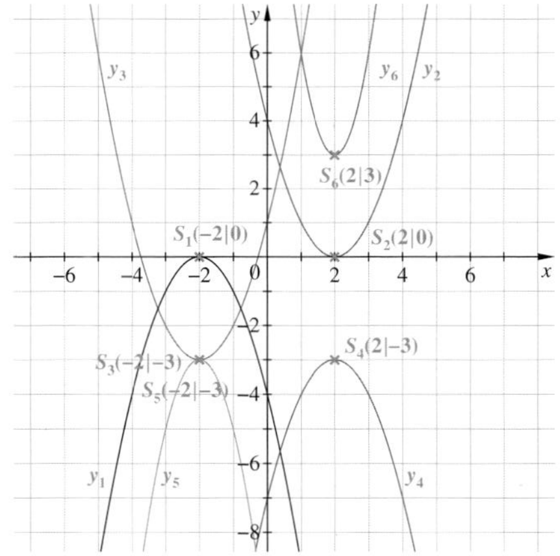

Anwenden und Vernetzen

5 Das Foto zeigt die Lupu-Brücke über den Huangpu-Fluss im Zentrum von Shanghai.
Sie war zum Zeitpunkt ihrer Fertigstellung 2003 die weltweit größte Bogenbrücke.
Die Bogenspannweite beträgt 550 m. Der Bogenscheitel hat eine Höhe von 100 m über dem Wasserspiegel.
Skizziere zuerst den fast parabelförmigen Bogen der Brücke in einem Koordinatensystem.
Gib danach eine Funktionsgleichung für den Verlauf des parabelförmigen Bogens an.

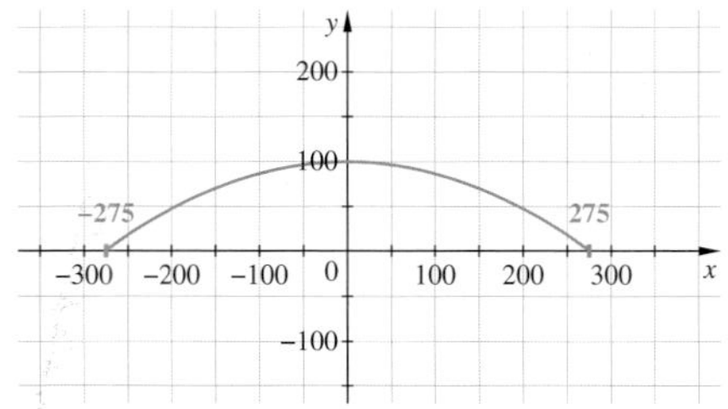

z. B.
Nullstellen: $x_1 = -275$ und $x_2 = 275$ **Scheitelpunkt: $S(0\,|\,100)$** **Gleichung: $f(x) = ax^2 + 100$**

$0 = a(-275)^2 + 100$ **daraus folgt $a = -100 : (-275)^2 \approx -0{,}0013$**

$f(x) = -0{,}0013x^2 + 100$ ist die gesuchte Funktionsgleichung für den Verlauf des parabelförmigen Bogens.

6 Gegeben ist die Funktionsgleichung $f(x) = -0{,}8x^2 - 26x$.

a) Ermittle den größten Funktionswert von $f(x) = -0{,}8x^2 - 26x$.

$f(x) = -0{,}8x^2 - 26x = -0{,}8(x^2 + 32{,}5x) = -0{,}8(x^2 + 32{,}5x) = -0{,}8((x+16{,}25)^2 - 264{,}0625) = -0{,}8((x+16{,}25)^2 + 211{,}25)$

211,25 ist der größte Funktionswert von $f(x) = -0{,}8x^2 - 26x$.

b) Kreuze Zutreffendes an.

Der Graph der Funktion $f(x) = -0{,}8x^2 - 26x$ ist …

☐ eine Gerade	☐ ein Kreisbogenteil	☐ eine Parabel	☐ eine Normalparabel
☐ nach oben geöffnet	☒ nach unten geöffnet	☐ nach links verschoben	☐ nach rechts verschoben
☒ gestaucht	☐ gestreckt	☒ achsensymmetrisch	☐ punktsymmetrisch

Quadratische Gleichungen mit einem Blick lösen

▶ Grundwissen

- Ein Produkt ist 0, wenn mindestens ein Faktor 0 ist. Hat eine quadratische Gleichung die Form $(x+a)(x+b)=0$, so lassen sich demzufolge die beiden Lösungen direkt ablesen: $x_1=-a$ und $x_2=-b$.
- Oft ist auch nur zu überlegen, von welchen Zahlen das Quadrat gegeben ist.

Beispiele:

$x^2-7x=0$	$x^2+10x+25=0$	$x^2=0$	$x^2=-81$
$x\cdot(x-7)=0$	$(x+5)(x+5)=0$	$x\cdot x=0$	$x\cdot x=-81$
Lösungen: 0; 7	Lösungen: –5	Lösungen: 0	Lösungen: ___

▶ Auftrag: Ergänze die Lösungen.

Trainieren

1 Kreuze alle Lösungen der quadratischen Gleichungen an.
Zusatzaufgabe: Beschreibe, wie man die Lösungen ermitteln kann. **individuelle Lösungen**

a) $a^2=0$	☐ −1	☐ −0,5	☒ 0	☐ 0,5	☐ 1
b) $b^2=4$	☒ −2	☐ −1	☐ 0	☐ 1	☒ 2
c) $c^2-9=0$	☐ −5	☒ −3	☐ 0	☒ 3	☐ 5
d) $d\cdot(d-1,5)=0$	☐ −3	☐ −1,5	☒ 0	☒ 1,5	☐ 3

2 Gib jeweils im Stern die Anzahl der Lösungen an.

a) $145,78x^2=4,78$ ☆ 2
b) $x\cdot(x-112,4)=0$ ☆ 2
c) $45,78x^2+45,79=15,47x^2$ ☆ 0
d) $(x-112,4)^2=0$ ☆ 1

3 Gib die Lösungen an.

a) $x^2=81$ Lösungen: –9; 9
b) $b^2=-121$ Lösungen: ___
c) $c\cdot(c+1,5)=0$ Lösungen: 0; –1,5
d) $(d-23)\cdot d=0$ Lösungen: 0; 23
e) $(e+7)(e+4)=0$ Lösungen: –7; –4
f) $(f+7)(f-7)=0$ Lösungen: –7; 7
g) $(g-8)(g-8)=0$ Lösungen: 8
h) $(9-h)(6-h)=0$ Lösungen: 6; 9

4 Ermittle die Lösungen.

a) $x^2+11=60$
$x^2=49$
Lösungen: 7; –7

b) $x^2-95=26$
$x^2=121$
Lösungen: 11; –11

c) $x^2-64=297$
$x^2=361$
Lösungen: 19; –19

d) $2x^2+32=160$
$2\cdot x^2=128$ |: 2
$x^2=64$
Lösungen: 8; –8

e) $x^2-3x=0$
$x(x-3)=0$
Lösungen: 0; 3

f) $2x^2+3x=0$
$x\cdot(2x+3)=0$
Lösungen: 0; –1,5

g) $-2x^2=x$
$0=x+2x^2$
$0=x(1+2x)$
Lösungen: 0; 0,5

h) $x^2-8x=-16$
$x^2-8x+16=0$
$(x-4)(x-4)=0$
Lösungen: 4

5 Gib quadratische Gleichungen an, die die vorgegebenen Lösungen haben.

a) Lösungen: –0,4; 0,4
z. B.
$(x+0,4)(x-0,4)=0$
$x^2-0,16=0$

b) Lösungen: 0
z. B.
$x\cdot x=0$
$x^2=0$

c) Lösungen: 1,5
z. B.
$(x-1,5)(x-1,5)=0$
$x^2-3x+2,25=0$

d) Lösungen: –0,2; –2
z. B.
$(x+0,2)(x+2)=0$
$x^2+2,2x+0,4=0$

6 Markiere zueinander äquivalente Gleichungen mit der gleichen Farbe.
Löse dazu die Gleichungen oder forme geeignet um.

$(x+0,2)(x-0,8)=0$ A	$x^2+0,6x-0,16=0$ B	$(x-0,2)(x+0,8)=0$ B	$x^2-0,6x-0,16=0$ A
$0,5x^2=0,3x+0,08$ A	$4x^2=0,52-1,8x$ C	$x^2+0,6x=0,16$ B	$3x^2=0,48-1,80x$ B

Anwenden und Vernetzen

7 Ein Würfel hat einen Oberflächeninhalt von 69,36 dm².

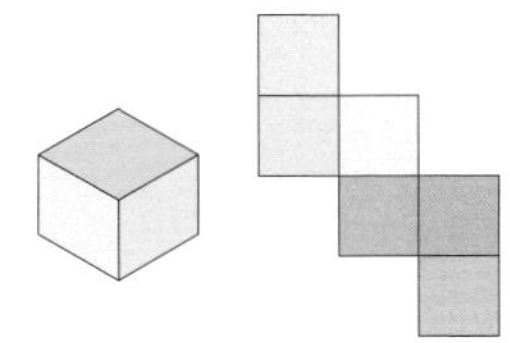

a) Berechne die Kantenlänge a des Würfels.

$69,36\text{ dm}^2=6a^2$ |: 6

$11,56\text{ dm}^2=a^2$ $a=3,4\text{ dm}$ Die Kantenlänge beträgt 3,4 dm.

b) Mina sagt: „Der Würfel hat ein Volumen von rund 0,4 m³.“
Hat sie Recht?

$V=a^3=(3,4\text{ dm})^3=39,304\text{ dm}^3\approx0,04\text{ m}^3$ Mina hat nicht Recht.

8 Zahlenrätsel

a) Addiert man zum Quadrat einer natürlichen Zahl 111, so erhält man 400. Welche Zahl ist es?

$x^2+111=400$ |– 111

$x^2=289$ Die gesuchte Zahl ist 17.

b) Das Quadrat einer reellen Zahl ist gleich ihrem Siebenfachen. Welche Zahl könnte es sein?

$x^2=7x$ |– 7x

$x\cdot(x-7)=0$ Die gesuchte Zahl kann 0 oder 7 sein.

c) Das Quadrat eines Quadrates einer reellen Zahl ist 0,0256. Welche Zahl könnte es sein?

$(x^2)^2=0,0256$

$x^2=0,16$ Die gesuchte Zahl kann –0,4 oder 0,4 sein.

d) Der Flächeninhalt eines Fotos beträgt 300 cm². Die ganzzahligen Seitenlängen verhalten sich zueinander wie 3 : 4.
Wie lang sind die Seiten?

$3x\cdot4x=300\text{ cm}^2$

$12x^2=300\text{ cm}^2$ |: 12

$x^2=25\text{ cm}^2$ $x=5\text{ cm}$ $3\cdot5\text{ cm}=15\text{ cm}$ $4\cdot5\text{ cm}=20\text{ cm}$

Die Seiten des Fotos sind 20 cm und 15 cm lang.

Verfahren zum Lösen quadratischer Gleichungen

▶ Grundwissen

- Jede Lösung einer quadratischen Gleichung lässt sich mithilfe einer quadratischen Ergänzung ermitteln.

Beispiel:

$x^2 + 5x + 4 = 0$ — Gegeben ist eine Gleichung in der Normalform $x^2 + px + q = 0$.

$x^2 + 5x = -4$ — Die Gleichung wird in die Form $x^2 + px = -q$ überführt.

$x^2 + 5x + \left(\frac{5}{2}\right)^2 = -4 + \left(\frac{5}{2}\right)^2$

$\left(x + \frac{5}{2}\right)^2 = \left(\frac{5}{2}\right)^2 - 4$ — Es erfolgt die quadratische Ergänzung mit $\left(\frac{p}{2}\right)^2$. Die binomische Formel $a^2 + 2ab + b^2 = (a+b)^2$ wird angewandt.

$x_1 = -\frac{5}{2} + \sqrt{\left(\frac{5}{2}\right)^2 - 4}$ und $x_2 = -\frac{5}{2} - \sqrt{\left(\frac{5}{2}\right)^2 - 4}$ — Wurzeln werden gezogen. Nach x wird umgestellt.

$x_1 = -1$ und $x_2 = -4$

- Allgemein gilt für eine quadratische Gleichung in der Normalform $x^2 + px + q = 0$.

$x_1 = -\frac{p}{2} + \sqrt{\left(\frac{p}{2}\right)^2 - q}$ und $x_2 = -\frac{p}{2} - \sqrt{\left(\frac{p}{2}\right)^2 - q}$

▶ Auftrag: Kommentiere für eine Mitschülerin oder einen Mitschüler die Vorgehensweise im Beispiel.

Trainieren

1 Wandle zuerst die Gleichungen in die Normalform $x^2 + px + q = 0$ um. Gib danach p und q an.
Zusatzaufgabe: Ermittle die Lösungen auf einem zusätzlichen Blatt.

a) $1{,}2x^2 - 17 - 0{,}6x = 10 \quad | -10$

$1{,}2x^2 - 0{,}6x - 27 = 0 \quad | :1{,}2$

$x^2 - 0{,}5x - 22{,}5 = 0$

$p = -0{,}5 \quad q = -22{,}5$ Lösungen: 5; –4,5

b) $2{,}8x = 0{,}4 + 4x^2 \quad | -2{,}8x$

$0 = 4x^2 - 2{,}8x + 0{,}4 \quad | :4$

$0 = x^2 - 0{,}7x + 0{,}1$

$p = -0{,}7 \quad q = 0{,}1$ Lösungen: 0,2; 0,5

2 Löse folgende Gleichungen.

a) $x^2 + 8x - 9 = 0$

$x^2 + 8x = 9$

$x^2 + 8x + \left(\frac{8}{2}\right)^2 = 9 + \left(\frac{8}{2}\right)^2$

$\left(x + \frac{8}{2}\right)^2 = \left(\frac{8}{2}\right)^2 + 9$

$x_1 = -\frac{8}{2} + \sqrt{\left(\frac{8}{2}\right)^2 + 9}$ und $x_2 = -\frac{8}{2} - \sqrt{\left(\frac{8}{2}\right)^2 + 9}$

$x_1 = 1$ und $x_2 = -9$

b) $x^2 - 26x - 192 = 0$

$x^2 - 26x = 192$

$x^2 - 26x + \left(\frac{26}{2}\right)^2 = 192 + \left(\frac{26}{2}\right)^2$

$\left(x + \frac{26}{2}\right)^2 = \left(\frac{26}{2}\right)^2 + 192$

$x_1 = \frac{26}{2} + \sqrt{\left(\frac{26}{2}\right)^2 + 192}$ und $x_2 = \frac{26}{2} - \sqrt{\left(\frac{26}{2}\right)^2 + 192}$

$x_1 = 32$ und $x_2 = -6$

c) $x^2 + 30x + 12 = 187$

$x^2 + 30x - 175 = 0 \quad p = 30;\ q = -175$

$x_1 = -\frac{30}{2} + \sqrt{\left(\frac{30}{2}\right)^2 + 175}$ und $x_2 = -\frac{30}{2} - \sqrt{\left(\frac{30}{2}\right)^2 + 175}$

$x_1 = 5$ und $x_2 = -35$

d) $x^2 - 14x - 36 = 140$

$x^2 - 14x - 176 = 0 \quad p = -14;\ q = -176$

$x_1 = -\frac{-14}{2} + \sqrt{\left(\frac{-14}{2}\right)^2 + 176}$ und $x_2 = -\frac{-14}{2} - \sqrt{\left(\frac{-14}{2}\right)^2 + 176}$

$x_1 = 22$ und $x_2 = -8$

3 Löse folgende Gleichungen.

a) $1{,}4 - 5{,}4x = -1{,}4 - 2x^2 \quad | +1{,}4 + 2x^2$

$2x^2 - 5{,}4x + 2{,}8 = 0 \quad | :2$

$x^2 - 2{,}7x + 1{,}4 = 0$

$x_1 = \frac{2{,}7}{2} + \sqrt{\left(\frac{2{,}7}{2}\right)^2 - 1{,}4} = 2$

$x_2 = \frac{2{,}7}{2} - \sqrt{\left(\frac{2{,}7}{2}\right)^2 - 1{,}4} = 0{,}7$

b) $3{,}5x^2 - 0{,}25x = 4x^2 - 18 \quad | -3{,}5x^2 + 0{,}25x$

$0 = 0{,}5x^2 + 0{,}25x - 18 \quad | :0{,}5$

$0 = x^2 + 0{,}5x - 36$

$x_1 = -\frac{0{,}5}{2} + \sqrt{\left(\frac{0{,}5}{2}\right)^2 + 36} \approx 5{,}75$

$x_2 = -\frac{0{,}5}{2} - \sqrt{\left(\frac{0{,}5}{2}\right)^2 + 36} \approx -6{,}25$

4 Gib jeweils eine quadratische Gleichung an mit …

a) genau zwei Lösungen
z. B. $x^2 + 10x - 25 = 0$
($x^2 + px + q = 0$ und $\left(\frac{p}{2}\right)^2 - q > 0$)

b) genau einer Lösung
z. B. $x^2 + 10x + 25 = 0$
($x^2 + px + q = 0$ und $\left(\frac{p}{2}\right)^2 - q = 0$)

c) keiner Lösung
z. B. $x^2 + 10x + 36 = 0$
($x^2 + px + q = 0$ und $\left(\frac{p}{2}\right)^2 - q < 0$)

Anwenden und Vernetzen

5 Eine Supermarktkette hat ein rechteckiges Grundstück gekauft, um darauf den abgebildeten Supermarkt mit rechteckiger Grundfläche zu bauen und die benötigten Parkflächen anzulegen.
Das Grundstück ist 80 m lang und 60 m breit.
Die Breite der Parkstreifen vor und neben der Halle ist gleich.
Außerdem soll die Fläche des Parkplatzes insgesamt genauso groß sein wie die Grundfläche des Gebäudes samt Grünfläche.
Berechne die Breite eines Parkstreifens.

$80 \cdot 60 : 2 = (80 - x) \cdot (60 - x)$

$2400 = x^2 - 140x + 4800 \quad | -2400$

$0 = x^2 - 140x + 2400$

$x_1 = \frac{140}{2} + \sqrt{\left(\frac{140}{2}\right)^2 - 2400}$ und $x_2 = \frac{140}{2} - \sqrt{\left(\frac{140}{2}\right)^2 - 2400}$

$x_1 = 120$ und $x_2 = 20$ ($x_1 = 120$ kommt als Maß nicht infrage.)

Der Parkstreifen ist 20 m breit.

6 Von mehreren 4 cm dicken quadratischen Eichenplatten wurde jeweils ein 20 cm breiter Streifen abgesägt.
Die neuen Platten haben einen Flächeninhalt von 0,24 m². Davon werden Pakete mit jeweils 5 Platten geschnürt.

a) Wie lang war die ursprüngliche Platte?

$x \cdot (x - 20) = 2400 \quad | -2400$ — x ist die Länge der ursprünglichen Platte in Zentimetern.

$x^2 - 20x - 2400 = 0$

$x_1 = \frac{20}{2} + \sqrt{\left(\frac{20}{2}\right)^2 + 2400}$ und $x_2 = \frac{20}{2} - \sqrt{\left(\frac{20}{2}\right)^2 + 2400}$

$x_1 = 60$ und $x_2 = -40$ ($x_2 = -40$ kommt als Maß nicht infrage.)

Die ursprüngliche Platte war 60 cm lang.

b) Wie viele Pakete mit jeweils 5 Platten kannst du vermutlich mindestens 100 m tragen?
Hinweis: Eiche hat eine Dichte von $0{,}5\ \frac{g}{cm^3}$ bis $1{,}3\ \frac{g}{cm^3}$.

Platte: $(60\,cm \cdot 40\,cm \cdot 4\,cm) \cdot 0{,}5\ \frac{g}{cm^3} = 4800\,g = 4{,}8\,kg$ — $(60\,cm \cdot 40\,cm \cdot 4\,cm) \cdot 1{,}3\ \frac{g}{cm^3} = 12\,480\,g = 12{,}48\,kg$

Paket: $4{,}8\,kg \cdot 5 = 24\,kg$ — $12{,}48\,kg \cdot 5 = 62{,}4\,kg$

Ein bis höchstens zwei Pakete kannst du vermutlich mindestens 100 m tragen.

Zehnerpotenzschreibweise

▶ Grundwissen

Sehr große bzw. sehr kleine Zahlen kann man mithilfe von Zehnerpotenzen darstellen.
Die Zahl wird als Produkt geschrieben, bei dem der erste Faktor eine Zahl zwischen 1 und 10 und der zweite Faktor eine Zehnerpotenz ist.

Beispiele:

$31\,000\,000 = 3{,}1 \cdot 10\,000\,000 = 3{,}1 \cdot 10^7$ $\qquad 0{,}000\,001\,2 = 1{,}2 \cdot 0{,}000\,001 = 1{,}2 \cdot 10^{-6}$

▶ Auftrag: Ergänze die Beispiele.

Trainieren

1 Schreibe mit Zehnerpotenzen wie bei **a**.

a) $84\,000 = 8{,}4 \cdot 10\,000 = 8{,}4 \cdot 10^4$
b) $1\,200\,000 = 1{,}2 \cdot 1\,000\,000 = 1{,}2 \cdot 10^6$
c) $176\,000 = 1{,}76 \cdot 100\,000 = 1{,}76 \cdot 10^5$
d) $28\,540\,000 = 2{,}854 \cdot 10\,000\,000 = 2{,}854 \cdot 10^7$
e) $0{,}008 = 8 \cdot 0{,}001 = 8 \cdot 10^{-3}$
f) $0{,}000023 = 2{,}3 \cdot 0{,}000\,01 = 2{,}3 \cdot 10^{-5}$
g) $0{,}000\,76 = 7{,}6 \cdot 0{,}0001 = 7{,}6 \cdot 10^{-4}$
h) $0{,}000491 = 4{,}91 \cdot 0{,}0001 = 4{,}91 \cdot 10^{-4}$

2 Schreibe als Dezimalzahl wie bei **a**.

a) $2{,}8 \cdot 10^3 = 2{,}8 \cdot 1\,000 = 2\,800$
b) $6{,}8 \cdot 10^6 = 6{,}8 \cdot 1\,000\,000 = 6\,800\,000$
c) $7{,}9 \cdot 10^5 = 7{,}9 \cdot 100\,000 = 790\,000$
d) $8{,}91 \cdot 10^5 = 8{,}91 \cdot 100\,000 = 891\,000$
e) $8 \cdot 10^{-6} = 8 \cdot 0{,}000\,001 = 0{,}000\,008$
f) $7 \cdot 10^{-5} = 7 \cdot 0{,}000\,01 = 0{,}000\,07$
g) $9{,}2 \cdot 10^{-8} = 9{,}2 \cdot 0{,}000\,000\,01 = 0{,}000\,000\,092$
h) $7{,}36 \cdot 10^{-4} = 7{,}36 \cdot 0{,}000\,1 = 0{,}000\,736$

3 Ergänze die Tabelle zu den Vorsätzen und deren Bedeutung.
Zusatzaufgabe: Nenne jeweils ein Beispiel für eine Größenangabe mit dem Vorsatz. individuelle Lösung

Faktoren, mit denen die Einheit multipliziert wird		
Faktor	Bedeutung	Vorsatz
$10^1 = 10$	Zehn	Deka (da)
$10^2 = 100$	Hundert	Hekto (h)
$10^3 = 1\,000$	Tausend	Kilo (k)
$10^6 = 1\,000\,000$	Million	Mega (M)
$10^9 = 1\,000\,000\,000$	Milliarde	Giga (G)
$10^{12} = 1\,000\,000\,000\,000$	Billion	Tera (T)

Faktoren, mit denen die Einheit multipliziert wird		
Faktor	Bedeutung	Vorsatz
$10^{-1} = 0{,}1$	Zehntel	Dezi (d)
$10^{-2} = 0{,}01$	Hundertstel	Zenti (c)
$10^{-3} = 0{,}001$	Tausendstel	Milli (m)
$10^{-6} = 0{,}000\,001$	Millionstel	Mikro (µ)
$10^{-9} = 0{,}000\,000\,001$	Milliardstel	Nano (n)
$10^{-12} = 0{,}000\,000\,000\,001$	Billionstel	Piko (p)

4 Ergänze.

a) $\frac{1}{1000} = 10^{-3} = 0{,}001$
b) $\frac{1}{100\,000} = 10^{-5} = 0{,}00001$

5 Ordne die Taschenrechnerangaben nach der Größe.
Beginne mit der kleinsten Zahl.

8*10^–7 7.0 –8 8.0 7 7*10^8 7.8*10^7

$7 \cdot 10^{-8} < 8 \cdot 10^{-7} < 7{,}8 \cdot 10^7 < 8 \cdot 10^7 < 7 \cdot 10^8$

6 Finde heraus, bei welchen Aufgaben dein Taschenrechner das Ergebnis automatisch mit abgetrennten Zehnerpotenzen angibt.

individuelle Lösung

Anwenden und Vernetzen

7 Ordne jeweils mit Linien zu.

tausend Millionen	Quadrillion $(10^6)^4 = 10^{24}$
eine Million Billionen	Milliarde $10^3 \cdot 10^6 = 10^9$
die 4-te Potenz einer Million	Billion $10^6 \cdot 10^6 = 10^{12}$
tausend Trillionen	Trilliarde $10^3 \cdot 10^{18} = 10^{21}$
eine Million Millionen	Billiarde $10^3 \cdot 10^{12} = 10^{15}$
tausend Billionen	Quinquillion $(10^6)^5 = 10^{30}$
Anzahl von Zehntausend	Myriade 10^4
die 5-te Potenz einer Million	Trillion $10^6 \cdot 10^{12} = 10^{18}$

8 Eine Strecke ist ein Lichtjahr lang, wenn Licht zum Durchlaufen dieser Strecke ein Jahr benötigt.
Die Lichtgeschwindigkeit beträgt $3 \cdot 10^5 \frac{km}{s}$.
Gib ein Lichtjahr in Kilometern an.

$365{,}25 \cdot 24 \cdot 60 \cdot 60\,s = 31\,557\,600\,s$

$31\,557\,600\,s \cdot 3 \cdot 10^5 \frac{km}{s} \approx 9{,}47 \cdot 10^{12}\,km$ Ein Lichtjahr ist etwa $9{,}47 \cdot 10^{12}$ km lang.

9 Um wie viel Zentimeter ist der aus Eisen erbaute Eiffelturm (300 m) an einem Sommertag bei 30 °C höher als im Winter bei −15 Grad °C, wenn sich ein 1 m langer Eisenstab pro Grad Erwärmung um $1{,}2 \cdot 10^{-5}$ m ausdehnt?

$1{,}2 \cdot 10^{-5} = 0{,}000\,012$ Die Temperaturdifferenz beträgt 45 K.

$300\,m \cdot 0{,}000\,012 \cdot 45 = 0{,}162\,m = 16{,}2\,cm$

An einem Sommertag mit 30 °C ist der Eiffelturm 16,2 cm höher als bei einer Temperatur von −15 °C.

Potenzieren und Wurzelziehen

▶ Grundwissen

Beispiel:

- Die Umkehrung des Potenzierens ist das Wurzelziehen. $3^4 = 3 \cdot 3 \cdot 3 \cdot 3 =$ 81 $\sqrt[4]{81} =$ 3
- Die n-te Wurzel aus a ist die Zahl x, die n-mal mit sich selbst multipliziert a ergibt. $\sqrt[4]{81} = 3$, denn $3 \cdot 3 \cdot 3 \cdot 3 =$ 81

▶ Auftrag: Ergänze das Beispiel.

Trainieren

1 Ergänze die Zahlen. Arbeite ohne Taschenrechner.
Hinweis: $x^0 = 1$ für $x \neq 0$

	$n=0$	$n=1$	$n=2$	$n=3$	$n=4$	$n=5$
10^n	1	10	100	1000	1000	10000
2^n	1	2	4	8	16	32
3^n	1	3	9	27	81	243
5^n	1	5	25	125	625	3125

2 Gib die Ergebnisse an. Nutze die Ergebnisse in der Tabelle bei Aufgabe **1**.
Hinweis: Zwei Ergebnisse sind nicht aus der Tabelle ablesbar.

a) $\sqrt[3]{1000} =$ 10 b) $\sqrt[3]{27} =$ 3 c) $\sqrt[3]{8} =$ 2 d) $\sqrt[2]{100} =$ 10

e) $\sqrt[5]{100000} =$ 10 f) $\sqrt[6]{64} =$ 2 g) $\sqrt[2]{25} =$ 5 h) $\sqrt[5]{1024} =$ 4

3 Ermittle jeweils ohne Taschenrechner wie bei **a**, zwischen welchen natürlichen Zahlen das Ergebnis liegt.

a) 7 $< \sqrt[2]{55} <$ 8, denn $7^2 = 49$ und $8^2 = 64$ b) 10 $< \sqrt[2]{101} <$ 11, denn $10^2 = 100$ und $11^2 = 121$

c) 3 $< \sqrt[3]{55} <$ 4, denn $3^3 = 27$ und $4^3 = 64$ d) 2 $< \sqrt[5]{101} <$ 3, denn $2^5 = 32$ und $3^5 = 243$

4 Gib jeweils das Ergebnis an. Überprüfe es durch Potenzieren.
Hinweis: Arbeite ohne Taschenrechner.

a) $\sqrt[3]{0{,}001} =$ 0,1, denn $(0{,}1)^3 = 0{,}001$ b) $\sqrt[3]{0{,}125} =$ 0,5, denn $(0{,}5)^3 = 0{,}125$

c) $\sqrt[4]{0{,}0001} =$ 0,1, denn $(0{,}1)^4 = 0{,}0001$ d) $\sqrt[4]{0{,}00081} =$ 0,3, denn $(0{,}3)^3 = 0{,}00081$

5 Ergänze jeweils die fehlende Zahl.
Hinweis: Nutze, wenn nötig, einen Taschenrechner.

a) $5^5 = 3125$ b) $0{,}7^4 = 0{,}2401$ c) $1{,}2^3 = 1{,}728$ d) $2{,}1^4 = 19{,}4481$

e) $4^{0{,}5} = 2$ f) $81^{0{,}5} = 9$ g) $5^{-2} = 0{,}04$ h) $0{,}125^{3} = 512$

i) $2 \cdot \sqrt[3]{1000} = 20$ j) $\sqrt[3]{1} + \sqrt[3]{216} = 7$ k) $\sqrt[3]{2} \cdot \sqrt[3]{32} = 4$ l) $\sqrt[3]{1 - 0{,}973} = 0{,}3$

6 Ermittle die Kantenlängen a von Würfeln mit dem Volumen V. Runde, wenn nötig, auf Hundertstel Dezimeter.
Was fällt auf?

V	1 dm³	10 dm³	100 dm³	1 000 dm³	10 000 dm³	100 000 dm³
a	1 dm	2,15 dm	4,64 dm	10 dm	21,54 dm	46,42 dm

V	0,27 dm³	2,7 dm³	27 dm³	270 dm³	2 700 dm³	27 000 dm³
a	0,65 dm	1,39 dm	3 dm	6,46 dm	13,92 dm	30 dm

Folgendes fällt auf:
z. B.
Wenn das Volumen V mit 1 000 multipliziert wurde, ist die zugehörige Kantenlänge a mit 10 zu multiplizieren.

Anwenden und Vernetzen

7 Ein Würfel, der durch und durch aus Glas besteht, mit einer Dichte von 2,5 g pro Kubikzentimeter

a) Einer der Glaswürfel hat 10 cm lange Kanten.
Ermittle seine Masse in Kilogramm.

$(10\text{ cm})^3 = 1000\text{ cm}^3$ $1000 \cdot 2{,}5\text{ g} = 2500\text{ g} = 2{,}5\text{ kg}$

Er ist 2,5 kg schwer.

b) Aus 50 kg Glas soll ein Würfel gegossen werden.
Ermittle seine Kantenlänge in Dezimetern. Runde auf Zehntel Dezimeter.

50 kg = 50 000 g   50 000 g : 2,5 g = 20 000 $\sqrt[3]{20000\text{ cm}^3} \approx 27{,}14\text{ cm} \approx 2{,}7$

Die Kantenlänge beträgt rund 2,7 dm.

8 Jemand „beweist" auf folgende Art, dass 5 = 11 gilt.
Wo steckt der Fehler? Begründe deine Antwort.

$\left(\frac{5}{11}\right)^x = \left(\frac{11}{5}\right)^7$

$\frac{5^x}{11^x} = \frac{11^7}{5^7}$

$5^x \cdot 5^7 = 11^7 \cdot 11^x$

$5^{x+7} = 11^{x+7}$

$5 = 11$

Die letzte Umformung ist falsch.

Zwar folgt aus $a = b$ die Gleichung $a^{x+7} = b^{x+7}$,

umgekehrt folgt aber aus $a^{x+7} = b^{x+7}$ nicht

$a = b$; z. B. ist $5^{-7+7} = 11^{-7+7}$ $(1 = 1)$.

Lineares Wachstum

▶ Grundwissen

Lineares Wachstum liegt vor, wenn in gleich langen Zeitspannen die Zu- oder Abnahme den gleichen Wert hat.
Es gilt: $w_n = w_0 + d \cdot n$ w_0: Anfangswert
d: Zu- oder Abnahme (Steigung)
n: Anzahl der gleichen Zeitspannen

Beispiel: In einem Schrank sind 4 Tafeln Schokolade.
Jeden Tag wird eine halbe Tafel davon weggenommen.

$w_n = 4 - 0{,}5 \cdot n$

Tage (n)	1	2	3	4	5	6	7	8
Tafeln (w_n)	3,5	3,0	2,5	2,0	1,5	1,0	0,5	0

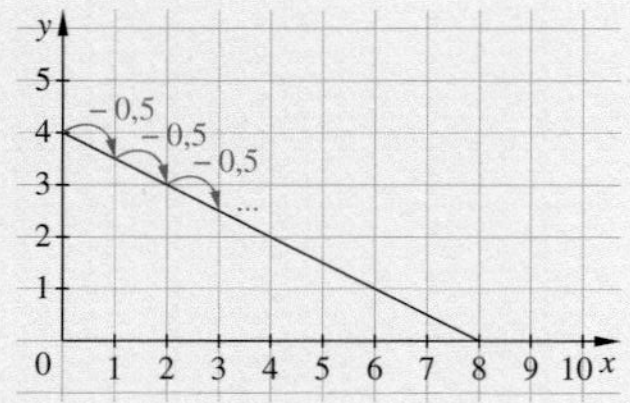

▶ Auftrag: Ergänze die Tabelle.

Trainieren

1 Lineares Wachstum

① $w_n = 1 + 2 \cdot n$

Zeit in min	0	1	2	3
fertige Teile	1	3	5	7

② $w_n = 0{,}5 + 0{,}25 \cdot n$

Zeit in h	2	4	6	10
Abstand in km	1	1,5	2	3

③ $w_n = 7 - 1{,}5 \cdot n$

Zeit in Wochen	0	1	2	3
Tüten Futter	7	5,5	4	2,5

④ $w_n = 3 - 0{,}2 \cdot n$

Zeit in Monaten	2	3	4	5
Betrag in €	2,6	2,4	2,2	2

a) Ermittle jeweils den fehlenden Wert.

b) Stelle die Daten grafisch dar.

c) Markiere positives und negatives Wachstum mit unterschiedlichen Farben.

☐ positives lineares Wachstum ($d > 0$) ....

☐ negatives lineares Wachstum ($d < 0$) - - - - -

d) Ordne die Gleichungen den Tabellen zu und gib die Zu- oder Abnahme in je einer Zeitspanne an.

$w_n = 7 - 1{,}5 \cdot n$ ③   –1,5 Tüten

$w_n = 0{,}5 + 0{,}25 \cdot n$ ②   0,25 km

$w_n = 1 + 2 \cdot n$ ①   2 Teile

$w_n = 3 - 0{,}2 \cdot n$ ④   –0,20 €

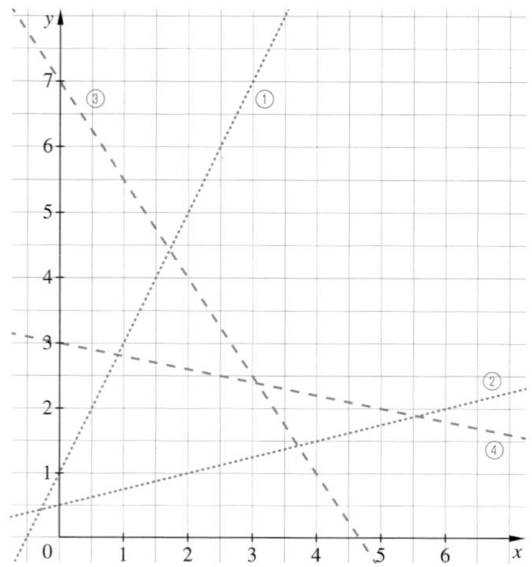

2 Wahr oder falsch?

① Lineares Wachstum kann mit einer linearen Funktion $y = mx + b$ beschrieben werden. ☒ wahr ☐ falsch
② Bei linearem Wachstum werden die Werte der Funktion immer größer. ☐ wahr ☒ falsch
③ Bei linearem Wachstum geht die passende Gerade durch den Punkt $P(0|0)$. ☐ wahr ☒ falsch

3 Entscheide, ob im Alltag eher positives lineares Wachstum (p), negatives lineares Wachstum (n) oder keines (k) von beidem vorliegt.

① Eine Haar wächst durchschnittlich 1 cm pro Monat. ☒ p ☐ n ☐ k
② Eine Aktie verlor pro Tag 5 % von ihrem Wert. ☐ p ☐ n ☒ k
③ Jeden Tag werden 25 von 200 Bäumen gefällt. ☐ p ☒ n ☐ k
④ Die Preise für Getreide stiegen pro Jahr um 2 %. ☐ p ☐ n ☒ k
⑤ Pro Stunde werden 10 Torten fertig. ☒ p ☐ n ☐ k

4 Gib ein Beispiel aus dem Alltag für negatives lineares Wachstum an.

individuelle Lösung

Anwenden und Vernetzen

5 **Anzahl zugelassener Pkw in Deutschland 2000–2011**

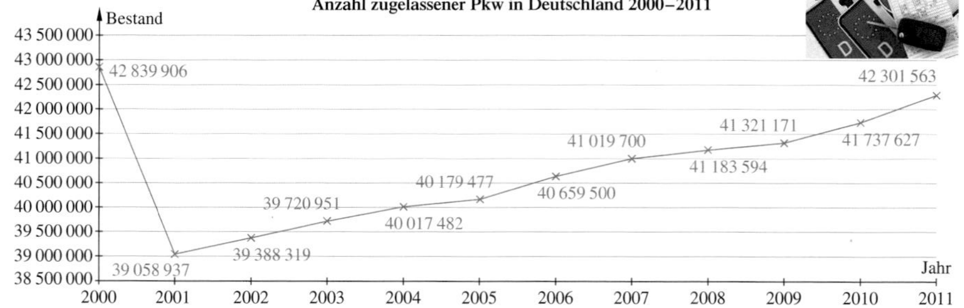

a) Betrachte die Anzahl der zugelassenen Pkw in Deutschland von 2001 bis 2011. Gib an, welche Art von Wachstum in der Zeit von 2001 bis 2011 etwa vorliegt.

Es liegt annähernd positives lineares Wachstum vor.

b) In welchem Jahr hatten die Zulassungen den größten absoluten und den größten prozentualen Zuwachs gegenüber dem Vorjahr?
Gib passende Werte an.
Zusatzaufgabe: Recherchiere, woran das liegen könnte.   individuelle Lösung

Der größte Zuwachs war von 2010 zu 2011. Es gab 563 936 Zulassungen mehr. Das sind etwa 1,4 %.

c) In welchem Jahr hatten die Zulassungen den kleinsten absoluten und den kleinsten prozentualen Zuwachs gegenüber dem Vorjahr?
Gib passende Werte an.

Der kleinste Zuwachs war von 2000 zu 2001. Es gab 3 780 969 Zulassungen weniger. Das sind etwa –8,8 %.

d) Wie hoch ist der prozentuale Zuwachs zugelassener Pkw in Deutschland von 2001 bis 2011?

Der Zuwachs beträgt ca. 1,3 %.

e) Kreuze passende Gleichungen an.

☐ $w_n = 39\,058\,937 + 1\,000\,000 \cdot n$ ☐ $w_n = 39\,058\,937 + 4\,\% \cdot n$ ☐ $w_n = 39\,058\,937 + 1\,500\,000 \cdot n$

☐ $w_{2002} = 39\,058\,937 \cdot 97{,}17$ ☐ $w_{2008} = 41\,321\,171 \cdot 1{,}02$ ☒ $w_{2010} = 40\,179\,477 \cdot 1{,}04$

Exponentielles Wachstum

▶ Grundwissen

Exponentielles Wachstum liegt vor, wenn in gleich langen Zeitspannen die Zu- oder Abnahme den gleichen Faktor hat. Es gilt: $w_n = w_0 \cdot q^n$ w_0: Anfangswert
q: Wachstumsfaktor ($q = 1 + p\%$)
n: Anzahl der gleichen Zeitspannen

Beispiel: In einem Schrank sind 4 Tafeln Schokolade.
Jeden Tag wird die Hälfte davon weggenommen.

$w_n = 4 \cdot 0{,}5^n$

Tage (n)	0	1	2	3	4	5
Tafeln (w_n)	4	2	1	0,5	0,25	0,125

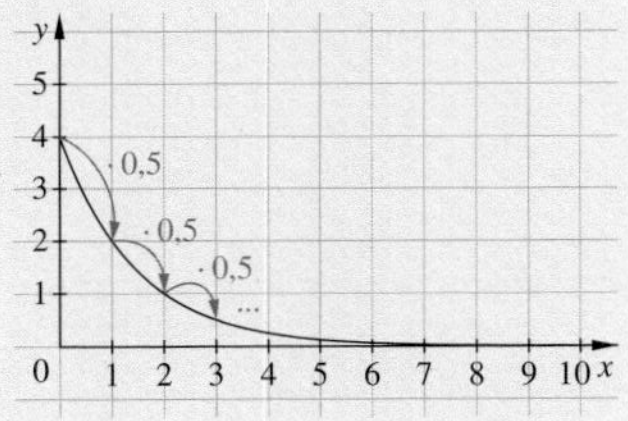

▶ Auftrag: Ergänze die Tabelle.

Trainieren

1 Exponentielles Wachstum mit $w_n = w_0 \cdot q^n$

① $w_n = 0{,}5 \cdot 2^n$

n	0	1	2	3	4
w_n	0,5	1	2	4	8

② $w_n = 5 \cdot 0{,}2^n$

n	0	1	2	3	4
w_n	5	1	0,2	0,04	0,008

③ $w_n = 2 \cdot 1{,}2^n$

n	0	1	2	3	4
w_n	2	2,4	2,88	3,456	4,1472

④ $w_n = 2 \cdot 0{,}5^n$

n	0	1	2	3	4
w_n	2	1	0,5	0,25	0,125

a) Ermittle jeweils den fehlenden Wert und trage die Punkte im Koordinatensystem ein.

b) Ordne die Gleichungen den Tabellen zu und gib die Zu- oder Abnahme in je einer Zeitspanne an.

$w_n = 0{,}5 \cdot 2^n$ ① $q =$ 2

$w_n = 2 \cdot 0{,}5^n$ ④ $q =$ 0,5

$w_n = 5 \cdot 0{,}2^n$ ② $q =$ 0,2

$w_n = 2 \cdot 1{,}2^n$ ③ $q =$ 1,2

c) Markiere positives und negatives Wachstum mit unterschiedlichen Farben.

☐ positives exponentielles Wachstum ($q > 0$) ....

☐ negatives exponentielles Wachstum ($q < 0$) - - - - -

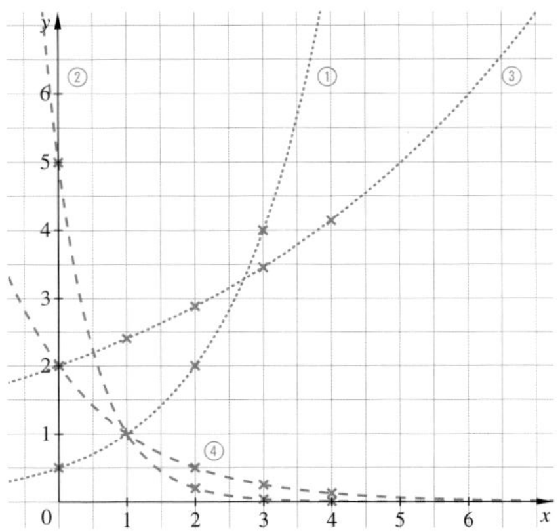

2 Wahr oder falsch?

① Exponentielles Wachstum kann mit einer Gleichung der Form $f(x) = mx$ beschrieben werden.	☐ wahr	☒ falsch
② Exponentielles Wachstum kann mit einer Gleichung der Form $f(x) = x^m$ beschrieben werden.	☐ wahr	☒ falsch
③ Bei exponentiellem Wachstum werden die Werte der Funktion immer größer.	☐ wahr	☒ falsch
④ Zu exponentiellem Wachstum passt keine Gerade.	☒ wahr	☐ falsch

3 Geldanlagen über 2 000 € mit Zinseszins und vollständiger Auszahlung nach 8 Jahren

Zinssatz p. a.	Kapital am Ende des 1. Jahres	Kapital am Ende des 2. Jahres	Kapital am Ende des 4. Jahres	Kapital am Ende des 6. Jahres	Kapital am Ende des 8. Jahres
5%	2 100,00 €	2 205,00 €	2 431,01 €	2 680,19 €	2 954,90 €
10%	2 200,00 €	2 420,00 €	2 928,20 €	3 543,12 €	4 287,18 €
15%	2 300,00 €	2 645,00 €	3 498,01 €	4 626,12 €	6 118,05 €

a) Ergänze die Tabelle mithilfe des Taschenrechners oder einer Tabellenkalkulation.

b) Ermittle den Wachstumsfaktor q und gib passende Gleichungen zur Ermittlung des Kapitals K nach n Jahren an.

① $p = 5\%$ $K_0 = 2000$ € $q =$ 100 % + 5 % = 105 % = 1,05 $K_n =$ 2000 € $\cdot 1{,}05^n$

② $p = 10\%$ $K_0 = 2000$ € $q =$ 100 % + 10 % = 110 % = 1,10 $K_n =$ 2000 € $\cdot 1{,}10^n$

③ $p = 15\%$ $K_0 = 2000$ € $q =$ 100 % + 15 % = 115 % = 1,15 $K_n =$ 2000 € $\cdot 1{,}15^n$

c) Veranschauliche die Entwicklung des Kapitals. Ermittle, in welchem Jahr erstmals das Kapital größer als 8 000 € wäre. Gib das Kapital am Ende des Jahres zuvor und in dem Jahr an.

① $p = 5\%$ $K_{28} = 2000\text{ €} \cdot 1{,}05^{28} \approx 7840{,}26\text{ €}$
$K_{29} = 2000\text{ €} \cdot 1{,}05^{29} \approx 8232{,}27\text{ €}$

② $p = 10\%$ $K_{14} = 2000\text{ €} \cdot 1{,}1^{14} \approx 7595{,}00\text{ €}$
$K_{15} = 2000\text{ €} \cdot 1{,}1^{15} \approx 8354{,}50\text{ €}$

③ $p = 15\%$ $K_9 = 2000\text{ €} \cdot 1{,}15^9 \approx 7035{,}75\text{ €}$
$K_{10} = 2000\text{ €} \cdot 1{,}15^{10} \approx 8091{,}12\text{ €}$

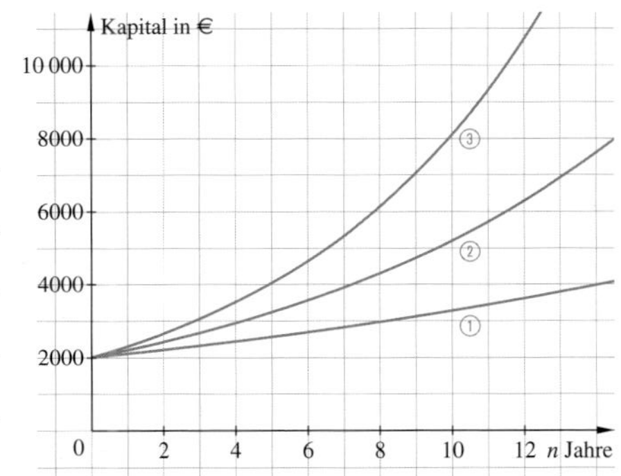

Anwenden und Vernetzen

4

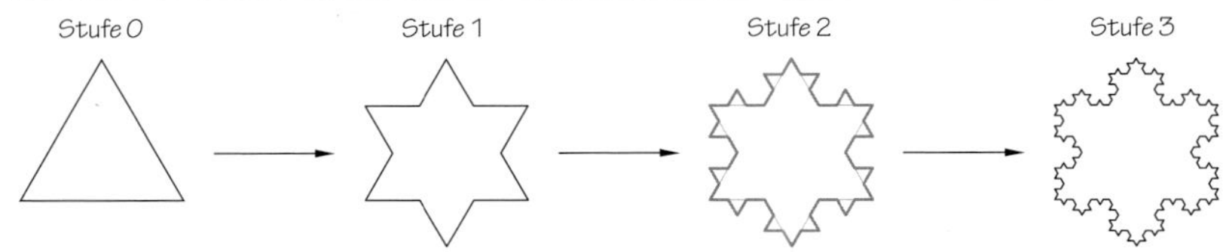

Drittele die Länge der Seite eines gleichseitigen Dreiecks der letzten Stufe. Setze über den mittleren Stücken damit gleichseitige Dreiecke auf.

a) Zeichne die Figur zur Stufe 2 und ergänze die Tabelle.

	Stufe 0	Stufe 1	Stufe 2	Stufe 3
Anzahl der Strecken	3	12	48	192
Länge einer Strecke	1	$\frac{1}{3}$	$\frac{1}{9}$	$\frac{1}{27}$
Umfang der Figur	3	4	$5\frac{1}{3}$	$7\frac{1}{9}$

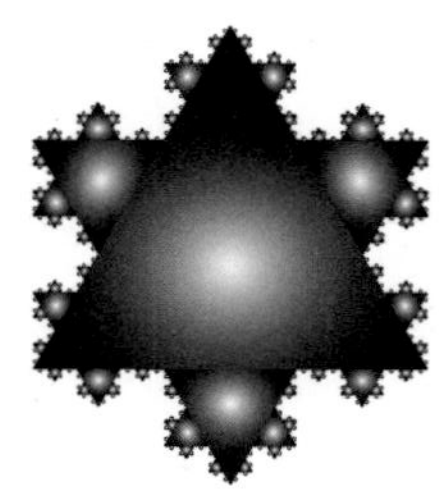

b) Gib eine Formel zur Berechnung des Umfangs u in der n-ten Stufe an. $u_n = 3 \cdot \left(1\frac{1}{3}\right)^n = \frac{4^n}{3^{n-1}}$

Pyramiden und Kegel erkennen

▶ **Grundwissen**

- Eine Pyramide ist ein Körper, dessen Grundfläche ein Vieleck ist und dessen Seitenflächen Dreiecke sind, die eine gemeinsame Ecke, die Pyramidenspitze, bilden.
- Ein Kegel ist ein Körper, der durch einen Kreis und einen Punkt außerhalb der Ebene des Kreises, der Spitze des Kegels, festgelegt wird.

Beispiele:

Pyramide

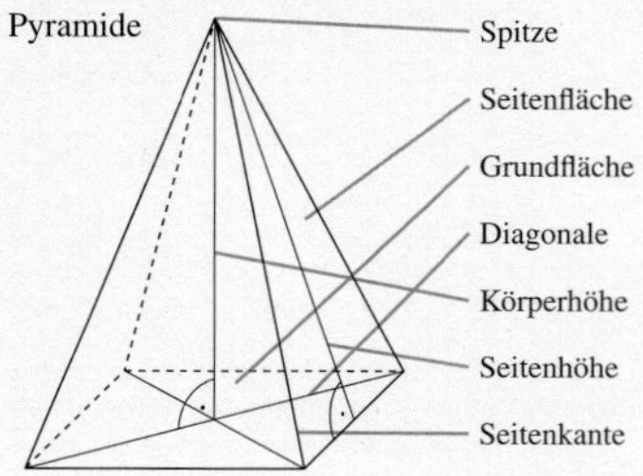

Kegel

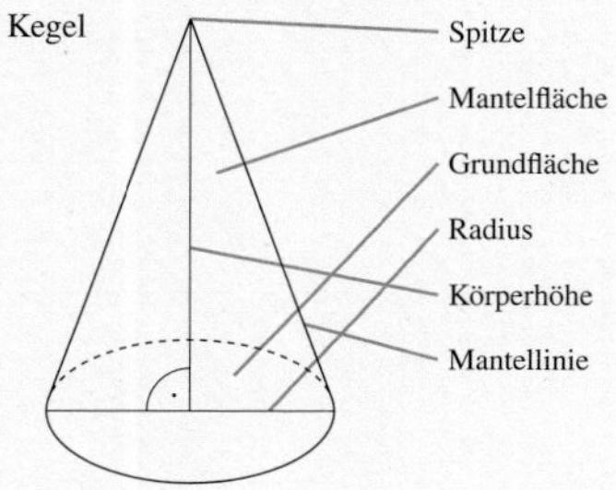

▶ Auftrag: Zeichne bei den Beispielen passende Linien ein.

Trainieren

1 Körperzeichnungen

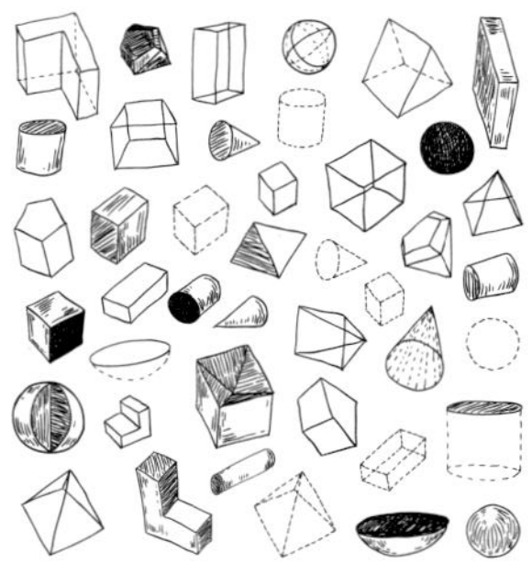

a) Ergänze jeweils die Anzahl der dargestellten Körper.

Pyramiden: 5 Kegel: 4

b) Gib die Form der Grundflächen der Pyramiden an.

Vier Pyramiden haben Vierecke als Grundflächen. Eine Pyramide hat vermutlich ein Dreieck als Grundfläche.

c) Zusatzaufgabe: Benenne möglichst viele der dargestellten Körper.
Würfel; Quader; Prismen; Zylinder; Kugeln; Halbkugeln; Pyramidenstümpfe

2 Pyramiden und Kegel im Alltag

a) Entscheide, ob im Alltag oft die Form einer Pyramide (P), eines Kegels (K) oder keines von beidem (n) vorliegt.

① Dach eines Kirchturms	☒ P	☒ K	☒ n
② Spitze eines angespitzten Buntstiftes	☐ P	☒ K	☐ n
③ Kegel einer Kegelbahn	☐ P	☐ K	☒ n
④ Bevölkerungspyramide, z. B. im Geographiebuch	☐ P	☐ K	☒ n
⑤ gewöhnlicher Klebestift	☐ P	☐ K	☒ n

b) Nenne jeweils ein Beispiel für einen Gegenstand mit der Form eines Kegels und mit der Form einer Pyramide.

individuelle Lösung

3 Schrägbilder

a) Zeichne in die Schrägbilder von Prismen passende Pyramiden ein.
Markiere darin jeweils die Spitze S, die Körperhöhe h_K, eine Seitenhöhe h_a und eine Seitenkante s.

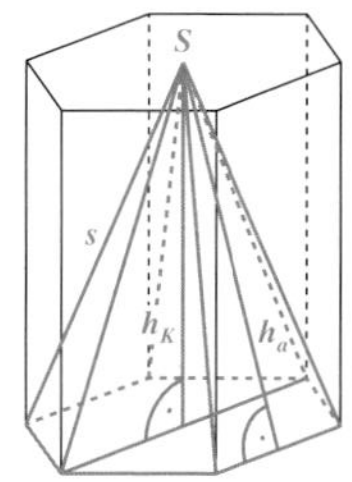

gerade, regelmäßige, sechsseitige Pyramide, die so hoch ist wie das Prisma

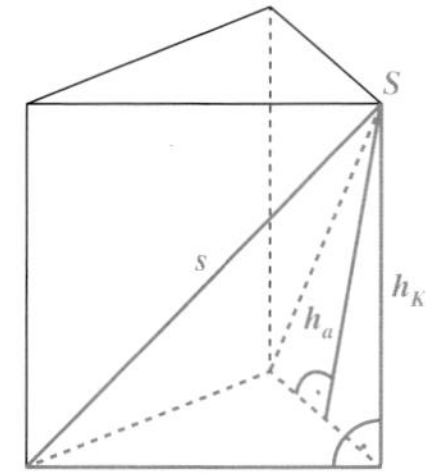

schiefe, regelmäßige, dreiseitige Pyramide, die so hoch ist wie das Prisma

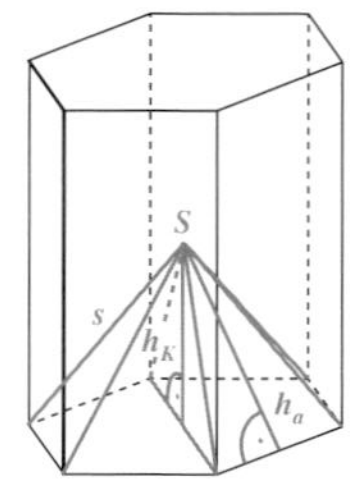

gerade, regelmäßige, sechsseitige Pyramide, die halb so hoch ist wie das Prisma

b) Zeichne in die Schrägbilder von Zylindern passende Kegel ein.
Markiere darin jeweils die Spitze S, den Radius r, die Körperhöhe h_k und eine Mantellinie m.

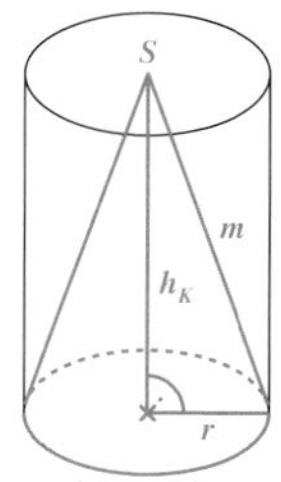

gerader Kegel, der so hoch ist wie der Zylinder

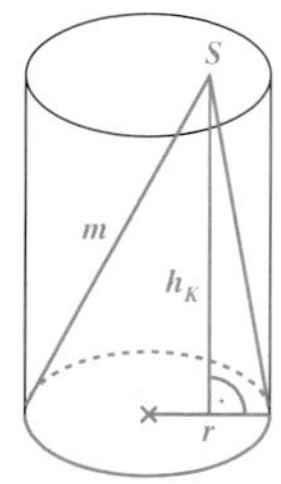

schiefer Kegel, der so hoch ist wie der Zylinder

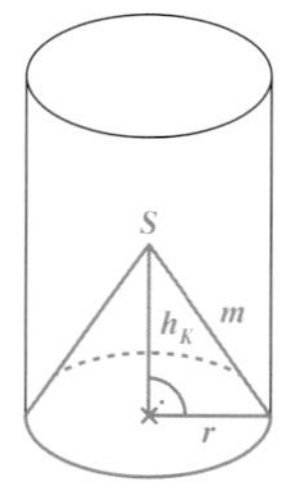

gerader Kegel, der halb so hoch ist wie der Zylinder

Anwenden und Vernetzen

4 Zwei Zuckertüten sind 25 cm hoch. Eine hat die Form eines Kegels mit 5 cm Radius. Die andere hat die Form einer geraden sechsseitigen Pyramide mit 10 cm langen Diagonalen.
Zeichne in einem geeigneten Maßstab passende Schrägbilder vom Kegel und von der Pyramide. Gib den Maßstab an.
Zusatzaufgabe: Zeichne jeweils einen stehenden und einen liegenden Körper.

z. B.
Maßstab 1:5

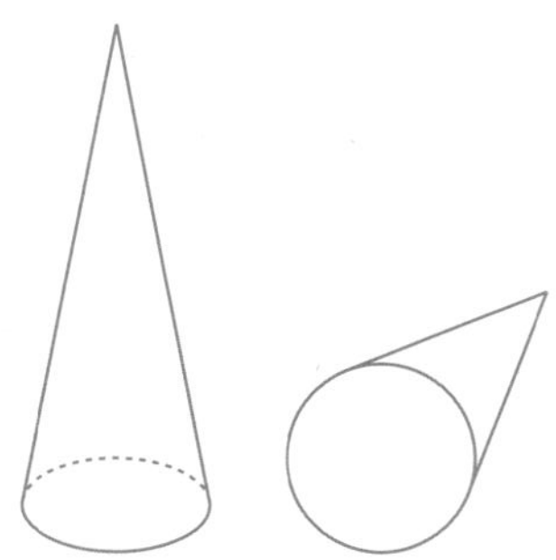

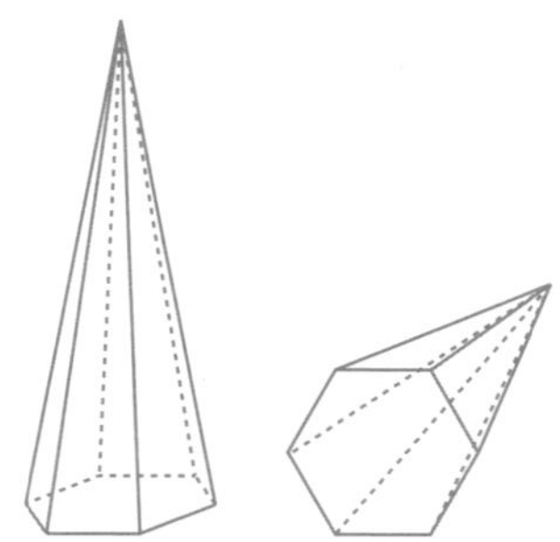

Oberfläche von Pyramiden

▶ Grundwissen

Für den Oberflächeninhalt einer Pyramide gilt:

$O_{Pyramide} = G_{Pyramide} + M_{Pyramide}$.

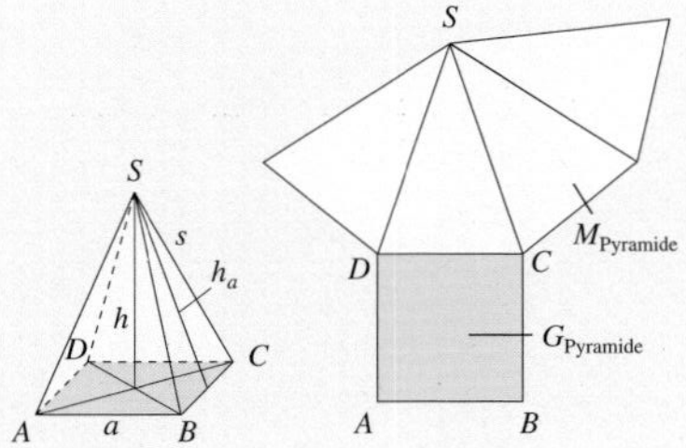

▶ Auftrag: Ergänze eine Formel zu Berechnung der Größe der Oberfläche.

Trainieren

1

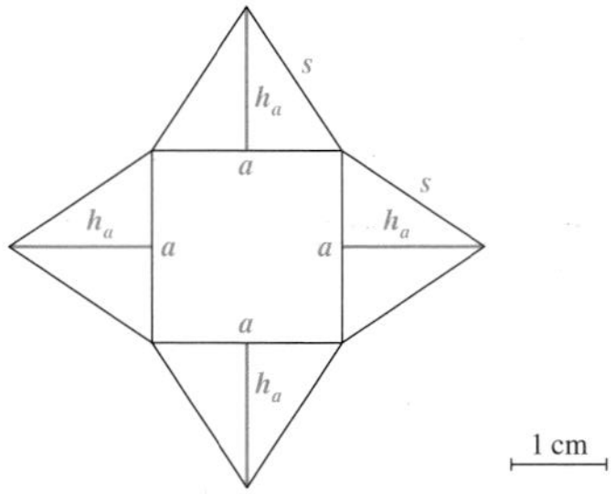

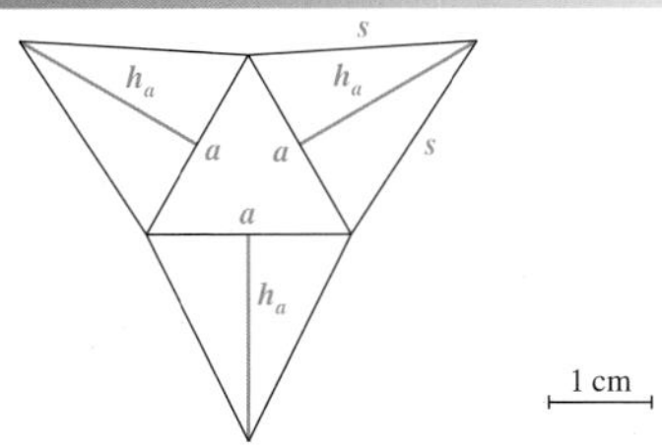

Größe der Grundfläche: 4 cm²

Größe der Mantelfläche: 6 cm²

Größe der Oberfläche: 10 cm²

Größe der Grundfläche: 1,7 cm²

Größe der Mantelfläche: 6 cm²

Größe der Oberfläche: 7,7 cm²

a) Ermittle die Größen der Flächen der geraden, regelmäßigen Pyramiden. Entnimm dazu benötigte Angaben den Körpernetzen.

b) Kreuze alle zu beiden Pyramiden passenden Formeln an. Hinweis: Prüfe, ob sie für beide Beispiele gelten.

☐ $G_{Pyramide} = a^2$ ☒ $s = \sqrt{h_a^2 + a^2}$

☒ $A_{Seitenfläche} = \frac{h_a \cdot a}{2}$ ☒ $h_a = \sqrt{s^2 - a^2}$

2 Ordne die Pyramidennetze nach der Größe. Beginne jeweils mit dem kleinsten Wert.

a) Grundfläche:

③; ①; ②

b) Mantelfläche:

③; ②; ①

c) Oberfläche:

③; ②; ①

①

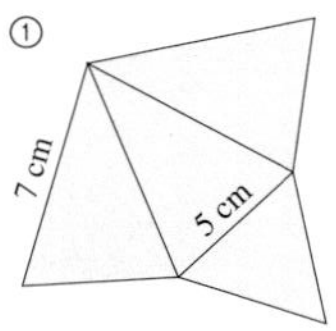

②

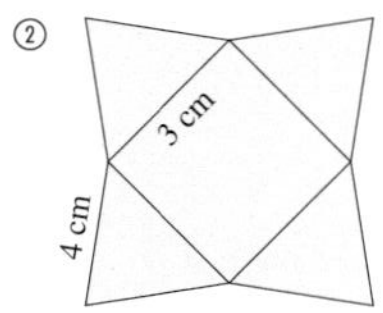

③

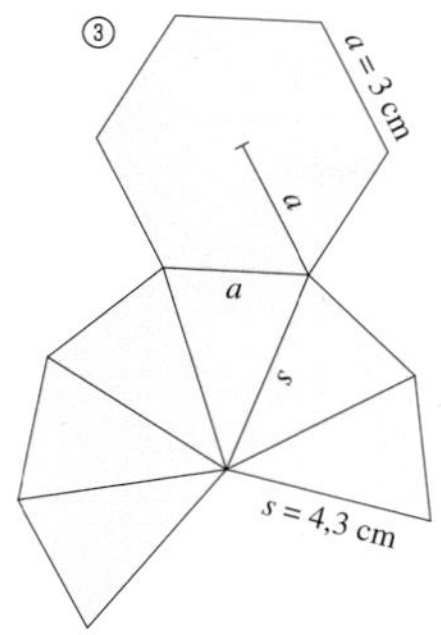

3 Eine gerade Pyramide ist 34 cm hoch und hat eine quadratische Grundfläche mit 56 cm langen Seiten.

a) Berechne die Höhe h_a einer Seitenfläche.
Hinweis: Betrachte die Pyramide im Grundwissen.

$h_a = \sqrt{(34\,cm)^2 + (28\,cm)^2} \approx 44{,}05\,cm$

b) Berechne den Oberflächeninhalt der Pyramide.

$O_{Pyramide} = (56\,cm)^2 + 4 \cdot (0{,}5 \cdot 56\,cm \cdot 44{,}05\,cm) \approx 8070\,cm^2 = 80{,}70\,dm^2$

4 Vervollständige die Tabelle für gerade Pyramiden mit quadratischen Grundflächen.
Hinweis: Betrachte die Pyramide im Grundwissen.

a	h	s	h_a	$M_{Pyramide}$	$O_{Pyramide}$
3 cm	5 cm	5,43 cm	5,22 cm	31,32 cm²	40,32 cm²
3,92 cm	2,14 cm	3,5 cm	2,9 cm	22,74 cm²	38,11 cm²
19,37 m	7,9 m	15,81 m	12,5 m	484,25 m²	859,45 m²

Anwenden und Vernetzen

5 Ein Turmdach soll neu gedeckt werden. Die Dachdecker haben ermittelt, dass alle unteren Dachkanten 8 m lang sind und ein Quadrat bilden. Alle schrägen Dachkanten sind 9 m lang.
Jeder der neuen Ziegel deckt eine Fläche von 15 cm mal 12 cm ab.
Berechne die Anzahl der benötigten Ziegel.

Höhe h_a einer Dachfläche: $h_a = \sqrt{(9\,m)^2 - (4\,m)^2} \approx 8{,}06\,m$
Fläche $M_{Pyramide}$ des Daches: $M_{Pyramide} = 4 \cdot (0{,}5 \cdot 8\,m \cdot 8{,}06\,m) = 128{,}96\,m^2$
Anzahl der Ziegel: $128{,}96\,m^2 : (0{,}15\,m \cdot 0{,}12\,m) \approx 7164{,}44$

Es werden mindestens 7 165 Ziegel benötigt.

6 Eine 12 cm hohe Schachtel hat die Form einer geraden Pyramide.
Die Grundfläche ist ein regelmäßiges Achteck mit der Seitenlänge $a = 7\,cm$.
Die Höhe h_d jedes Teildreiecks der Grundfläche beträgt rund 8,45 cm.

a) Berechne den Oberflächeninhalt der Pyramide.

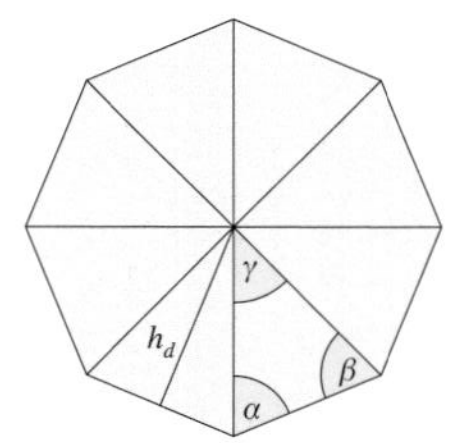

Höhe h_a einer Seitenfläche: $h_a = \sqrt{(12\,cm)^2 + (8{,}45\,cm)^2} \approx 14{,}68\,cm$
Mantelflächeninhalt: $M_{Pyramide} = 8 \cdot (0{,}5 \cdot 7\,cm \cdot 14{,}68\,cm) = 411{,}04\,cm^2$
Grundflächeninhalt: $G_{Pyramide} = 8 \cdot (0{,}5 \cdot 7\,cm \cdot 8{,}45\,cm) = 236{,}60\,cm^2$
Oberflächeninhalt: $O_{Pyramide} = 411{,}04\,cm^2 + 236{,}60\,cm^2 = 647{,}64\,cm^2$

Der Oberflächeninhalt der Pyramide beträgt rund 648 cm².

b) Karl betrachtet das Achteck und behauptet: „α ist genau 86° groß."
Hat er Recht? Begründe deine Meinung mithilfe einer Rechnung.

$\gamma = 360° : 8 = 45°$ $\alpha = (180° - 45°) : 2 = 67{,}5° \approx 68°$ **Karl hat demzufolge nicht Recht.**

Oberfläche von Kegeln

▶ Grundwissen

Für den Oberflächeninhalt eines Kegels gilt:

$O_{Kegel} = G_{Kreis} + M_{Kegel} = \pi \cdot r^2 + \pi \cdot r \cdot s$

$G_{Kreis} = \pi \cdot r^2$

$M_{Kegel} = \pi \cdot r \cdot s$

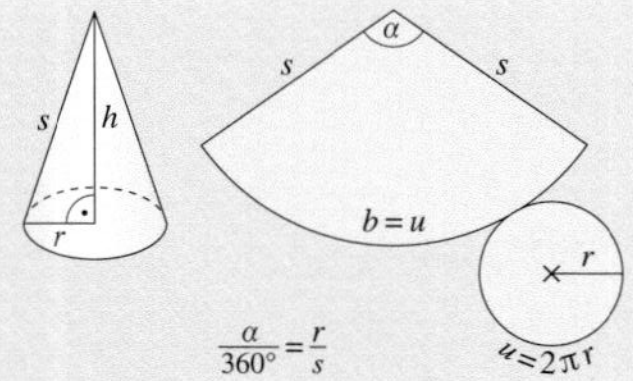

▶ **Auftrag:** Ergänze die Formeln.

Trainieren

1

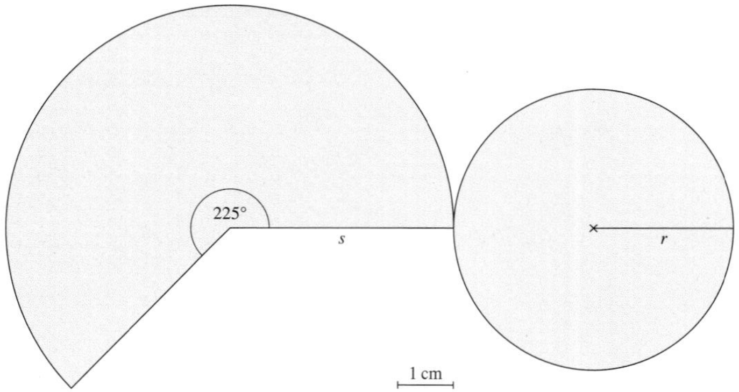

Ermittle die Größen der Flächen des geraden Kegels. Entnimm dazu benötigte Angaben dem Körpernetz.

Größe der Grundfläche: $19{,}63\ cm^2$

Größe der Mantelfläche: $31{,}42\ cm^2$

Größe der Oberfläche: $51{,}05\ cm^2$

2 Berechne den Flächeninhalt der Grundfläche, des Mantels und der Oberfläche der Kegel.

a)

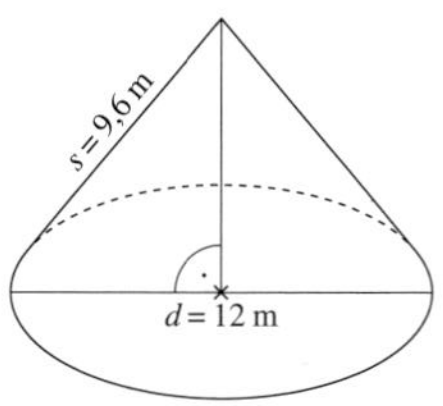

$G_{Kreis} = \pi \cdot (6\,m)^2 \approx 113{,}10\,m^2$

$M_{Kegel} = \pi \cdot 6\,m \cdot 9{,}6\,m \approx 180{,}96\,m^2$

$O_{Kegel} = 113{,}10\,m^2 + 180{,}96\,m^2 = 294{,}06\,m^2$

b)

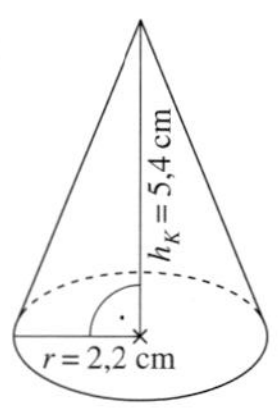

$G_{Kreis} = \pi \cdot (2{,}2\,cm)^2 \approx 15{,}21\,cm^2$

$M_{Kegel} = \pi \cdot 2{,}2\,cm \cdot \sqrt{(2{,}2\,cm)^2 + (5{,}4\,cm)^2} \approx 40{,}30\,cm^2$

$O_{Kegel} = 15{,}21\,cm^2 + 40{,}30\,cm^2 = 55{,}51\,cm^2$

3 Zeichne das Netz eines Kegels mit einem Durchmesser von 2,6 cm und einer Seitenhöhe von 2,1 cm. Berechne den Oberflächeninhalt.

$\frac{\alpha}{360°} = \frac{1{,}3\,cm}{2{,}1\,cm} \quad | \cdot 360°$

$\alpha \approx 223°$

$O_{Kegel} = \pi \cdot (1{,}3\,cm)^2 + \pi \cdot 1{,}3\,cm \cdot 2{,}1\,cm \approx 13{,}89\,cm^2$

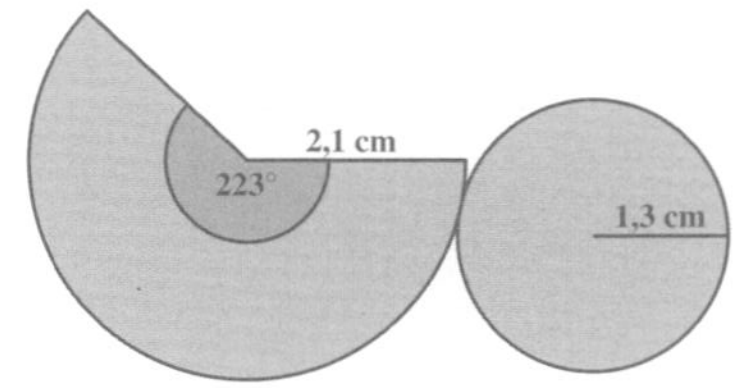

4 Vervollständige die Tabelle für Kegel. Betrachte dazu die Abbildungen im Grundwissen.

r	s	h	α	M_{Kegel}	G_{Kreis}	O_{Kegel}
2,59 dm	8 dm	7,57 dm	116,55°	65 dm²	21,07 dm²	86,07 dm²
8,79 m	15,2 m	12,4 m	208,18°	419,74 m²	242,73 m²	662,47 m²
25,6 m	27,5 m	10,04 m	335,13°	2 211,68 m²	2 058,87 m²	4 270,55 m²
5,5 m	5,65 m	1,29 m	350,44°	97,6 m²	95,03 m²	192,63 m²
8 cm	29,8 cm	28,71 cm	96,64°	748,94 cm²	201,06 cm²	950 cm²

Anwenden und Vernetzen

5 Auf dem Bild ist ein Kletterturm zu sehen, der „Kegel" genannt wird. Er befindet sich in Berlin. Der Turm hat eine Gesamthöhe von 18,70 m. Der Zylinder hat einen Umfang von 44 m und eine Höhe von 10,7 m. Berechne näherungsweise die Größe der Fläche im Außenbereich, die den Kletterern zur Verfügung steht.

Mantelflächeninhalt M_Z des Zylinders:

$M_Z = 44\,m \cdot 10{,}7\,m = 470{,}80\,m^2$

Mantelflächeninhalt M_{Kegel} des Kegels:

$M_{Kegel} = \pi \cdot r \cdot s$

$= \pi \cdot (44\,m : 2\pi) \cdot \sqrt{(18{,}70\,m - 10{,}7\,m)^2 + (44\,m : 2\pi)^2} \approx 233{,}90\,m^2$

Summe: $470{,}80\,m^2 + 233{,}90\,m^2 = 704{,}70\,m^2$

Im Außenbereich steht eine Kletterfläche von rund 700 m² zur Verfügung.

6 Das Körpernetz eines Kegels besteht aus einem Viertelkreis mit einem Radius von 10 cm und einem Kreis.

a) Welchen Oberflächeninhalt hat der zugehörige Kegel?
Zusatzaufgabe: Bastle einen derartigen Kegel.

$O_{Kegel} = \pi \cdot (10\,cm)^2 : 4 + \pi \cdot (2{,}5\,cm)^2 \approx 98{,}17\,cm^2$

Der Oberflächeninhalt des Kegels beträgt rund 98,17 cm².

b) Schätze, wie groß das Volumen des zugehörigen Kegels ist.
Kreuze alle passenden Angaben an.

- ☐ ca. 6 cm²
- ☐ ca. 0,006 dm³
- ☒ ca. $6 \cdot 10^{-5}\,m^3$
- ☒ ca. 60 cm³
- ☐ ca. $6 \cdot 10^3\,mm^3$
- ☐ 6 000 mm³

Volumen von Pyramiden und Kegeln

▶ Grundwissen

- Für das Volumen einer Pyramide gilt:

$V_{Pyramide} = \frac{1}{3} \cdot G_{Pyramide} \cdot h_k$

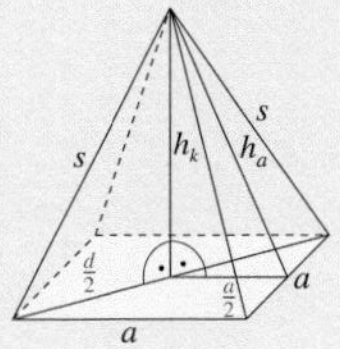

- Für das Volumen eines Kegels gilt:

$V_{Kegel} = \frac{1}{3} \cdot G_{Kreis} \cdot h_k = \frac{1}{3} \cdot \pi \cdot r^2 \cdot h_k$

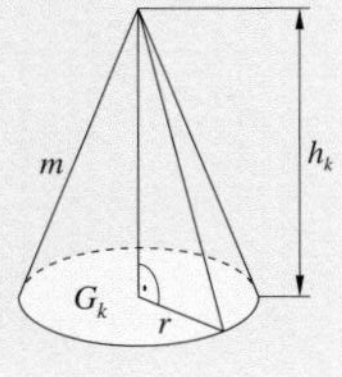

▶ Auftrag: Ergänze die Formeln.

Trainieren

1 Ermittle das Volumen der skizzierten Pyramide.

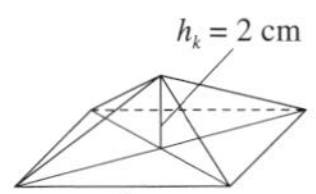

$G_{Pyramide} = (6\text{ cm})^2 = 36\text{ cm}^2$

$V_{Pyramide} = \frac{1}{3} \cdot (6\text{ cm})^2 \cdot 2\text{ cm} = 24\text{ cm}^3$

2 Ergänze die Tabelle für Pyramiden.

Flächeninhalt der Grundfläche	6 cm²	10 dm²	21 mm²	0,25 m²
Höhe	4 cm	12 dm	11 mm	0,6 m
Volumen	8 cm³	40 dm³	77 mm³	0,05 m³

3 Ermittle das Volumen des skizzierten Kegels.

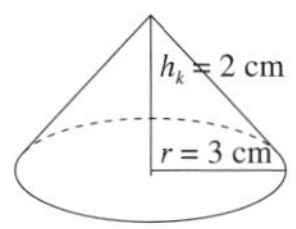

$G_{Kreis} = \pi \cdot (3\text{ cm})^2 \approx 28{,}27\text{ cm}^2$

$V_{Kegel} = \frac{1}{3} \cdot \pi \cdot (3\text{ cm})^2 \cdot 2\text{ cm} \approx 18{,}85\text{ cm}^3$

4 Ergänze die Tabelle für Kegel.

Radius	Durchmesser	Flächeninhalt der Grundfläche	Höhe	Volumen
4 dm	8 dm	50,27 dm²	6 dm	100,53 dm³
1 m	2 m	3,14 m²	12 m	12,56 m³
1,5 cm	3 cm	7,07 cm²	2 cm	4,71 cm³
1 mm	2 mm	3,14 mm²	7 mm	7,32 mm³

5 Formuliere eine gemeinsame Regel zur Berechnung des Volumens von Pyramiden und Kegeln.
z. B.
Das Volumen der Körper ist jeweils gleich einem Drittel vom Produkt des Flächeninhalts der Grundfläche und der Körperfläche. ($V = \frac{1}{3} G \cdot h$)

6 Ordne die Körper nach der Größe der Volumen. Beginne mit dem kleinsten Wert.
Körper ① ist eine 5 cm hohe quadratische Pyramide mit 2 cm langen Kanten an der Grundfläche.
Körper ② ist ein 5 cm hoher Kegel, dessen Grundfläche einen Durchmesser von 5 cm hat.
Körper ③ ist eine 4 cm hohe rechteckige Pyramide mit 6 cm und 2,5 cm langen Kanten an der Grundfläche.
Körper ④ ist ein 4 cm hoher Kegel, dessen Grundfläche einen Radius von 3 cm hat.

$V_{Körper ①} \approx 6{,}67\text{ cm}^3$; $V_{Körper ②} \approx 32{,}72\text{ cm}^3$; $V_{Körper ③} = 20\text{ cm}^3$; $V_{Körper ④} \approx 37{,}70\text{ cm}^3$;

$V_{Körper ①} < V_{Körper ③} < V_{Körper ②} < V_{Körper ④}$

Anwenden und Vernetzen

7 Auf einer Drehmaschine wurde das in der Zeichnung dargestellte Werkstück gefertigt. Es entstehen bei der Drehung um die eingezeichnete Achse Rotationskörper. Die Maße sind in Millimetern angegeben. Benenne die entstandenen Körper. Berechne Volumen und Oberflächeninhalt von jedem der beiden Körper.

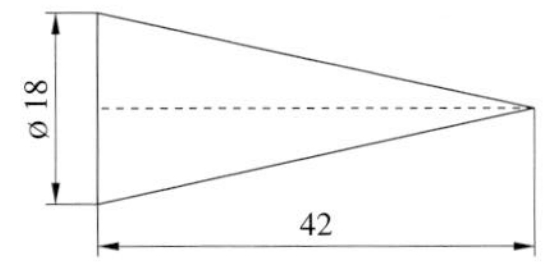

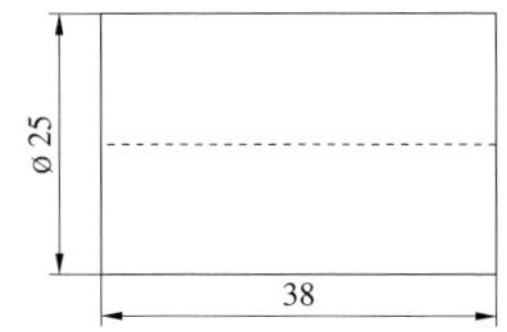

Kegel
$V_K = \frac{1}{3} \pi \cdot r^2 \cdot h$ — $A_O = 2{,}54\text{ cm}^2 + 12{,}14\text{ cm}^2$
$V_K = \frac{1}{3} \pi \cdot (9\text{ mm})^2 \cdot 42\text{ mm}$ — $A_O = 14{,}68\text{ cm}^2$
$V_K \approx 3{,}56\text{ cm}^3$ — (Mantellinie $s \approx 4{,}3$ cm)

Zylinder
$V_Z = \pi \cdot r^2 \cdot h$ — $A_O = 2 \cdot 4{,}91\text{ cm}^2 + 29{,}85\text{ cm}^2$
$V_Z = \pi \cdot (12{,}5\text{ mm})^2 \cdot 38\text{ mm}$ — $A_O = 39{,}67\text{ cm}^2$
$V_Z \approx 18{,}65\text{ cm}^3$

8 Alle Kanten eines regelmäßigen Tetraeders und einer geraden quadratischen Pyramide haben eine Länge von $a = 3$ cm. Berechne die Volumen beider Körper.

Pyramide
$A_G = a^2 = (3\text{ cm})^2 = 9\text{ cm}^2$
$h_a = \sqrt{a^2 - (\frac{1}{2} a)^2} = \sqrt{(3\text{ cm})^2 - (\frac{1}{2} \cdot 3\text{ cm})^2} \approx 2{,}60\text{ cm}$
$h_K = \sqrt{h_a^2 - (\frac{1}{2} a)^2} = \sqrt{(2{,}6\text{ cm})^2 - (\frac{1}{2} \cdot 3\text{ cm})^2} \approx 2{,}12\text{ cm}$
$V_P = \frac{1}{3} A_G \cdot h = \frac{1}{3} \cdot 9\text{ cm}^2 \cdot 2{,}12\text{ cm} = 6{,}36\text{ cm}^3$

Tetraeder
$h_a = \sqrt{a^2 - (\frac{1}{2} a)^2} = \sqrt{(3\text{ cm})^2 - (\frac{1}{2} \cdot 3\text{ cm})^2} \approx 2{,}60\text{ cm}$
$A_G = \frac{1}{2} \cdot a \cdot h_a = \frac{1}{2} \cdot 3\text{ cm} \cdot 2{,}60\text{ cm} = 3{,}9\text{ cm}^2$
$h_K = \sqrt{a^2 - (\frac{2}{3} h_a)^2} = \sqrt{(3\text{ cm})^2 - (\frac{2}{3} \cdot 2{,}6\text{ cm})^2} \approx 2{,}45\text{ cm}$
$V_T = \frac{1}{3} A_G \cdot h = \frac{1}{3} \cdot 3{,}9\text{ cm}^2 \cdot 2{,}45\text{ cm} \approx 3{,}19\text{ cm}^3$

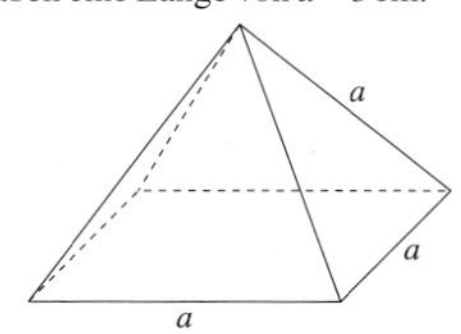

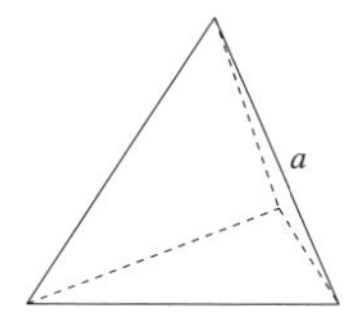

Volumen und Oberfläche von Kugeln

▶ Grundwissen

- Für das Volumen einer Kugel gilt:

  $V_{Kugel} = \frac{4}{3}\pi \cdot r^3$. $V_{Kugel} = \frac{4}{3}\pi \cdot (2{,}5\text{ cm})^3 \approx 65{,}45\text{ cm}^3$

- Für den Oberflächeninhalt einer Kugel gilt:

  $O_{Kugel} = 4\pi \cdot r^2$. $O_{Kugel} = 4\pi \cdot (2{,}5\text{ cm})^2 \approx 78{,}54\text{ cm}^2$

Beispiel:

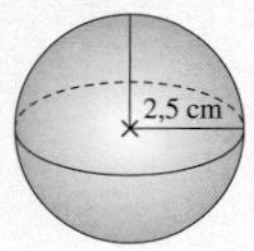

▶ Auftrag: Ergänze das Beispiel.

Trainieren

1 Berechne jeweils das Volumen und den Oberflächeninhalt der Kugel. Runde die Ergebnisse auf Hundertstel.
Hinweis: Nutze zum Rechnen gegebenenfalls ein zusätzliches Blatt.

Radius	7,6 cm	32,1 cm	0,69 cm	99,9 cm
Oberflächeninhalt	725,83 cm²	12 948,51 cm²	5,98 cm²	125 412,50 cm²
Volumen	1838,78 cm³	138 549,10 cm³	1,38 cm³	4 176 236,40 cm³

2 Ergänze die Tabelle für Kugeln. Runde die Ergebnisse auf Hundertstel.
Hinweis: Nutze zum Nachrechnen gegebenenfalls ein zusätzliches Blatt.

Radius	3,5 cm	2 dm	3,09 mm	5,51 m
Durchmesser	7,00 cm	4 dm	6,18 mm	11,02 m
Oberflächeninhalt	153,94 cm²	50,27 dm²	120 mm²	381,26 m²
Volumen	179,59 cm³	33,51 dm³	123,61 mm³	700 m³

3 Ordne mithilfe von Überschlägen innerhalb einer Minute möglichst viele Werte jeweils einer Kugel zu (Radius bzw. Durchmesser, Oberflächeninhalt, Volumen).
Markiere einander zugeordnete Größenangaben mit der gleichen Farbe.
Hinweis: Nutze gegebenenfalls zum Nachrechnen ein zusätzliches Blatt.

3,5 cm A | 79 cm² B | 154 cm² A | 4347 cm² C

12 cm² D | 180 cm³ A | 18,6 cm C | 1 cm D

26 954 cm³ C | 65 cm³ B | 4 cm³ D | 5 cm B

4 Schätze, welchen Oberflächeninhalt und welches Volumen ein Fußball hat.

Das Volumen beträgt rund 5 600 cm³ und der Oberflächeninhalt 1 500 cm².

5 Untersuche, ob alle Kugeln aus dem gleichen Gusseisen bestehen können.
Berechne dazu mithilfe des Volumens die Dichte des Materials, aus dem jeweils die Kugel besteht.
Hinweis: $\varrho = \frac{m}{V}$

	Kugel ①	Kugel ②	Kugel ③	Kugel ④
Masse m	3 000 g	4 000 g	5 000 g	7 260 g
Durchmesser d	9,4 cm	10,3 cm	11,0 cm	12,5 cm
Volumen V	434,89 cm³	572,15 cm³	696,91 cm³	1 022,65 cm³
Dichte ϱ	$6{,}9\,\frac{\text{g}}{\text{cm}^3}$	$7{,}0\,\frac{\text{g}}{\text{cm}^3}$	$7{,}17\,\frac{\text{g}}{\text{cm}^3}$	$7{,}10\,\frac{\text{g}}{\text{cm}^3}$

Die Kugeln bestehen aus unterschiedlichem Gusseisen, da die Dichten unterschiedlich sind.

Anwenden und Vernetzen

6 Je drei Tennisbälle sollen platz- und materialsparend verpackt werden.
Sie haben einen Durchmesser von 6,6 cm.
Es bieten sich zylinderförmige oder quaderförmige Schachteln an.
Gib jeweils die Raumausnutzung in Prozent an.
Wie viel Karton ist mindestens nötig, um eine solche Schachtel zu falten, wenn man 15 % für Klebestellen und Überlappung hinzurechnet?

zylinderförmige Schachtel mit einem Radius von 3,3 cm und einer Höhe von 19,8 cm

$V_{3\,Bälle} : V_{Schachtel} = 452\text{ cm}^3 : 677{,}4\text{ cm}^3 \approx 67\,\%$

$O_{Schachtel} = 2\pi \cdot 3{,}3\text{cm} \cdot (19{,}8\text{ cm} + 3{,}3\text{ cm}) \approx 478{,}97\text{ cm}^2$ $478{,}97\text{ cm}^2 \cdot 1{,}15 \approx 550{,}82\text{ cm}^2$

quaderförmige Schachtel mit acht 6,6 cm und vier 19,8 cm langen Kanten

$V_{3\,Bälle} : V_{Schachtel} = 452\text{ cm}^3 : 862{,}5\text{ cm}^3 \approx 52\,\%$

$O_{Schachtel} = 2 \cdot (6{,}6\text{ cm})^2 + 4 \cdot 6{,}6\text{ cm} \cdot 19{,}8\text{ cm} = 609{,}84\text{ cm}^2$ $609{,}84\text{ cm}^2 \cdot 1{,}15 \approx 701{,}32\text{ cm}^2$

Ca. 67 % des Raumes der zylinderförmigen Schachtel und ca. 52 % der quaderförmigen werden genutzt.

Man benötigt für die zylinderförmige Schachtel nur ca. 550 cm² Karton und für die quaderförmige ca. 700 cm².

7 Einem Würfel mit der Kantenlänge $a = 10$ cm wird eine Kugel einbeschrieben.
Um wie viel Prozent sind Volumen und Oberflächeninhalt der Kugel kleiner als die entsprechenden Größen des Würfels?

$V_{Kugel} = \frac{4}{3}\pi \cdot (5\text{ cm})^3 \approx 523{,}60\text{ cm}^3$

$V_{Würfel} = (10\text{ cm})^3 = 1000\text{ cm}^3$

$(1000\text{ cm}^3 - 523{,}60\text{ cm}^3) : 1000\text{ cm}^3 = 47{,}64\,\%$

$O_{Kugel} = 4\pi \cdot (5\text{ cm})^2 \approx 314{,}16\text{ cm}^2$

$O_{Würfel} = 6 \cdot (10\text{ cm})^2 = 600\text{ cm}^2$

$(600\text{ cm}^2 - 314{,}16\text{ cm}^2) : 600\text{ cm}^2 = 47{,}64\,\%$

Seitenverhältnisse in rechtwinkligen Dreiecken

▶ **Grundwissen**

Beispiel:

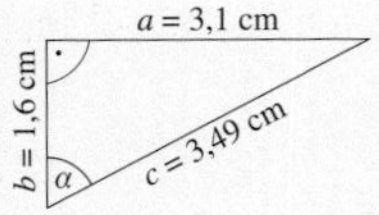

Beziehungen in rechtwinkligen Dreiecken:

Sinus eines Winkels = $\frac{\text{Länge der Gegenkathete des Winkels}}{\text{Länge der Hypotenuse}}$ — $\sin(\alpha) = \frac{a}{c} = \frac{3{,}1\,\text{cm}}{3{,}49\,\text{cm}} \approx 0{,}89$

Kosinus eines Winkels = $\frac{\text{Länge der Ankathete des Winkels}}{\text{Länge der Hypotenuse}}$ — $\cos(\alpha) = \frac{b}{c} = \frac{1{,}6\,\text{cm}}{3{,}49\,\text{cm}} \approx 0{,}46$

Tangens eines Winkels = $\frac{\text{Länge der Gegenkathete des Winkels}}{\text{Länge der Ankathete des Winkels}}$ — $\tan(\alpha) = \frac{a}{b} = \frac{3{,}1\,\text{cm}}{1{,}6\,\text{cm}} \approx 1{,}94$

▶ Auftrag: Berechne den Sinus, den Kosinus und den Tangens von α.

Trainieren

1 Ergänze die Sätze.
Hinweis: „δ“ steht für Delta. „ε“ steht für Epsilon. „ζ“ steht für Zeta.

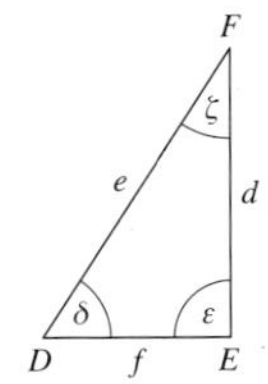

① ε ist der rechte Winkel im Dreieck *DEF*. Die Hypotenuse ist die Seite e.

② Die Ankathete zum Winkel δ im Dreieck *DEF* ist die Seite f. Die Gegenkathete ist die Seite d.

③ Die Ankathete zum Winkel ζ im Dreieck *DEF* ist die Seite d. Die Gegenkathete ist die Seite f.

2 Vervollständige die Gleichungen so, dass sie zum jeweiligen Dreieck passen.

a) $\sin(\alpha) = \frac{a}{c}$, $\cos(\alpha) = \frac{b}{c}$, $\tan(\alpha) = \frac{a}{b}$

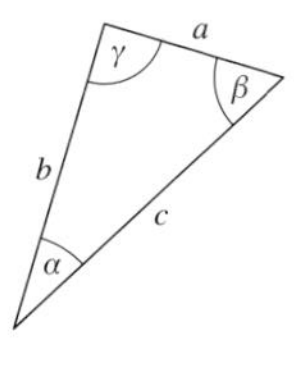

b) $\sin(\alpha) = \frac{a}{b}$, $\cos(\alpha) = \frac{c}{b}$, $\tan(\alpha) = \frac{a}{c}$

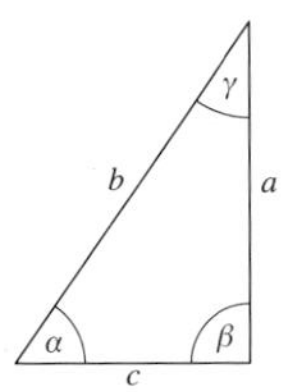

c) $\sin(\beta) = \frac{b}{a}$, $\cos(\gamma) = \frac{b}{a}$, $\tan(\gamma) = \frac{c}{b}$

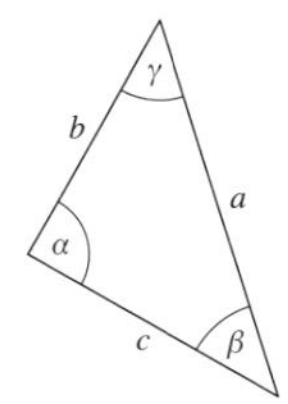

3 Kreuze alle zum Dreieck *ABC* passenden Formeln an.
Zusatzaufgabe: Gib weitere passende Formeln an. individuelle Lösung

☐ $\sin(\alpha) = \frac{a}{b}$	☒ $\sin(\alpha) = \frac{h}{b}$	☒ $\sin(\beta) = \frac{h}{a}$	☐ $\sin(\beta) = \frac{h}{p}$
☐ $\cos(\alpha) = \frac{b}{a}$	☐ $\cos(\alpha) = \frac{b}{h}$	☐ $\cos(\beta) = \frac{h}{a}$	☒ $\cos(\beta) = \frac{p}{a}$
☒ $\tan(\alpha) = \frac{q}{b}$	☐ $\tan(\alpha) = \frac{q}{h}$	☐ $\tan(\beta) = \frac{p}{h}$	☐ $\tan(\beta) = \frac{p}{a}$
☒ $\frac{q}{b} = \sin(\delta)$	☒ $\frac{h}{b} = \cos(\delta)$	☒ $\frac{p}{a} = \sin(\varepsilon)$	☒ $\frac{p}{h} = \tan(\varepsilon)$

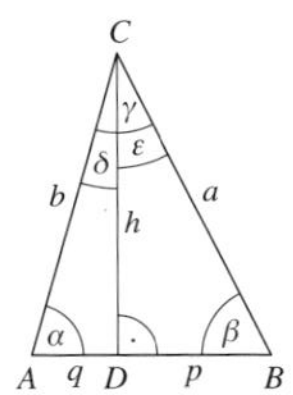

4 Berechne mit einem Taschenrechner.
Hinweis: Nutze beim Taschenrechner z. B. „sin“ und „$\sin^{-1}$“.

a) $\sin(20°) \approx 0{,}34$ **b)** $\sin(17°) \approx 0{,}3$

c) $\cos(20°) \approx 0{,}94$ **d)** $\cos(73°) \approx 0{,}3$

e) $\tan(20°) \approx 0{,}36$ **f)** $\tan(17°) \approx 0{,}3$

5 Ergänze die Tabelle zu verschiedenen rechtwinkligen Dreiecken *ABC*.

α	10°	30°	45°	50°	60°	64°
$\sin(\alpha)$	0,17	0,50	0,71	0,77	0,87	0,90
$\cos(\alpha)$	0,98	0,87	0,71	0,64	0,50	0,43
$\tan(\alpha)$	0,18	0,58	1	1,19	1,73	2,05

6 Entscheide, welcher der beiden spitzen Winkel der größere ist.
Trage das entsprechende Zeichen ein.

a) $\cos(\alpha) = \frac{3}{5}$ und $\cos(\beta) = \frac{2}{5}$ $\alpha < \beta$

b) $\sin(\alpha) = \frac{3}{5}$ und $\sin(\beta) = \frac{3}{7}$ $\alpha > \beta$

c) $\cos(\alpha) = \frac{3}{5}$ und $\cos(\beta) = \frac{2}{3}$ $\alpha > \beta$

d) $\sin(\alpha) = \frac{2}{5}$ und $\sin(\beta) = \frac{3}{7}$ $\alpha < \beta$

e) $\tan(\alpha) = 2$ und $\tan(\beta) = 3$ $\alpha < \beta$

f) $\tan(\alpha) = \frac{3}{5}$ und $\tan(\beta) = \frac{4}{7}$ $\alpha > \beta$

Anwenden und Vernetzen

7 Dächer mit einem Neigungswinkel von 30° bis 45° bieten in Deutschland die besten Voraussetzungen für eine Installation von Sonnenkollektoren.

a) Ein symmetrisches Satteldach ist 9,8 m breit.
Welche Höhe sollte es mindestens bzw. höchstens haben, damit die Voraussetzungen für Sonnenkollektoren optimal sind? Wie groß ist die insgesamt zu deckende Dachfläche, wenn das Haus 12 m lang ist?
Hinweis: Fertige eine Skizze an.

$\tan(30°) = \frac{h_1}{4{,}9\,\text{m}}$ $h_1 = \tan(30°) \cdot 4{,}9\,\text{m} \approx 2{,}83\,\text{m}$

$s_1^2 = (4{,}9\,\text{m})^2 + (2{,}83\,\text{m})^2$ $s_1 \approx 5{,}66\,\text{m}$

$2 \cdot 5{,}66\,\text{m} \cdot 12\,\text{m} \approx 136\,\text{m}^2$

$\tan(45°) = \frac{h_2}{4{,}9\,\text{m}}$ $h_2 = \tan(45°) \cdot 4{,}9\,\text{m} = 4{,}9\,\text{m}$

$s_2^2 = (4{,}9\,\text{m})^2 + (4{,}9\,\text{m})^2$ $s_2 \approx 6{,}93\,\text{m}$

$2 \cdot 6{,}93\,\text{m} \cdot 12\,\text{m} \approx 166\,\text{m}^2$

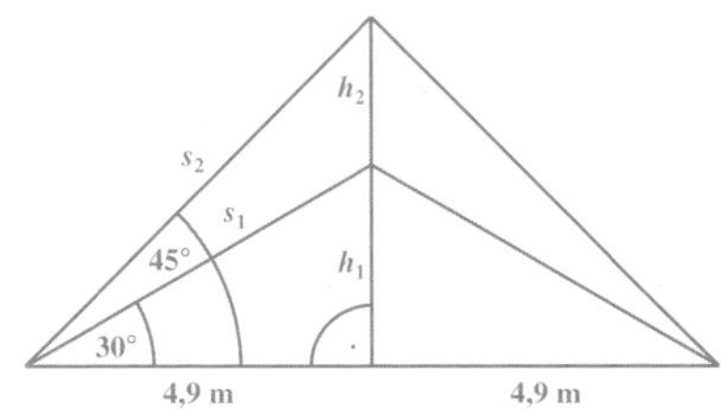

Das Dach muss zwischen 2,83 m und 4,9 m hoch sein.

Die zu deckende Dachfläche beträgt ca. 130 m² bis 170 m².

b) Ein symmetrisches Satteldach ist 10,5 m breit. Die Länge der Dachkanten am Giebel beträgt 8,3 m.
Ist es für die Installation von Sonnenkollektoren geeignet?

$\cos(\alpha) = \frac{5{,}25\,\text{m}}{8{,}3\,\text{m}}$ $\alpha \approx 50{,}76°$

Das Dach ist für die Installation von Sonnenkollektoren nicht geeignet.

Strecken- und Winkelberechnungen

▶ Grundwissen

- Seitenlängen oder Winkelgrößen in rechtwinkligen Dreiecken können mithilfe von Sinus, Kosinus und Tangens oder dem Satz des Pythagoras berechnet werden. Die Größe eines zweiten Winkels und einer Seite bzw. zweier Seiten eines rechtwinkligen Dreiecks müssen dazu bekannt sein.
- Ist es möglich, Figuren in rechtwinklige Dreiecke zu zerlegen, so können unbekannte Streckenlängen oder Winkelgrößen ermittelt werden.

Beispiel: Berechne den Flächeninhalt A des Rechtecks $ABCD$.

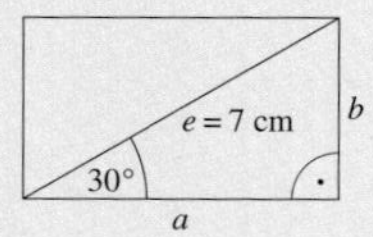

$\sin(30°) = \frac{b}{7\,\text{cm}}$ und $\sin(30°) =$ 0,5, man erhält $b =$ 3,5 cm.

$a^2 + b^2 = e^2$, man erhält $a \approx$ 6 cm. $A = a \cdot b \approx$ 21,22 cm²

$\sin(30°) = \frac{b}{7\,\text{cm}}$ und $\sin(30°) = 0{,}5$, man erhält $b = 3{,}5$ cm.

$\cos(30°) = \frac{a}{7\,\text{cm}}$ und $\cos(30°) \approx 0{,}87$, man erhält $a \approx 6$ cm. $A = a \cdot b = 21{,}22\,\text{cm}^2$

▶ **Auftrag:** Ergänze das Beispiel und notiere einen anderen Lösungsweg, ohne den Satz des Pythagoras anzuwenden.

Trainieren

1 Berechne jeweils die Größe des blau markierten Winkels bzw. die Länge der Strecke.

a)

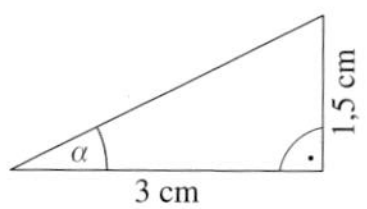

$\tan(\alpha) = \frac{1{,}5\,\text{cm}}{3\,\text{cm}}$

$\alpha \approx 26{,}57°$

b)

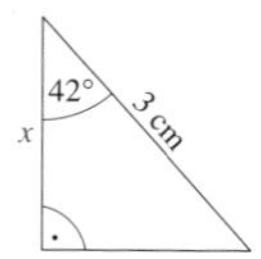

$\cos(42°) = \frac{x}{3\,\text{cm}}$

$x = \cos(42°) \cdot 3\,\text{cm} \approx 2{,}23\,\text{cm}$

c)

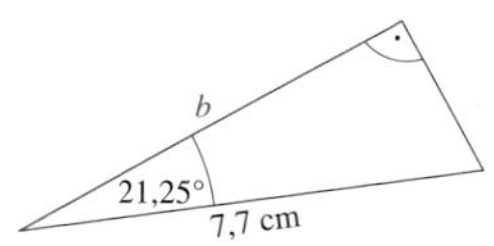

$\cos(21{,}25°) = \frac{b}{7{,}7\,\text{cm}}$

$b = \cos(21{,}25°) \cdot 7{,}7\,\text{cm} \approx 7{,}18\,\text{cm}$

d)

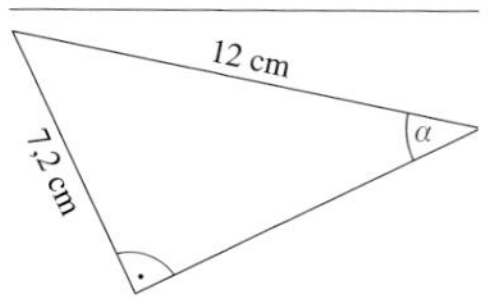

$\sin(\alpha) = \frac{7{,}2\,\text{cm}}{12\,\text{cm}}$

$\alpha \approx 36{,}87°$

e)

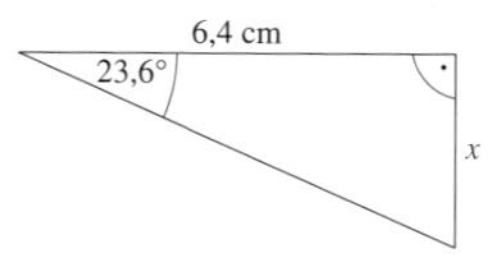

$\tan(23{,}6°) = \frac{x}{6{,}4\,\text{cm}}$

$x = \tan(23{,}6°) \cdot 6{,}4\,\text{cm} \approx 2{,}8\,\text{cm}$

f)

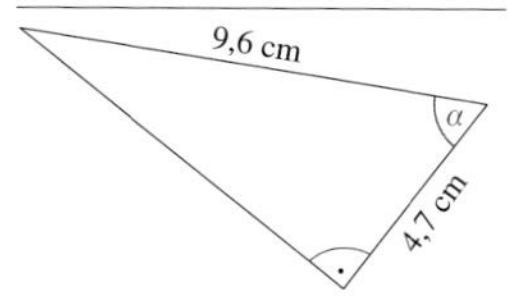

$\cos(\alpha) = \frac{4{,}7\,\text{cm}}{9{,}6\,\text{cm}}$

$\alpha \approx 60{,}69°$

2 Berechne die fehlenden Stücke in den rechtwinkligen Dreiecken ABC mit $\gamma = 90°$.
Hinweis: Nutze zum Rechnen, wenn nötig, ein zusätzliches Blatt.

a	b	c	α	β	A	h
4,0 m	3,0 m	5,0 m	53°	37°	6,0 m²	2,4 m
5,0 cm	5,0 cm	7,1 cm	45°	45°	12,5 cm²	3,5 cm
5,0 dm	2,2 dm	5,5 dm	66°	24°	5,5 dm²	2 dm
32 cm	26 cm	41,2 cm	51°	39°	4,16 dm²	20 cm

3 In den gleichschenkligen Dreiecken ABC sind die Winkel α und β gleich groß.
Ergänze die Tabelle.

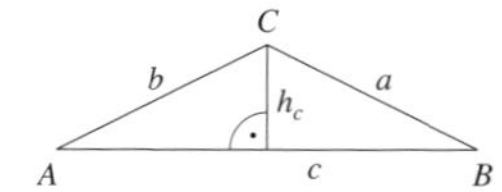

a	c	α	β	γ	h_c	A
4,5 cm	7,0 cm	39°	39°	102°	2,8 cm	9,9 cm²
2,3 m	1,9 cm	65°	65°	50°	2,1 cm	2,0 cm²
3,5 m	4,0 m	55°	55°	70°	2,9 m	5,7 m²

4 Berechne den Flächeninhalt des Parallelogramms $ABCD$.
Hinweis: $A_{\text{Parallelogramm}} = a \cdot h_a$

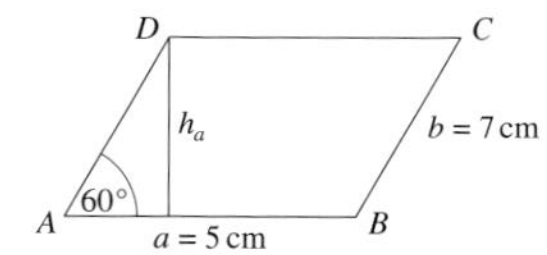

$\sin(60°) = \frac{h_a}{7\,\text{cm}}$ man erhält $h_a \approx 6{,}1$ cm

$A = a \cdot h_a = 30{,}3\,\text{m}^2$

Anwenden und Vernetzen

5 Eine bewegliche Kamera ist am Hausdach in einer Höhe von 27 m angebracht.
Berechne mithilfe der angegebenen Maße den Abstand e der Dächer und die Höhe h des gegenüberliegenden Hauses.
Zusatzaufgabe: Prüfe mit einer Zeichnung auf einem zusätzlichen Blatt, ob deine Ergebnisse stimmen können. **individuelle Lösung**

z. B.

Abstand d der Häuser: $\tan(90° - 24{,}4°) = \frac{d}{27\,\text{m}}$,
demzufolge gilt $d = \tan(65{,}6°) \cdot 27\,\text{m} \approx 59{,}5$ m.

Abstand e der Dächer: $\sin(90° - 14°) = \frac{d}{e} \approx \frac{59{,}5\,\text{m}}{e}$,
demzufolge gilt $e = \frac{59{,}5\,\text{m}}{\sin(76°)} \approx 61{,}3$ m.

Höhe h des kleinen Hauses: $e^2 = d^2 + x^2$,
demzufolge gilt $x = \sqrt{e^2 - d^2} \approx 14{,}8$ m.

$h = 27\,\text{m} - x = 12{,}2\,\text{m}$

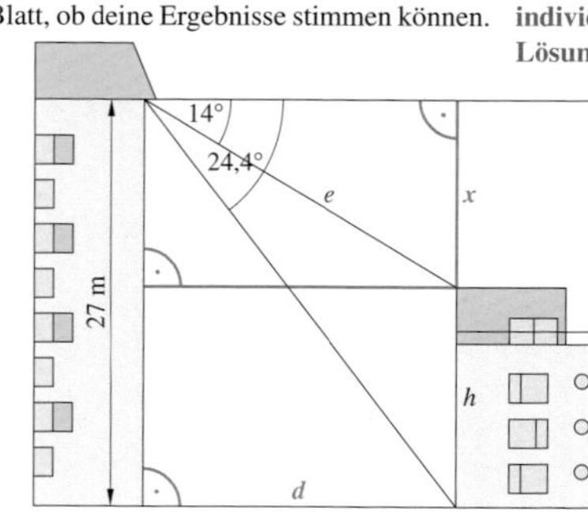

Die Dächer sind rund 61,3 m voneinander entfernt. Das Haus ist rund 12,2 m hoch.

6 Eine gerade Pyramide hat eine quadratische Grundfläche mit 5,0 m langen Seiten.
Der Neigungswinkel zwischen Seitenfläche und der Grundfläche beträgt 45°.

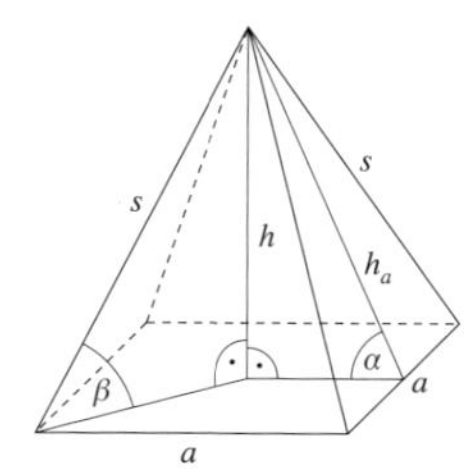

a) Berechne die Höhe der Pyramide.

Stützdreieck mit Pyramidenhöhe h: $\tan(\alpha) = \frac{h}{0{,}5a}$,

$h = 0{,}5 \cdot 5{,}0\,\text{m} \cdot \tan(45°) = 2{,}5\,\text{m}$.

Die Pyramide ist 2,5 m hoch.

b) Berechne den Neigungswinkel einer Seitenkante gegenüber der Grundfläche.

$\tan(\beta) = \frac{h}{0{,}5 \cdot d} = \frac{2{,}5\,\text{m}}{0{,}5 \cdot \sqrt{2} \cdot 5{,}0\,\text{m}} \approx 0{,}71$ Mit dem Taschenrechner erhält man $\beta \approx 35{,}3°$.

Der Neigungswinkel einer Seitenkante gegenüber der Grundfläche beträgt rund 35,3°.

Sinus- und Kosinussatz

▶ Grundwissen

- Sinussatz: In jedem Dreieck *ABC* gilt:
  $\frac{a}{\sin(\alpha)} = \frac{b}{\sin(\beta)} = \frac{c}{\sin(\gamma)}$
- Kosinussatz: In jedem Dreieck *ABC* gilt:
  $a^2 = b^2 + c^2 - 2bc \cdot \cos(\alpha)$
  $b^2 = a^2 + c^2 - 2ac \cdot \cos(\beta)$
  $c^2 = a^2 + b^2 - 2ab \cdot \cos(\gamma)$

Beispiel:

$\frac{6{,}1\,\text{cm}}{\sin(47°)} = \frac{\boxed{6{,}6\,\text{cm}}}{\sin(52°)}$

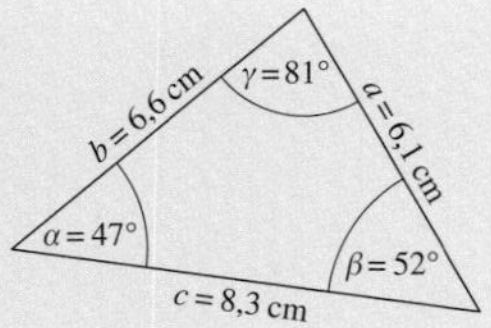

$a^2 = (6{,}6\,\text{cm})^2 + (8{,}3\,\text{cm})^2 - \underline{2 \cdot 6{,}6\,\text{cm} \cdot 8{,}3\,\text{cm} \cdot \cos(47°)}$

▶ Auftrag: Ergänze die Beispiele.

Trainieren

1 Berechne die fehlenden Seitenlängen mithilfe des Sinussatzes.

a)

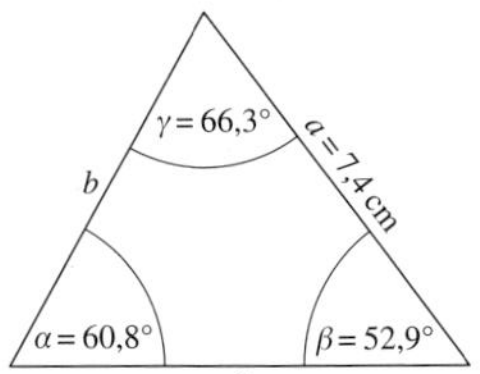

$\frac{b}{\sin(52{,}9°)} = \frac{7{,}4\,\text{cm}}{\sin(60{,}8°)}$ | · sin (52,9°)

$b = \frac{7{,}4\,\text{cm}}{\sin(60{,}8°)} \cdot \sin(52{,}9°) \approx 6{,}76\,\text{cm}$

$\frac{c}{\sin(66{,}3°)} = \frac{7{,}4\,\text{cm}}{\sin(60{,}8°)}$ | · sin (66,3°)

$c = \frac{7{,}4\,\text{cm}}{\sin(60{,}8°)} \cdot \sin(66{,}3°) \approx 7{,}76\,\text{cm}$

b)

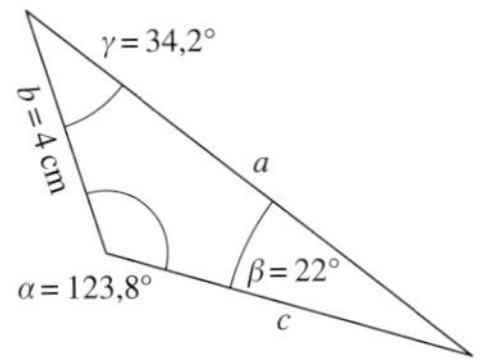

$\frac{a}{\sin(123{,}8°)} = \frac{4\,\text{cm}}{\sin(22°)}$ | · sin (123,8°)

$a = \frac{4\,\text{cm}}{\sin(22°)} \cdot \sin(123{,}8°) \approx 8{,}9\,\text{cm}$

$\frac{c}{\sin(34{,}2°)} = \frac{4\,\text{cm}}{\sin(22°)}$ | · sin (34,2°)

$c = \frac{4\,\text{cm}}{\sin(22°)} \cdot \sin(34{,}2°) \approx 6\,\text{cm}$

2 Berechne die fehlenden Winkelgrößen mithilfe des Sinussatzes.
Zusatzaufgabe: Prüfe mithilfe der Innenwinkelsumme von Dreiecken, ob deine Ergebnisse stimmen können.

a)

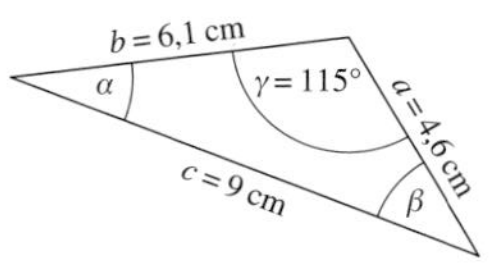

$\frac{\sin(\alpha)}{4{,}6\,\text{cm}} = \frac{\sin(115°)}{9\,\text{cm}}$ | · 4,6 cm

$\sin(\alpha) = \frac{\sin(115°)}{9\,\text{cm}} \cdot 4{,}6\,\text{cm} \approx 0{,}46 \qquad \alpha \approx 27{,}6°$

$\frac{\sin(\beta)}{6{,}1\,\text{cm}} = \frac{\sin(115°)}{9\,\text{cm}}$ | · 6,1 cm

$\sin(\beta) = \frac{\sin(115°)}{9\,\text{cm}} \cdot 6{,}1\,\text{cm} \approx 0{,}61 \qquad \beta \approx 37{,}9°$

b)

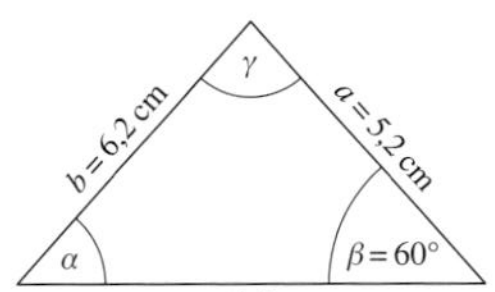

$\frac{\sin(\alpha)}{5{,}2\,\text{cm}} = \frac{\sin(60°)}{6{,}2\,\text{cm}}$ | · 5,2 cm

$\sin(\alpha) = \frac{\sin(60°)}{6{,}2\,\text{cm}} \cdot 5{,}2\,\text{cm} \approx 0{,}73 \qquad \alpha \approx 46{,}6°$

$\frac{\sin(\gamma)}{6{,}9\,\text{cm}} = \frac{\sin(60°)}{6{,}2\,\text{cm}}$ | · 6,9 cm

$\sin(\gamma) = \frac{\sin(60°)}{6{,}2\,\text{cm}} \cdot 5{,}2\,\text{cm} \approx 0{,}96 \qquad \gamma \approx 74{,}5°$

3 Berechne die fehlende Seitenlänge mithilfe des Kosinussatzes.

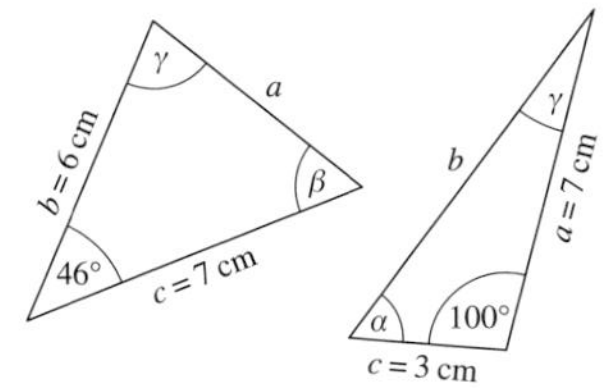

$a^2 = (6\,\text{cm})^2 + (7\,\text{cm})^2 - 2 \cdot 6\,\text{cm} \cdot 7\,\text{cm} \cdot \cos(46°) \approx 26{,}65\,\text{cm}^2$

$a \approx 5{,}16\,\text{cm}$

$b^2 = (7\,\text{cm})^2 + (3\,\text{cm})^2 - 7\,\text{cm} \cdot 3\,\text{cm} \cdot \cos(100°) \approx 65{,}29\,\text{cm}^2$

$a \approx 8{,}08\,\text{cm}$

4 Berechne die drei Winkelgrößen mithilfe des Kosinussatzes.
Zusatzaufgabe: Prüfe mithilfe der Innenwinkelsumme von Dreiecken, ob deine Ergebnisse stimmen können. individuelle Lösung

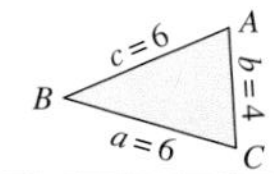

$(6\,\text{cm})^2 = (4\,\text{cm})^2 + (6\,\text{cm})^2 - 2 \cdot 4\,\text{cm} \cdot 6\,\text{cm} \cdot \cos(\alpha)$	$(4\,\text{cm})^2 = (6\,\text{cm})^2 + (6\,\text{cm})^2 - 2 \cdot 6\,\text{cm} \cdot 6\,\text{cm} \cdot \cos(\beta)$
$36\,\text{cm}^2 = 52\,\text{cm}^2 - 48\,\text{cm}^2 \cdot \cos(\alpha)$ $\mid -52\,\text{cm}^2$	$16\,\text{cm}^2 = 72\,\text{cm}^2 - 72\,\text{cm}^2 \cdot \cos(\beta)$ $\mid -72\,\text{cm}^2$
$-16\,\text{cm}^2 = -48\,\text{cm}^2 \cdot \cos(\alpha)$ $\mid :(-48\,\text{cm}^2)$	$-56\,\text{cm}^2 = -72\,\text{cm}^2 \cdot \cos(\beta)$ $\mid :(-72\,\text{cm}^2)$
$0{,}33 \approx \cos(\alpha)$ $\alpha \approx 70{,}53°$ und $\gamma \approx 70{,}53°$	$0{,}78 \approx \cos(\beta)$ $\beta \approx 38{,}94°$

Anwenden und Vernetzen

5 Berechne alle fehlenden Seitenlängen und Winkelgrößen.
Schreibe die Ergebnisse an die Skizze.
Hinweis: Die Skizze ist nicht maßstabsgetreu.

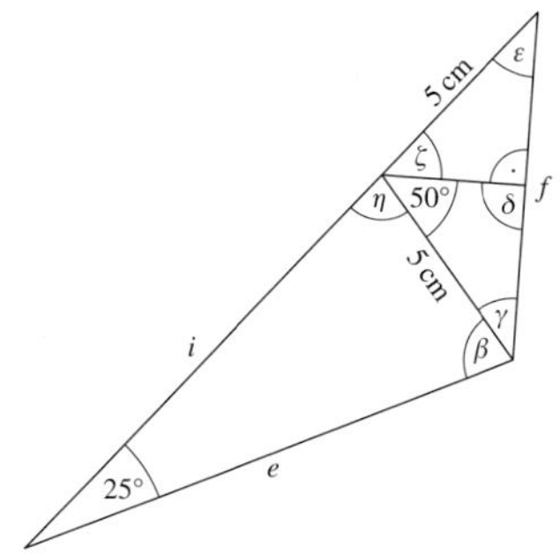

z. B.

$\delta = 180° - 90° = 90°$	(Nebenwinkelsumme)
$\gamma = 180° - (90° + 50°) = 40°$	(Innenwinkelsumme)
$\varepsilon = \gamma = 40°$	(Basiswinkel)
$\varphi = 180° - (90° + 40°) = 50°$	(Innenwinkelsumme)
$\eta = 180° - 2 \cdot 50° = 80°$	(Nebenwinkelsumme)
$\beta = 180° - (80° + 25°) = 75°$	(Innenwinkelsumme)
$e \approx 11{,}65\,\text{cm}$	(Sinussatz)
$i \approx 11{,}4\,\text{cm}$	
$f \approx 7{,}66\,\text{cm}$	

6 Flora ist auf dem Leuchtturm Westerheversand. Deniz und Yasmin stehen auf der Eingangshöhe des Turms.
Sie sind etwa 100 m voneinander entfernt.
Flora sieht beide in einem Sichtwinkel von ca. 10°.
Deniz sieht Flora in einem Sichtwinkel von ca. 10°.
Er schätzt, dass der Leuchtturm Westerheversand 25 m hoch ist.
Yasmin sieht Flora in einem Sichtwinkel von 20°.
Sie schätzt, dass der Leuchtturm Westerheversand 40 m hoch ist. Wer schätzt besser?
Hinweis: Die Skizze ist nicht maßstabsgetreu.

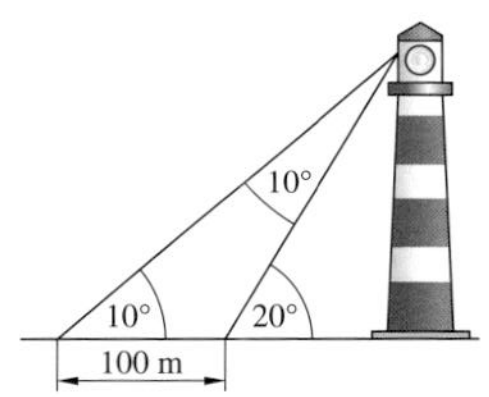

z. B.

$\frac{x}{\sin(10°)} = \frac{100\,\text{m}}{\sin(10°)}$ $\quad x = 100\,\text{m}$

$\sin(20°) = \frac{h}{100\,\text{m}}$ $\quad x \approx 34\,\text{m}$ (über Augenhöhe)

Yasmin schätzt besser.

Funktionen beschreiben

▶ Grundwissen

Funktionen lassen sich anhand bestimmter Eigenschaften von einander unterscheiden und beschreiben, z. B.

1. **Nullstellen,**
2. **Tiefpunkte,**
3. **Hochpunkte,**
4. **mittlere Änderungsrate** $m[x_1; x_2] = \frac{f(x_2)-f(x_1)}{x_2-x_1}$.

Beispiel:

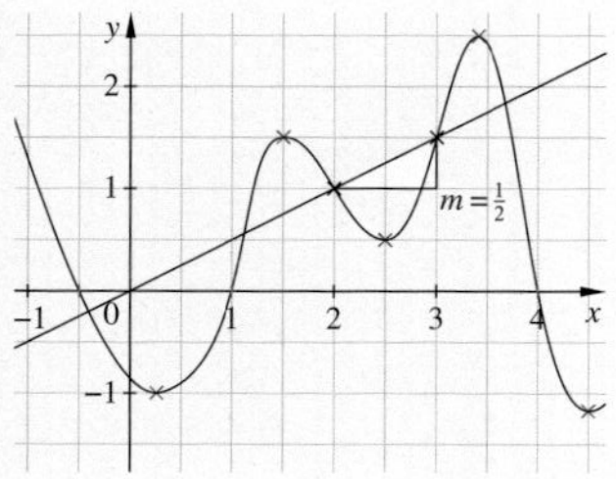

▶ Auftrag: Trage die passenden Bezeichnungen ein.

Trainieren

1 Markiere jeweils alle Nullstellen, Tiefpunkte und Hochpunkte. Gib das Steigungsverhalten an.
Lege zuvor Farben fest. ☐ Nullstellen ☐ Tiefpunkte ☐ Hochpunkte ☐ steigend ☐ fallend

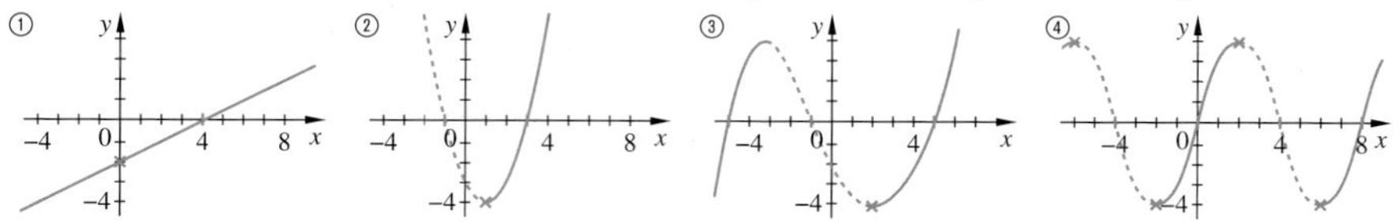

2 Kreuze alle Aussagen an, die zum Graphen der Funktion im dargestellten Bereich passen.

- ☒ Die Funktion hat zwei Nullstellen.
- ☒ Alle Funktionswerte liegen zwischen −5 und 5.
- ☐ Alle Tiefpunkte haben negative y-Werte.
- ☐ Bei $x = 0$ gibt es einen Hochpunkt.
- ☒ Die Funktion hat mehr Tief- als Hochpunkte.
- ☒ Alle Hochpunkte haben positive x-Werte.
- ☒ Die Funktion ist in zwei Teilbereichen fallend.
- ☒ Für $x > 7$ steigt die Funktion.

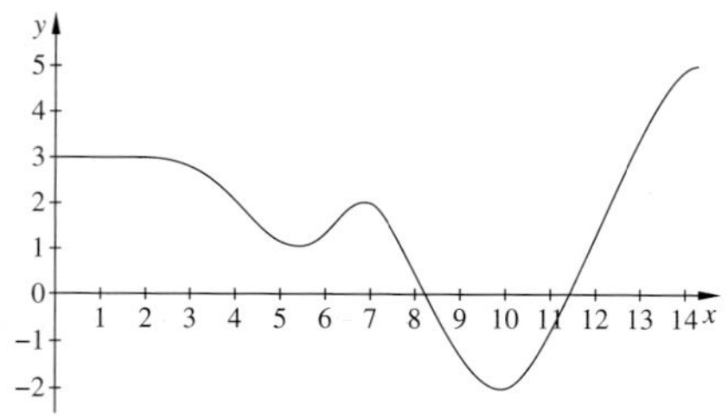

3 Ermittle die mittleren Änderungsraten in den Intervallen.
Hinweis: Zeichne jeweils ein Steigungsdreieck ein.

$m[0; 2] = -\frac{3}{2} = -1{,}5$

$m[2; 3] = -\frac{1}{2} = -0{,}5$

$m[4; 4{,}5] = \frac{3}{1} = 3$

$m[5{,}5; 7] = -\frac{3}{3} = -1$

$m[0; 4] = -\frac{2{,}5}{4} = 0{,}625$

$m[2; 3{,}5] = \frac{0}{1{,}5} = 0$

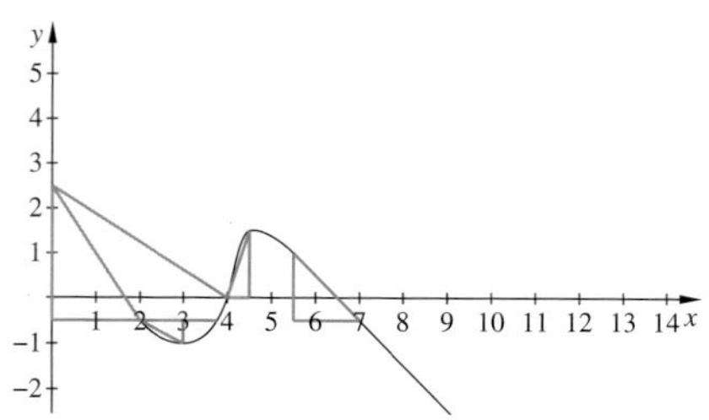

4 Berechne die mittleren Änderungsraten von $f(x) = 0{,}5\,x^2$ in den Intervallen [0; 5] und [5; 10].

$f(0) = 0$ $f(5) = 12{,}5$ $f(10) = 50$ $m[0; 5] = \frac{12{,}5-0}{5-0} = 2{,}5$ $m[5; 10] = \frac{50-12{,}5}{10-5} = 7{,}5$

5 Verschiedene Graphen von Funktionen mit gleichen Eigenschaften

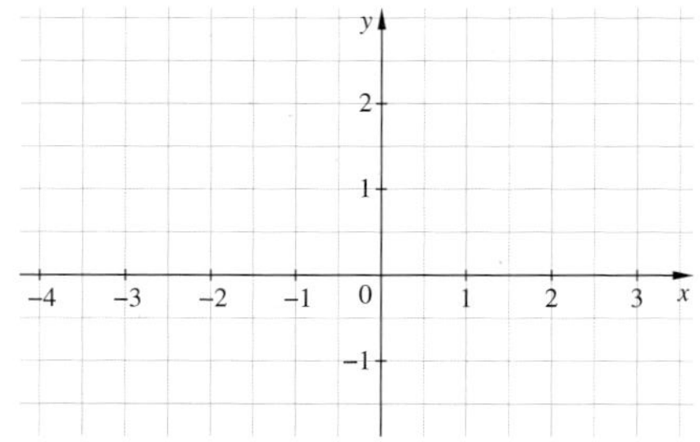

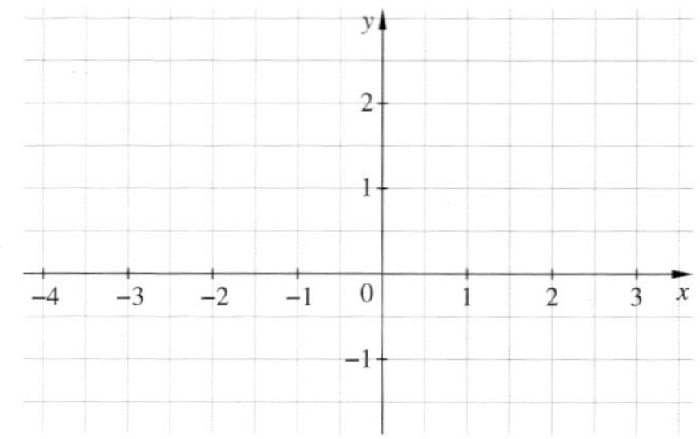

a) Zeichne zwei verschiedene Graphen mit den folgenden drei Eigenschaften.
① zwei Hochpunkte, davon einer mit positivem y-Wert und einer mit negativem y-Wert
② genau ein Tiefpunkt
③ mindestens eine Nullstelle **individuelle Lösung**

b) Beschreibe einen der beiden Graphen aus Teilaufgabe **a**. Nutze dabei folgende Textbausteine.
Hinweis: Überprüft die Lösungen gegenseitig.

individuelle Lösung

Nullstelle(n) | bei $x = \ldots$ | Tiefpunkt(e) | negativ | zwischen $x = \ldots$ und $x = \ldots$ | Hochpunkt(e) | y-Wert(e) | positiv | fällt | steigt

c) Zusatzaufgabe: Gib zu einem der beiden Graphen in Teilaufgabe **a** eine passende Situation an.
individuelle Lösung

Anwenden und Vernetzen

6 Ein Hubschrauber mit Kamera steigt zunächst auf 10 m und filmt aus dieser Höhe rund 5 Minuten die Umgebung. Er fliegt danach 5 m höher.
Aus Spaß wird er nach insgesamt 15 Minuten durch ein Fenster eines Hauses hinein- und durch ein anderes hinausgesteuert, dafür muss er sich dem Erdboden bis auf 2 m nähern. Er landet danach langsam.

☐ 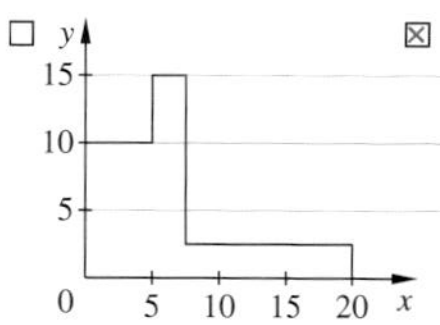

☒ 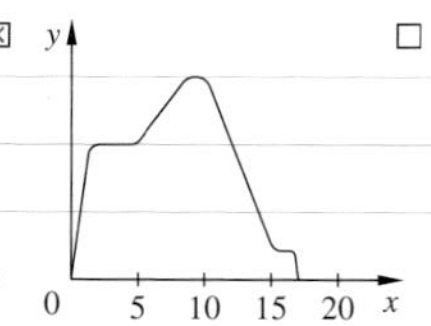

☐ 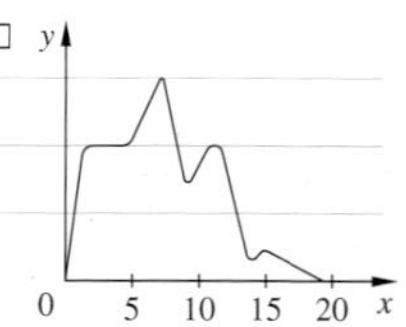

a) Kreuze zuerst das zum Flug des Hubschraubers passende Diagramm an.
Beschrifte danach die Achsen.

b) Ordne mit Linien Zutreffendes zu.

Nullstellen — Start; Nullstellen — Landung
Tiefpunkte — Wechsel vom Sinken auf Steigen
Hochpunkte — Wechsel vom Steigen auf Sinken
mittlere Änderungsrate — Geschwindigkeit

c) Wähle mindestens eines der drei bei Teilaufgabe **a** nicht angekreuzten Diagramme aus.
Beschreibe den dazu passenden Flug des Hubschraubers. **individuelle Lösung**

Exponentialfunktionen

▶ Grundwissen

- Funktionen mit einer Gleichung der Form $f(x) = c \cdot a^x$ (mit $c > 0$ und $a > 0$) nennt man Exponentialfunktionen.
- Die x-Achse ist die Asymptote bei Exponentialfunktionen.

Beispiele: $f(x) = \frac{1}{2} \cdot 2^x$

$g(x) = 2 \cdot \left(\frac{1}{2}\right)^x$

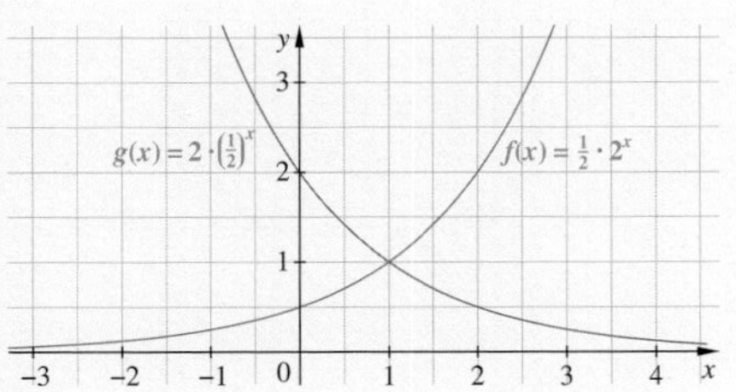

▶ Auftrag: Ordne jedem Graphen die passende Funktionsgleichung zu.

Trainieren

1 Wertetabellen und Graphen zu Funktionen

☒ $f(x) = \left(\frac{1}{2}\right)^x$ Exponentialfunktion

x	−3	−1	0	1	3
y	8	2	1	0,5	0,125

☒ $g(x) = 2^x$ Exponentialfunktion

x	−3	−1	0	1	3
y	0,125	0,5	1	2	8

☒ $h(x) = \frac{1}{4} \cdot 3^x$ Exponentialfunktion

x	−3	−1	0	1	3
y	0,01	0,08	0,25	0,75	6,75

☒ $i(x) = 3 \cdot \left(\frac{1}{4}\right)^x$ Exponentialfunktion

x	−3	−1	0	1	3
y	192	12	3	0,75	0,05

☐ $j(x) = \frac{1}{2}x^2$ quadratische Funktion

x	−3	−1	0	1	3
y	4,5	0,5	0	0,5	4,5

☐ $k(x) = \frac{1}{2}x$ lineare Funktion

x	−3	−1	0	1	3
y	−1,5	−0,5	0	0,5	1,5

a) Ergänze jeweils die y-Werte.

b) Trage die zugehörigen Punkte im Koordinatensystem ein und beschrifte die Graphen.

c) Kreuze die Exponentialfunktionen an.
Zusatzaufgabe: Gib die Art der anderen Funktionen an.

d) Kreuze die wahren Aussagen an.

☒ Alle dargestellten Exponentialfunktionen haben eine Asymptote.
☐ Die Punkte einer der dargestellten Exponentialfunktionen liegen auf einer Geraden.
☐ Die Punkte einer der dargestellten Exponentialfunktionen liegen auf einer Parabel.
☒ Die Punkte aller dargestellten Exponentialfunktionen nähern sich der x-Achse an.

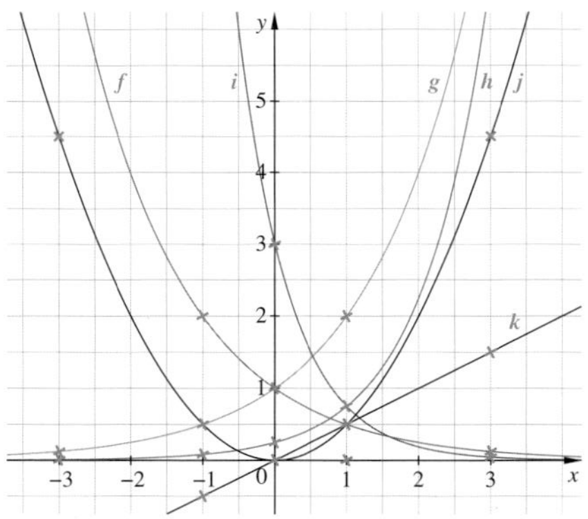

2 Kreuze alle Gleichungen von Exponentialfunktionen an.

☐ $f(x) = 0{,}3x$ ☐ $g(x) = 0{,}3x^3$ ☒ $h(x) = 0{,}3 \cdot 3^x$ ☒ $i(x) = 0{,}3^x$

3 Im Winter wird eine Thermoskanne mit 80 °C heißem Tee versehentlich draußen stehen gelassen. Stündlich nimmt die Temperatur des Tees in der Kanne um etwa 10 % ab.

a) Kreuze zuerst die passende Funktionsgleichung an.
Gib danach die praktische Bedeutung der Variablen an.

☐ $y = 80 \cdot 10^x$ ☐ $y = 80 \cdot 1{,}1^x$

☒ $y = 80 \cdot 0{,}9^x$ ☐ $y = 80 \cdot 0{,}1^x$

x steht für die Anzahl der vergangenen Stunden.

y steht für die jeweilige Temperatur des Tees.

b) Erstelle eine Wertetabelle und skizziere dazu den Graphen.

z. B.

x	0	4	8	12	16
y	80	52,49	34,44	22,59	14,82

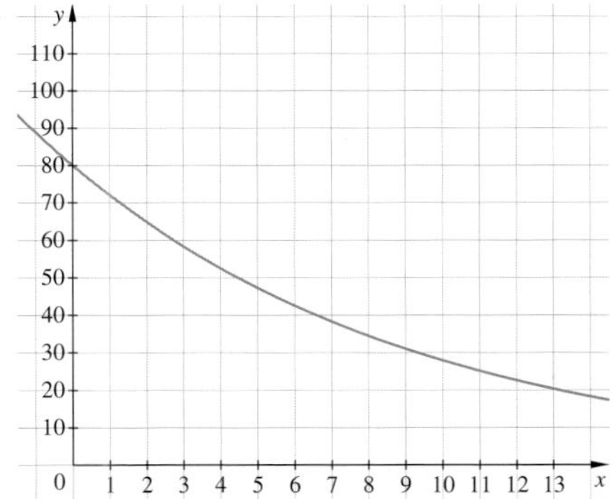

c) Finde heraus, nach wie vielen Stunden der Tee eine Temperatur von unter 10 °C hat. nach etwa 20 h (9,73 °C)

Anwenden und Vernetzen

4 Salmonellen sind stäbchenförmige Bakterien, die bei Menschen und Tieren Krankheiten verursachen.
Sie kommen unter anderem bei Eiern und in Geflügelfleisch vor.
Bei sommerlichen Temperaturen verdoppelt sich die Anzahl der Salmonellen etwa alle 20 Minuten.
Eine Speiseprobe enthielt zu Beginn der Untersuchung rund 160 Bakterien.

Zeit in min	−80	−60	−40	−20	0	+20	+40	+60	+80
Generation vor und nach der Untersuchung	−4	−3	−2	−1	0	+1	+2	+3	+4
Anzahl der Salmonellen	10	20	40	80	160	320	640	1280	2560

a) Ergänze die Tabelle und veranschauliche die Werte im Koordinatensystem.

b) Stelle eine passende Funktionsgleichung auf.
Gib danach die praktische Bedeutung der Variablen an.

$y =$ $160 \cdot 2^x$

x steht für die Anzahl der Generationen.

y steht für die jeweilige Anzahl der Salmonellen.

c) Ermittle, vor wie vielen Stunden die ersten beiden Salmonellen in die Speiseprobe gekommen sein könnten.

Es kann vor etwas mehr als zwei Stunden gewesen sein.

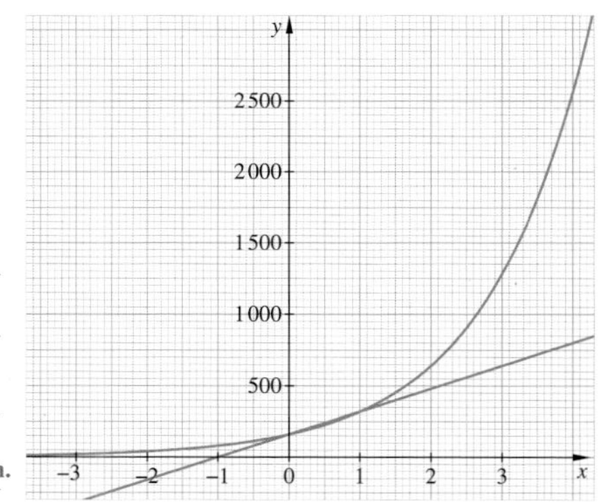

d) Angenommen, es liegt lineares Wachstum vor, bei dem pro Generation 160 Bakterien hinzukommen.
Zeichne den passenden Graphen in das Koordinatensystem ein.
Gib die zugehörige Funktionsgleichung an. $y =$ $160x + 160$

Sinusfunktion

▶ Grundwissen

P ist ein Punkt auf dem Einheitskreis.
α ist der Winkel zwischen der positiven x-Achse und dem Strahl, der vom Ursprung durch P geht.
Die Funktion, die dem Winkel α ($\alpha \in \mathbb{R}$) den entsprechenden y-Wert zuordnet, heißt Sinusfunktion.

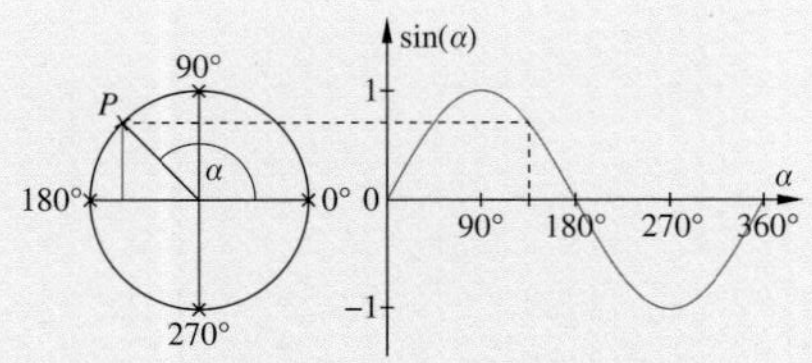

Beispiele:

sin (90°) = 1   sin (180°) = 0

▶ Auftrag: Ergänze die Beispiele.

Trainieren

1 Einheitskreis und Sinusfunktion

a) Vervollständige mithilfe der Zeichnung die Tabelle.
Zeichne für sin(α) entsprechende Strecken ein und lies die Werte ab.

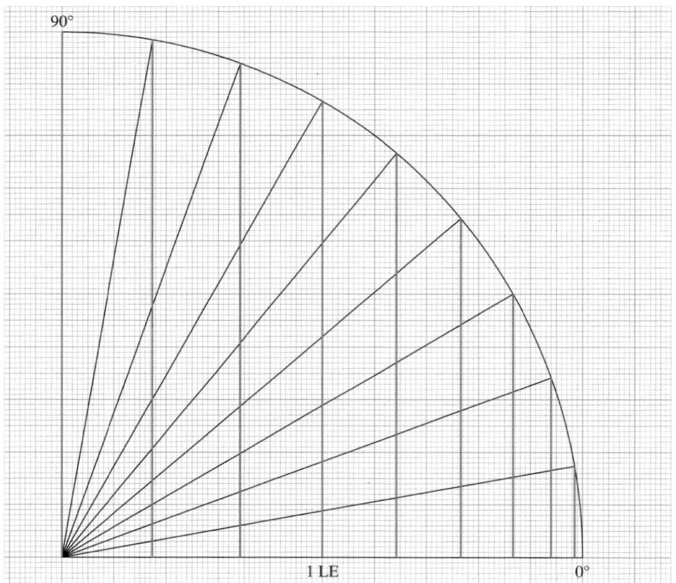

α im Gradmaß	sin (α)
0°	0
10°	0,17
20°	0,34
30°	0,5
40°	0,64
50°	0,77
60°	0,87
70°	0,94
80°	0,98
90°	1

b) Skizziere die Sinusfunktion $y = \sin(x)$ mithilfe der Teilaufgabe **a** im vorgegebenen Koordinatensystem.

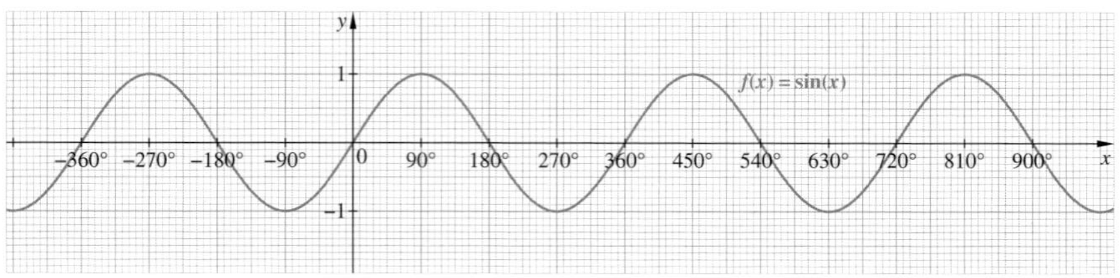

2 Gib jeweils vier zu dem Funktionswert passende Winkelgrößen an.
Hinweis: Nutze die Zeichnungen bei Aufgabe 1.
Zusatzaufgabe: Gib eine allgemeine Regel zum Berechnen der Winkelgrößen an.
z. B.

a) sin (90°) = 1   sin (450°) = 1   sin (810°) = 1   sin (1170°) = 1
$90° + n \cdot 360°$, wobei $n \in \mathbb{N}$

b) sin (270°) = −1   sin (630°) = −1   sin (990°) = −1   sin (1350°) = −1
$270° + n \cdot 360°$, wobei $n \in \mathbb{N}$

c) sin (0°) = 0   sin (180°) = 0   sin (360°) = 0   sin (540°) = 0
$n \cdot 180°$, wobei $n \in \mathbb{N}$

d) sin (30°) = 0,5   sin (150°) = 0,5   sin (390°) = 0,5   sin (510°) = 0,5
$30° + n \cdot 360°$ oder $150° + n \cdot 360°$, wobei $n \in \mathbb{N}$

3 Gegeben ist jeweils der Graph der Sinusfunktion.
Vervollständige die Darstellungen.

a)

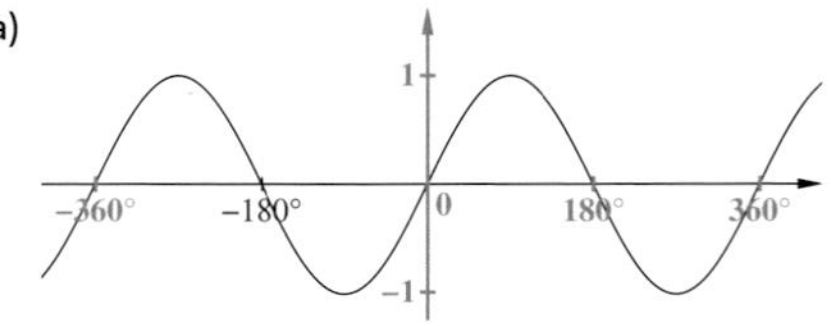

b)

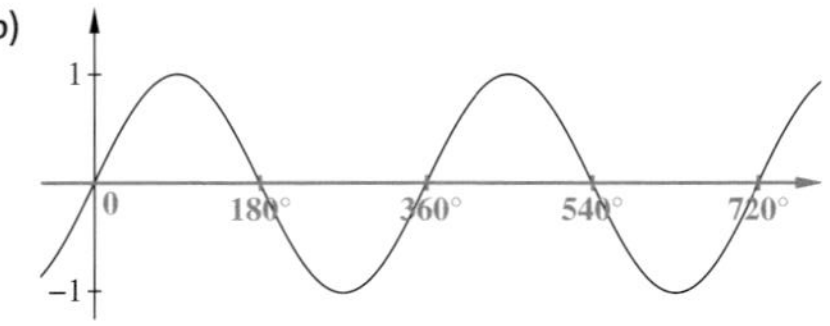

Anwenden und Vernetzen

4 Jedem Winkel am Einheitskreis (Kreis mit $r = 1$) kann die Länge des zugehörigen Kreisbogens zugeordnet werden.
Hinweis: Der Umfang des Einheitskreises beträgt 2π (Bogenmaß). Dazu gehört ein Winkel von 360° (Gradmaß).

a) Ergänze die Tabelle.

α im Gradmaß	360°	180°	90°	60°	45°	30°	20°	10°	0°
α im Bogenmaß	2π	π	$\frac{1}{2}\pi$	$\frac{1}{3}\pi$	$\frac{1}{4}\pi$	$\frac{1}{6}\pi$	$\frac{1}{9}\pi$	$\frac{1}{18}\pi$	0

b) Gib die Funktionswerte an.
Hinweis: $\pi \approx 3{,}14$

$\sin(\pi) = 0$ $\sin(\frac{1}{2}\pi) = 1$ $\sin(\frac{1}{3}\pi) \approx 0{,}87$ $\sin(\frac{5}{18}\pi) \approx 0{,}77$

$\sin(3{,}14) \approx 0$ $\sin(1{,}57) \approx 1$ $\sin(0{,}79) \approx 0{,}71$ $\sin(0{,}314) \approx 0{,}31$

5 Ein Feuerwehrfahrzeug hat eine 35 m lange Drehkorbleiter.
Diese ist in einer Höhe von 1,60 m angebracht.
Die Drehleiter wird bis zu einem Winkel von 45° aufgerichtet und dann voll ausgefahren.

a) Veranschauliche den Sachverhalt mithilfe einer Skizze.

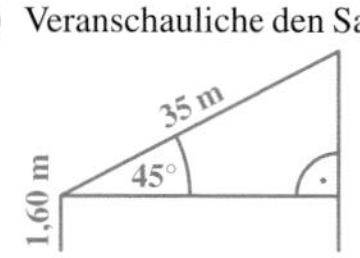

b) Kann mit dieser Leiter eine Person aus einer Höhe von 25 m gerettet werden?

$\sin(45°) = \frac{h}{35\,\text{m}}$ $h = \sin(45°) \cdot 35\,\text{m} \approx 24{,}75\,\text{m}$ $24{,}75\,\text{m} + 1{,}60\,\text{m} = 26{,}35\,\text{m}$

Ja, das ist möglich. Die Leiter reicht bis zu einer Höhe von rund 26 m.

c) Gib die erreichte Höhe h der Leiter als Funktion des Aufrichtungswinkels x an. $f(x) = 35 \cdot \sin(x) + 1{,}6$

Form- und Lageveränderungen der Sinusfunktionen

▶ Grundwissen

Der Graph von Funktionen der Form $f(x) = a \cdot \sin(b \cdot (x - d)) + c$ $(a \neq 1, b \neq 1; c \neq 0; d \neq 0)$ unterscheidet sich vom Graphen der Funktion $g(x) = \sin(x)$.
Die Parameter a, b, c und d verursachen folgende Veränderungen.

Beispiel:

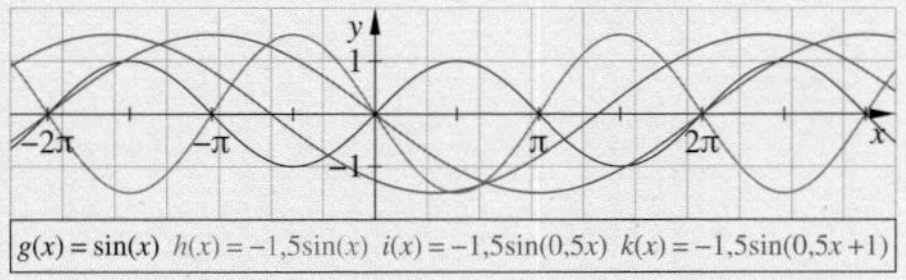

– a bewirkt die Streckung oder Stauchung in **Richtung der y-Achse** mit Faktor $|a|$.
Für $a < 0$ wird der Graph zusätzlich an der x-Achse gespiegelt.

– b bewirkt die Streckung oder Stauchung in **Richtung der x-Achse** mit Faktor $|\frac{1}{b}|$.
Für $b < 0$ wird der Graph zusätzlich an der y-Achse gespiegelt.

– d bewirkt die Verschiebung um d in **Richtung der x-Achse.**

– c bewirkt die Verschiebung um c in **Richtung der y-Achse.**

▶ Auftrag: Ergänze die Sätze.

Trainieren

1 Gegeben sind Graphen von Funktionen der Form $f(x) = a \cdot \sin(b \cdot x - d) + c$.
Vervollständige die Tabelle und beschrifte die Graphen.

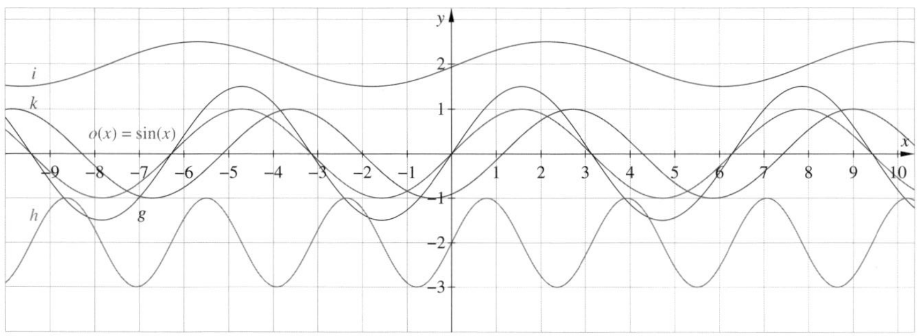

Einfluss der Parameter / Funktionsgleichungen	Streckung oder Stauchung in Richtung der …		Spiegelung an der …		Verschiebung in Richtung der …	
	x-Achse um	y-Achse um	x-Achse	y-Achse	x-Achse um	y-Achse um
$g(x) = \frac{3}{2}\sin(x)$	1	$\frac{3}{2}$	Nein	Nein	0	0
$h(x) = \sin(2x) - 2$	$\frac{1}{2}$	1	Nein	Nein	0	−2
$k(x) = -\sin(x + 2)$	1	1	Ja	Nein	−2	0
$i(x) = \frac{1}{2}\sin(-0{,}8x - 3) + 2$	1,25	$\frac{1}{2}$	Nein	Ja	3	2

2 Kreuze die passenden Funktionsgleichungen an.
Zusatzaufgabe: Zeichne die Graphen mit dynamischer Geometriesoftware.

a) Der Graph der Sinusfunktion ist um 5 nach unten geschoben.

☐ $f(x) = 5 + \sin(x)$ ☒ $g(x) = \sin(x) - 5$ ☐ $h(x) = \sin(x) + 5$ ☐ $i(x) = \sin(5x)$

b) Der Graph der Sinusfunktion ist um 6 nach rechts geschoben.

☐ $f(x) = \sin(x) + 6$ ☐ $g(x) = \sin(x) - 6$ ☒ $h(x) = \sin(x - 6)$ ☐ $i(x) = \sin(x - 7)$

c) Der Graph der Sinusfunktion wurde in Richtung der y-Achse auf $\frac{1}{7}$ gestaucht.

☒ $f(x) = \frac{1}{7} \cdot \sin(x)$ ☐ $g(x) = \sin(\frac{1}{7}x)$ ☐ $h(x) = 7 \cdot \sin(x)$ ☐ $i(x) = \sin(7x)$

d) Der Graph der Sinusfunktion wurde zuerst an der x-Achse und danach an der y-Achse gespiegelt.

☒ $f(x) = -\sin(-x)$ ☐ $g(x) = -\sin(x)$ ☐ $h(x) = \sin(-x)$ ☒ $i(x) = \sin(x)$

Anwenden und Vernetzen

3 Im folgenden Diagramm ist die Bewegung des Pendels einer Uhr dargestellt.
Vor der ersten Schwingung befindet sich das Pendel in der Mitte in Ruhestellung.

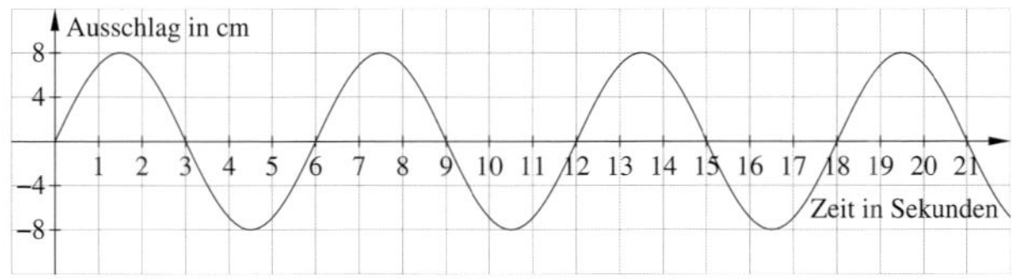

a) Wie groß ist der Abstand zwischen den Maximalausschlägen?

Der Abstand zwischen den Maximalausschlägen beträgt 16 cm (3 Sekunden).

b) Wie viele Schwingungen finden pro Stunde statt?

Eine Schwingung (von links nach rechts und zurück) dauert 6 Sekunden.

3600 s : 6 s = 600 **In einer Stunde finden 600 Schwingungen statt.**

4 Ergänze die entsprechenden Funktionsgleichungen.
Hinweis: Skizziere die Graphen der Funktionen auf einem zusätzlichen Blatt Papier oder mit dynamischer Geometriesoftware.

	Der Graph der Funktion $h(x) = x^2$…	Der Graph der Funktion $k(x) = \sin(x)$…
wurde an der x-Achse gespiegelt	$h_1(x) = -x^2$	$k_1(x) = -\sin(x)$
wurde an der y-Achse gespiegelt	$h_2(x) = x^2$	z. B. $k_2(x) = \sin(x - \pi)$
wurde zuerst an der x-Achse und danach an der y-Achse gespiegelt	$h_3(x) = -x^2$	$k_3(x) = \sin(x)$
wurde in y-Richtung um −5 verschoben	$h_4(x) = x^2 - 5$	$k_4(x) = \sin(x) - 5$
wurde in x-Richtung um 4 verschoben	$h_5(x) = (x - 4)^2$	$k_5(x) = \sin(x - 4)$
wurde in x-Richtung um −2 und um −7 in y-Richtung verschoben	$h_6(x) = (x + 2)^2 - 7$	$k_6(x) = \sin(x + 2) - 7$

Kapitel Quadratische Funktionen

1 Beschrifte die vorgegebenen Graphen und gib die Nullstellen an.

$y_1 = -3x^2$ Nullstellen: $x = 0$

$y_2 = x^2$ Nullstellen: $x = 0$

$y_3 = -x^2 + 4$ Nullstellen: $x_1 = 2; x_2 = -2$

$y_4 = -(x+3)^2 + 4$ Nullstellen: $x_1 = -5; x_2 = -1$

$y_5 = (x-3)^2$ Nullstellen: $x = 3$

$y_6 = -(x+2)^2 - 4$ Nullstellen: ______

$y_7 = 0{,}8(x-2{,}5)^2 + 1{,}5$ Nullstellen: ______

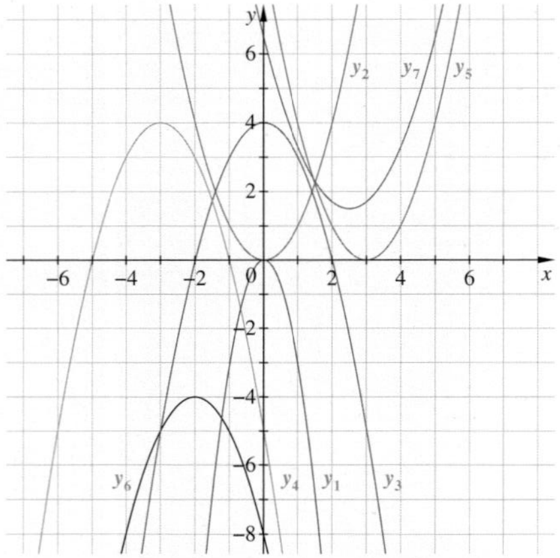

2 Ergänze die Tabelle.

Funktionsgleichung in allgemeiner Form	$f(x) = -x^2 - 16$	$f(x) = x^2 + 18x + 81$	$f(x) = 0{,}5x^2 + 6x$
Funktionsgleichung in Scheitelpunktform	$f(x) = -x^2 - 16$	$f(x) = (x+9)^2$	$f(x) = 0{,}5(x+6)^2 - 18$
Scheitelpunkt S	$S(0\|-16)$	$S(-9\|0)$	$S(-6\|-18)$
Öffnungsrichtung	nach unten geöffnet	nach oben geöffnet	nach oben geöffnet
Anzahl der Nullstellen	0	1	2
gestaucht oder gestreckt	keine	keine	gestaucht

3 Der Weg eines Wassertropfens durch die Luft lässt sich annähernd mit einer Gleichung beschreiben.

a) Kreuze die passende Gleichung an.
Hinweis: Welche Art von Funktion kommt infrage? Wie ist die Öffnung?

☐ $f(x) = 1{,}8(x-0{,}8)^2 + 1$ ☐ $f(x) = -1{,}8x - 1{,}0$ ☒ $f(x) = -1{,}8(x-1{,}25)^2 + 1$

b) Skizziere mithilfe einer Wertetabelle den Graphen zur passenden Gleichung aus Teilaufgabe **a**.

x						
y						

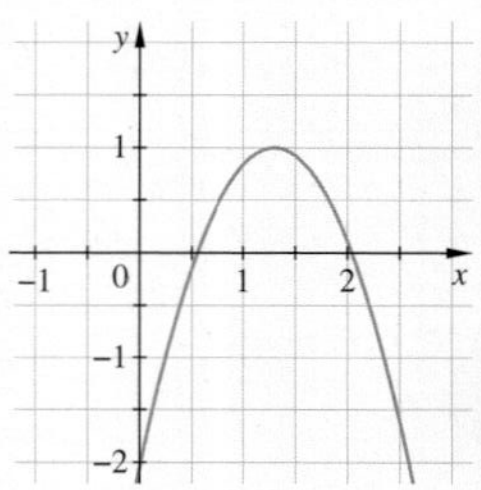

c) Ein Wassertropfen geht bei 1,5 m Höhe in die Luft. In welchem Abstand zu diesem Startpunkt erreicht er die gleiche Höhe?

Im Abstand von ca. 2,5 m erreicht er die Starthöhe.

Kapitel Quadratische Gleichungen

1 Kreuze jeweils alle Lösungen der quadratischen Gleichung an.

a) $a^2 = 9$ ☒ –3 ☐ –1 ☐ 0 ☐ 1 ☒ 3

b) $b^2 = -9$ ☐ –3 ☐ –1 ☐ 0 ☐ 1 ☐ 3

c) $c^2 - 4 = 0$ ☒ –2 ☐ –1 ☐ 0 ☐ 1 ☒ 2

d) $d \cdot (d+1) = 0$ ☐ –2 ☒ –1 ☒ 0 ☐ 1 ☐ 2

e) $(-2+e) \cdot (e-2) = 0$ ☐ –4 ☐ –2 ☐ 0 ☒ 2 ☐ 4

f) $-f^2 = 16 - 8f$ ☐ –4 ☐ –2 ☐ 0 ☐ 2 ☒ 4

2 Gib die Lösungen an.

a) $x^2 = 100$ Lösungen: 10; –10

b) $x^2 + 19 = 100$ Lösungen: 9; –9

c) $x \cdot (x - 1{,}75) = 0$ Lösungen: 0; 1,75

d) $(x - 8{,}7) \cdot (x + 1{,}7) = 0$ Lösungen: 8,7; –1,7

3 Wandle zuerst die Gleichungen in die Normalform $x^2 + px + q = 0$ um.
Gib danach p und q an.

a) $2x^2 + 72 - 0{,}8x = 10 \quad |-10$

$2x^2 - 0{,}8x + 62 = 0 \quad |:2$

$x^2 - 0{,}4x - 31 = 0$

$p = -0{,}4 \quad q = 31$

b) $3{,}6x = 2{,}4 + 4x^2 \quad |-3{,}6x$

$0 = 4x^2 - 3{,}6x + 2{,}4 \quad |:4$

$0 = x^2 - 0{,}9x + 0{,}6$

$p = -0{,}9 \quad q = 0{,}6$

4 Ermittle die Lösungen.

a) $0 = 2x^2 - 10x - 28 \quad |:2$

$0 = x^2 - 5x - 14$

$x_1 = \frac{5}{2} + \sqrt{\left(\frac{5}{2}\right)^2 + 14} = 7$

$x_2 = \frac{5}{2} - \sqrt{\left(\frac{5}{2}\right)^2 + 14} = -2$

Lösungen: 7; –2

b) $10x = x^2 + 9 \quad |-10x$

$0 = x^2 - 10x + 9$

$x_1 = \frac{10}{2} + \sqrt{\left(\frac{10}{2}\right)^2 - 9} = 9$

$x_2 = \frac{10}{2} - \sqrt{\left(\frac{10}{2}\right)^2 - 9} = 1$

Lösungen: 9; 1

5 In einem gleichschenkligen Trapez *ABCD* mit einem Flächeninhalt von 20 cm² ist die eine parallele Seite viermal so lang wie die andere und die Höhe ist doppelt so lang wie die kürzere Parallele.

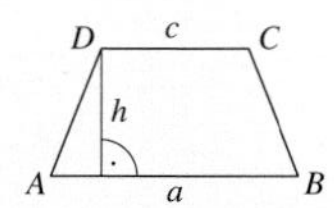

a) Berechne die Längen der zueinander parallelen Seiten a und c sowie die der Höhe h.
Hinweis: $A = \frac{a+c}{2} \cdot h$

$A = \frac{a+c}{2} \cdot h \quad c = 4a \quad h = 2a$

$20\,\text{cm}^2 = \frac{a+4a}{2} \cdot 2a$

$20\,\text{cm}^2 = \frac{a+4a}{2} \cdot 2a$

$20\,\text{cm}^2 = 5a^2 \quad |:5$

$4\,\text{cm}^2 = a^2$

$x_1 = 2 \quad a = 2\,\text{cm} \quad c = 8\,\text{cm} \quad h = 4\,\text{cm}$

$(x_2 = -2$ kommt als Maß nicht infrage.)

b) Zeichne das gleichschenklige Trapez *ABCD*.

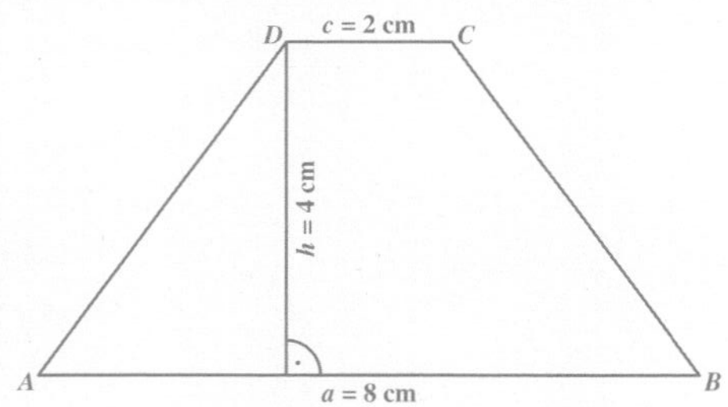

Kapitel **Potenzen, Wurzeln und Wachstum**

1 Ermittle jeweils, zwischen welchen natürlichen Zahlen das Ergebnis liegt.
Hinweis: Arbeite ohne Taschenrechner.

a) 7 < $\sqrt[2]{60}$ < 8, denn $7^2 = 49$ und $8^2 = 64$ **b)** 0 < $\sqrt[2]{0{,}6}$ < 1, denn $0^2 = 0$ und $1^2 = 1$

c) 2 < $\sqrt[4]{30}$ < 3, denn $2^4 = 16$ und $3^4 = 81$ **d)** 4 < $\sqrt[3]{90}$ < 5, denn $4^3 = 64$ und $5^3 = 125$

2 Gib die Größenangaben in Zehnerpotenzschreibweise in den gegebenen Einheiten an.

a) Masse der Erde

6 000 000 000 000 000 000 000 000 t = $6 \cdot 10^{24}$ t = $6 \cdot 10^{25}$ dt = $6 \cdot 10^{27}$ kg

b) Dicke eines Haares von Tim

0,06 mm = $6 \cdot 10^{-2}$ mm = $6 \cdot 10^{-3}$ cm = $6 \cdot 10^{-4}$ m = $6 \cdot 10^{-7}$ km

3 Lineares und exponentielles Wachstum

① $w_n = 2 + 0{,}25x$

n	0	1	2	3	4
w_n	2	2,25	2,5	2,75	3

② $w_n = 1{,}4^n$

n	0	1	2	3	4
w_n	1	1,4	1,96	2,744	3,8416

③ $w_n = 3 \cdot 0{,}5^n$

n	0	1	2	3	4
w_n	3	1,5	0,75	0,375	0,1875

④ $w_n = 4 - 0{,}75x$

n	0	1	2	3	4
w_n	4	3,25	2,5	1,75	1

a) Ermittle jeweils die fehlenden Werte und trage jeweils alle fünf Punkte im Koordinatensystem ein.

b) Ordne die Gleichungen den Tabellen zu und den Graphen. Gib jeweils die Art des Wachstums an.

$w_n = 1{,}4^n$ ②

positives exponentielles Wachstum

$w_n = 2 + 0{,}25x$ ①

positives lineares Wachstum

$w_n = 3 \cdot 0{,}5^n$ ③

negatives exponentielles Wachstum

$w_n = 4 - 0{,}75x$ ④

negatives lineares Wachstum

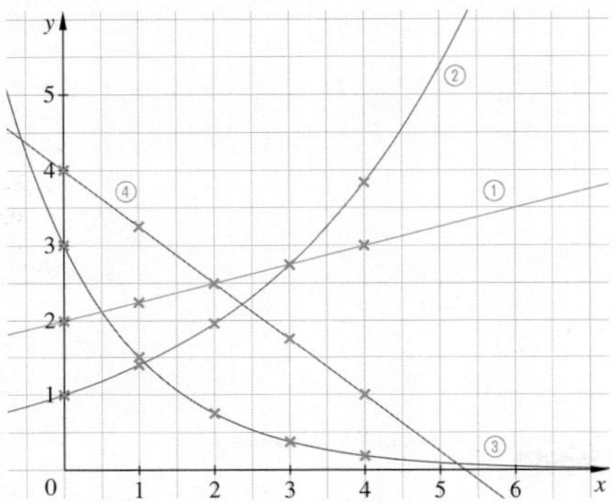

4 5 000 € werden zu einen Zinssatz von 6,5 % p. a. für 10 Jahre als Festgeld mit Zinseszins angelegt.
Stelle eine passende Formel auf. Ermittle damit den Betrag, der am Ende des 10-ten Jahres ausgezahlt wird.

$K_n = 5000\,€ \cdot 1{,}065^n$ $K_{10} = 5000\,€ \cdot 1{,}065^{10} \approx 9385{,}69\,€$

Am Ende der Laufzeit werden insgesamt 9 385,69 € ausgezahlt.

Kapitel **Pyramide, Kegel, Kugel**

1 Vervollständige die Schrägbilder.

a) 3 cm hohe, gerade quadratische Pyramide mit 4 cm langer Grundfläche

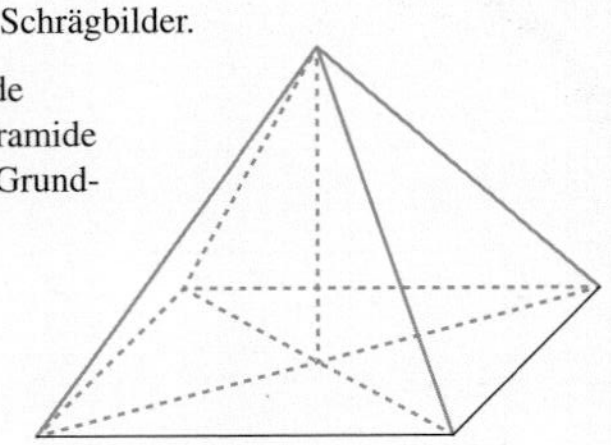

b) 3 cm hoher gerader Kegel mit 2 cm Radius

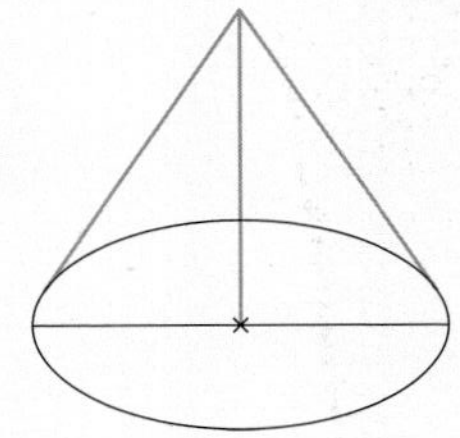

2 Entscheide, ob die Angaben sinnvoll sind. Wenn ja, ergänze die Größenangaben in der Tabelle.
Hinweis: Rechne gegebenenfalls auf einem zusätzlichen Blatt.

	Flächeninhalt der Grundfläche	Oberflächeninhalt	Volumen
6 cm hoher Kegel mit einem Grundflächenradius von 4 cm	50,27 cm²	140,88 cm²	100,54 cm³
6 cm hohe Pyramide mit quadratischer Grundfläche mit 5 cm langen Seiten	25,00 cm²	90,00 cm²	50,00 cm³
Kugel mit 6 cm Durchmesser		113,10 cm²	113,10 cm³

3

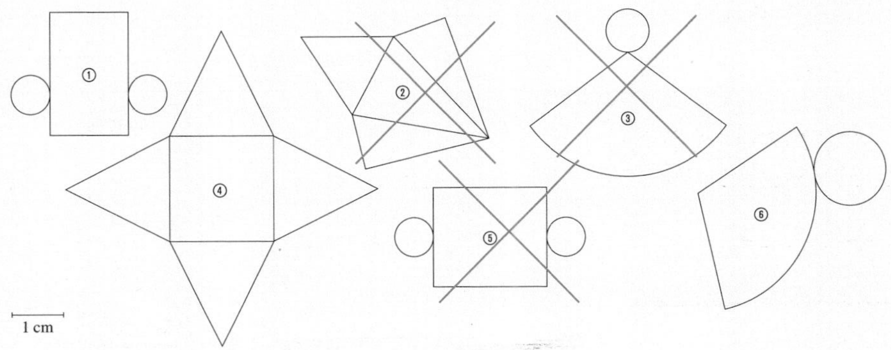

Streiche alle Zeichnungen durch, die keine Netze von Körpern darstellen.
Berechne die Größe der Oberfläche des passenden Kegels und der passenden Pyramide.

⑥ **Kegel:** $\pi \cdot (0{,}7\text{ cm})^2 + \pi \cdot 0{,}7\text{ cm} \cdot 2{,}3\text{ cm} \approx 6{,}60\text{ cm}^2 \approx 7\text{ cm}^2$

④ **Pyramide:** $(2\text{ cm})^2 + 4 \cdot \left(\frac{1}{2} \cdot 2\text{ cm} \cdot 2\text{ cm}\right) = 12\text{ cm}^2$

4 In einigen Geschäften wurden für Kunden Wasserspender aufgestellt. Um zu verhindern, dass volle Becher in den Regalen abgestellt werden, verwendet man kegelförmige Gefäße aus Papier. Ein Becher mit einem Durchmesser von 8 cm fasst maximal ca. 0,15 l Wasser.
Berechne seine Höhe.

$\frac{1}{3}\pi \cdot (0{,}4\text{ dm})^2 \cdot h = 0{,}15\text{ dm}^3$ $h \approx 0{,}9\text{ dm} = 9\text{ cm}$

Der Becher ist rund 9 cm hoch.

Kapitel **Trigonometrie**

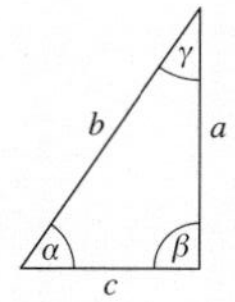

1 Die Skizze zeigt ein rechtwinkliges Dreieck mit $\beta = 90°$.

a) Ergänze die Sätze.

① β ist der rechte Winkel im Dreieck ABC. Die Hypotenuse ist die Seite b.

② Die Ankathete zum Winkel α im Dreieck ABC ist die Seite c. Die Gegenkathete ist die Seite a.

③ Die Ankathete zum Winkel γ im Dreieck ABC ist die Seite a. Die Gegenkathete ist die Seite c.

b) Kreuze alle zum Dreieck ABC passenden Formeln an.

☒ $\sin(\alpha) = \frac{a}{b}$	☐ $\sin(\alpha) = \frac{b}{a}$	☐ $\sin(\beta) = \frac{h}{a}$	☐ $\cos(\beta) = \frac{h}{a}$
☒ $\tan(\alpha) = \frac{a}{c}$	☒ $\sin(\gamma) = \frac{c}{b}$	☒ $\cos(\gamma) = \frac{a}{b}$	☒ $\tan(\gamma) = \frac{c}{a}$

2 Berechne mit einem Taschenrechner.

a) $\sin(25°) \approx$ 0,42 **b)** $\sin($ 62° $) \approx 0{,}88$ **c)** $\cos(42°) \approx$ 0,74 **d)** $\cos($ 56° $) \approx 0{,}56$

e) $\tan(56°) \approx$ 1,48 **f)** $\tan($ 65° $) \approx 2{,}14$ **g)** $\sin(28°) \approx$ 0,47 **h)** $\tan($ 82° $) \approx 7{,}11$

3 Ein Schiff fährt auf geradem Kurs an einer Insel vorbei.
Vom Bug (Vorderteil des Schiffsrumpfes) ist gegen 12:00 Uhr ein Leuchtturm unter einem Winkel von 50° zu sehen. Der Abstand von Schiff und Leuchtturm beträgt 3 km.
Später wird der Leuchtturm erneut angepeilt, diesmal unter einem Winkel von 150°.
Hinweis: Die passende Skizze ist nicht maßstabsgetreu.

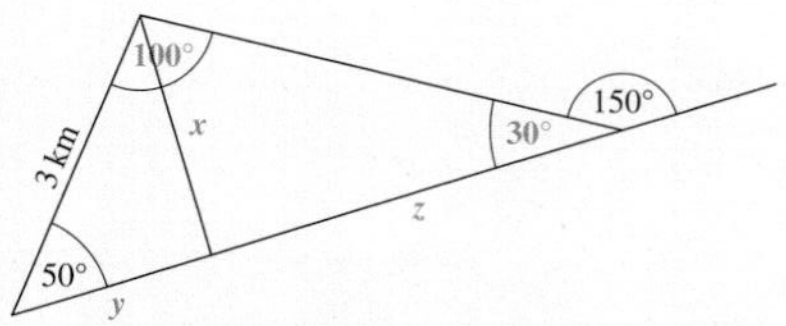

a) Gib die fehlenden Winkelgrößen im Dreieck ABC an.

b) Berechne den geringsten Abstand zwischen Schiff und Leuchtturm.
Wie weit ist das Schiff nach der ersten Peilung bis zum Punkt mit dem geringsten Abstand zwischen Schiff und Leuchtturm gefahren?
Wie lang ist die Strecke, die zwischen beiden Peilungen zurückgelegt wurde?

$\sin(50°) = \frac{x}{3\,km}$ $|\cdot 3\,km$ $\cos(50°) = \frac{y}{3\,km}$ $|\cdot 3\,km$ $\tan(30°) = \frac{2{,}30\,km}{z}$ $|\cdot z : \sin(30°)$

$2{,}30\,km \approx x$ $1{,}93\,km \approx y$ $z \approx 4\,km$

$4\,km + 1{,}95\,km \approx 6\,km$

Der geringste Abstand zwischen Schiff und Leuchtturm beträgt rund 2,3 km.

Er wird rund 1,9 km nach der ersten Peilung erreicht.

Rund 6 km wurden zwischen beiden Peilungen zurückgelegt.

Kapitel **Funktionale Zusammenhänge**

1 Funktionen beschreiben

a) Markiere jeweils alle Nullstellen, Tiefpunkte und Hochpunkte.
Gib das Steigungsverhalten an.
Lege zuvor Farben fest.

☐ Nullstellen
☐ Tiefpunkte
☐ Hochpunkte
☐ steigend
☐ fallend

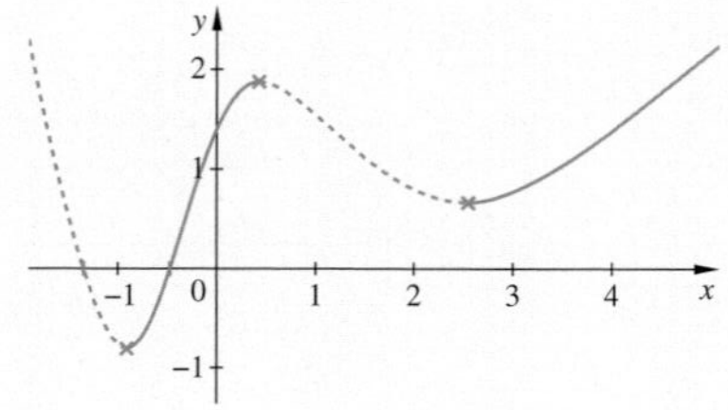

2 Exponentialfunktionen

a) Kreuze alle Gleichungen von Exponentialfunktionen an.

☐ $f(x) = 0{,}5x^2$ ☒ $g(x) = 0{,}5 \cdot 2^x$

☒ $h(x) = 2 \cdot 0{,}5^x$ ☒ $i(x) = 0{,}5^x$

b) Erstelle eine Wertetabelle zu $f(x) = 0{,}6^x$ und skizziere dazu den Graphen.

z. B.

x	−4	−2	0	2	4
y	7,7	2,78	1	0,36	0,13

c) Ermittle die mittleren Änderungsraten in den Intervallen.
Hinweis: Zeichne jeweils ein Steigungsdreieck ein.

$m[-4; 0] = -\frac{6{,}7}{4} \approx -1{,}68$

$m[1; 2] = -\frac{0{,}24}{1} = -0{,}24$

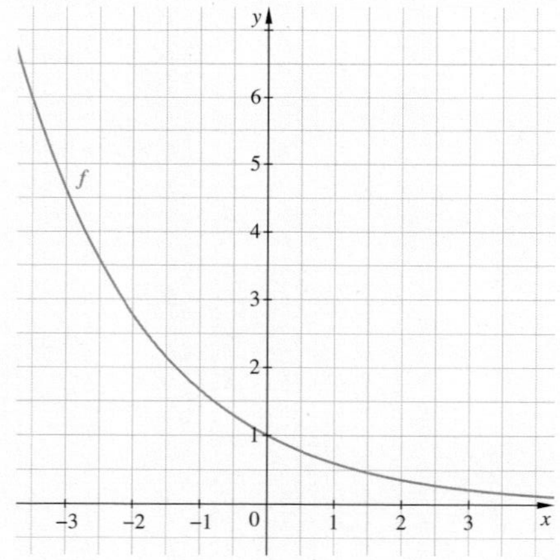

3 Ordne den Uhrzeiten (x) Höhendifferenzen (y) des 1 m langen Minutenzeigers zu.

x	00:00	02:00	05:00	07:00	10:00	12:00	14:00
y	1 m	0,5 m	−0,87 m	−0,5 m	0,5 m	1 m	0,5 m

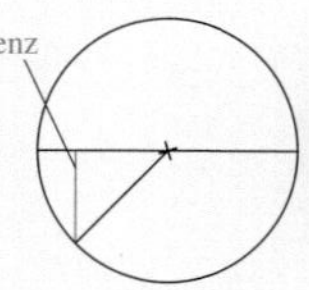

4 Im Koordinatensystem ist der Graph der Sinusfunktion vorgegeben.
Zeichne die Graphen folgender Funktionen in das Koordinatensystem ein. $f(x) = 2\sin(x)$ $g(x) = \sin(2x)$

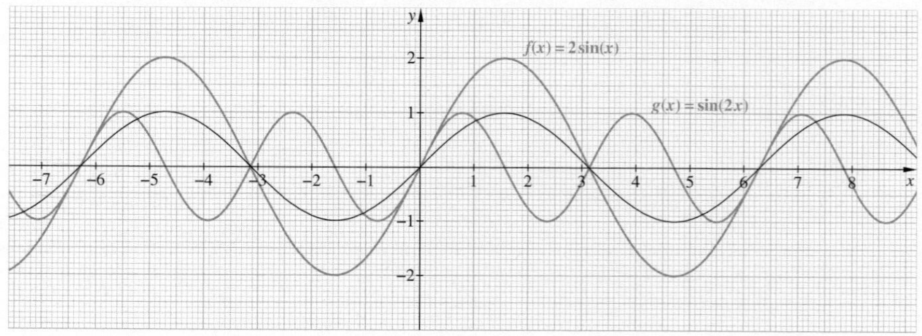

Beispielaufgaben **Basiskompetenzen**
Hinweis: Löse die Aufgaben ohne Taschenrechner und Formelsammlung.

Grundrechenarten ☺ 😐 ☹

1 Kreuze die richtigen Antworten an.

a) 27 937 : 7 = …	☐ 39 991	☒ 3 991	☐ 399,1	☐ 39,91
b) 4,07 · 13 = …	☒ 52,91	☐ 5,291	☐ 52,7	☐ 40,21
c) 19,32 ist das Ergebnis von …	☐ 5,57 + 14,75	☒ 6,9 · 2,8	☒ 48,3 : 2,5	☒ 27,1 – 7,78
d) Das größte Ergebnis hat …	☐ –14,1 : 2,2	☒ 27,1 · 1,05	☐ –1,9 + (–2)	☐ 3 + (–2 · –2)
e) Rund 2,1 ist …	☒ 2,0732	☐ 2,0449	☐ 2,151	☒ 2,1459
f) Den kleinsten Wert hat …	☐ 3,1 · 0,2	☒ 3,1 : (–0,2)	☒ –3,1 · 5	☐ 3,1 · (–0,2)

2 Löse die Aufgaben.
Hinweis: Rechne, wenn nötig, auf einem zusätzlichen Blatt.

a) Berechne.

79,8 : 1,4 = 57 2,456 – 24,5 = –22,044 35 – 6,25 · 2,4 = 20 29,4 : (–2) – 1,8 = –16,5

625,1 · 1,1 = 687,61 512,47 + 2,511 = 514,981 21,5 · 17 = 365,5 235,4 : 2354 = 0,1

b) Vergleiche. (1 455 + 8 633) · 4,2 < 42 370 2,14 · 5,25 > 13,1 + (–1,865)

c) Ergänze Klammern so, dass die Aussage wahr ist. (14,24 – 15,49) · 8 = –10 7 · (3 + 2,4 : (6 – 1)) = 24,36

Größen ☺ 😐 ☹

3 Kreuze die richtigen Antworten an.

a) Länger als 8 h dauern …	☐ 20 000 s	☒ 500 min	☒ 0,4 Tage	☐ 400 min
b) 127 kg = …	☒ 0,127 t	☒ 127 000 g	☐ 172 000 g	☐ 1,27 t
c) Die Grundfläche einer 2-€-Münze hat ca. 0,052 …	☐ mm²	☐ cm²	☐ cm	☒ dm³
d) Zwischen 9:42 Uhr und 14:21 Uhr liegen …	☐ 16 740 s	☐ 439 min	☒ 279 min	☒ 4 h 39 min
e) Meine Mitschüler laufen 100 m in etwa …	☐ 2 h 14 min	☐ 2,3 km	☐ 97 kg	☒ 0,25 min

4 Löse die Aufgaben.

a) Vergleiche.

0,2 g > 51 mg 0,12 km < 12 000 dm 7 l > 700 cm³ 350 l = 0,35 m³

b) Wandle um. 1,3 h = 4680 s 120 dm = 0,012 km

c) Ordne 833 dm, 38,3 m und 0,338 km. 38,3 m < 833 dm < 0,338 km

d) Berechne den Unterschied von –1,6 km und 325 m. 325 – (–1 600) = 1 925 m = 1,925 km

e) Ein Mensch ist 135 873 Stunden alt. Gib sein Alter in Jahren und Sekunden an.

135 873 : (365,25 · 24) = 15,5 135 873 · 60 = 8 152 380

Er ist $15\frac{1}{2}$ Jahre alt. Das sind 8 152 380 Sekunden.

Brüche und Prozente ☺ 😐 ☹

5 Kreuze die richtigen Antworten an.

a) Statt 0,22 kann man auch schreiben …	☐ $\frac{1}{22}$	☒ $\frac{22}{100}$	☐ 2,2 %	☒ $\frac{11}{50}$
b) $\frac{288}{480}$ ist gekürzt …	☒ $\frac{3}{5}$	☐ $\frac{24}{36}$	☐ $\frac{12}{15}$	☒ $\frac{24}{40}$
c) $\frac{36}{144}$ = …	☒ 25 %	☐ $\frac{17}{70}$	☒ $\frac{38}{152}$	☒ $\frac{18}{72}$
d) $\frac{1}{2}+\frac{1}{4}\cdot 2-\frac{14}{5}:4$ = …	☒ $\frac{3}{10}$	☐ $\frac{360}{12}$	☒ 30 %	☐ 2
e) Zwischen $\frac{3}{7}$ und $\frac{5}{7}$ liegen …	☐ $\frac{17}{17}$	☒ 49,3 %	☒ $\frac{11}{17}$	☐ $\frac{4}{5}$
f) Größer als 0,49 sind …	☐ $\frac{2}{5}$	☒ $\frac{5}{2}$	☐ 49 %	☒ $\frac{13}{25}$
g) $\frac{15}{12}\cdot 24\,\%$ = …	☒ $\frac{3}{10}$	☐ $\frac{360}{12}$	☒ 30 %	☐ 2 %
h) Der Preis von 27 € wird um 30 % reduziert auf …	☒ 18,90 €	☐ 24,00 €	☐ 30 %	☒ 70 %
i) Aus 1 000 € werden mit Zinseszins bei 5 % p. a. in $2\frac{1}{2}$ Jahren rund …	☒ 1 130 €	☐ 2 049 €	☐ 3 457	☐ 4 550 €

6 Beiträge in einem Sportverein

	A	B	C	D	E
1		Jugendliche (5 €)	Erwachsene (9 €)	Anteil in %	Summe in €
2	Fußball	50	46	37,5	664
3	Volleyball	33	63	37,5	732
4	Sonstige	32	32	25,0	448
5	Insgesamt	115	141	100,0	1844

a) Ergänze die Tabelle.

b) Gib das Feld mit dem passenden Wert zu „= B2*5+C2*9“ an.

Feld E2

c) Gib jeweils eine Formel zur Berechnung der Werte an.

z. B.
Feld D2: =(B2+C2)/(B5+C5)*100

z. B.
Feld D5: =SUMME(D2:D4)

d) Ordne nach der Größe. Beginne mit dem kleinsten Wert.

0 $\frac{1}{2}$ $-\frac{1}{2}$ –1,5 $-1\frac{1}{5}$ 0,75 100 % $2\cdot 10^5$ $8\cdot 10^{-6}$ $\frac{5}{4}$

$-1{,}5 < -1\frac{1}{5} < -\frac{1}{2} < 0 < 8\cdot 10^{-6} < \frac{1}{2} < 0{,}75 < 100\,\% < \frac{5}{4} < 2\cdot 10^5$

Terme mit Klammern und Formeln ☺ 😐 ☹

7 Kreuze die richtigen Antworten an.

a) x^2-4 = …	☒ $(x-2)(x+2)$	☐ $(x-2)^2+4x$	☒ $x\left(x-\frac{4}{x}\right)$	☐ $4(x^2-1)$
b) Wenn die Formel $v=\frac{s}{t}$ gilt, gilt auch …	☐ $t=\frac{v}{s}$	☐ $t=s\cdot v$	☒ $t=\frac{s}{v}$	☒ $s=v\cdot t$
c) $(a+3-b)(a+b)-3(a+b)$ = …	☒ a^2-b^2	☒ $(a-b)(a+b)$	☐ $(a+b)$	☐ $(a+3-b)$
d) Zur Zahlenfolge 12; 30; 60 … passt …	☐ $12x^2$	☒ x^3+11x	☒ $6x^2+6$	☐ $6\cdot 2^x$
e) Die nächste Zahl in der Zahlenfolge ist … –0,1; 0,3; -0,6; 0,9; –1,5	☐ 1,8	☒ –1,8	☐ 2	☐ $6\cdot 2^x$

8 Löse die Aufgaben.

b) Stelle die Formel $s=0{,}5\cdot a\cdot t^2$ nach t um. $t=\sqrt{\frac{2s}{a}}$

a) Schreibe ohne Klammern so kurz wie möglich.

$(x-y)(y-z)-y(z+x) = xy-y^2-xz+yz-yz-yx=-y^2-xz$

c) Klammere möglichst viel aus. $18\,txz^2+6\,tvxz-9\,vxz = 3xz\,(6tz+2tv-3v)$

Potenzen

9 Kreuze die richtigen Antworten an.

a) $0{,}5^2 = \dots$	☐ 1	☒ 0,25	☒ $\frac{1}{2^2}$	☐ 0,52
b) $2^3 = \dots$	☒ 8	☐ 3^2	☐ 6	☒ $\sqrt{64}$
c) $2^x = 64$ $x = \dots$	☒ $\sqrt{36}$	☐ 32	☒ 6	☐ 2^5
d) Welche Aussagen sind wahr?	☐ $\sqrt{\frac{4}{9}} = \frac{2}{9}$	☒ $\sqrt{47^2} = 47$	☒ $\sqrt{\frac{12}{13}} = \frac{\sqrt{12}}{\sqrt{13}}$	☐ $\sqrt{x^6} = x^4$
e) Den größten Wert hat …	☐ $2 \cdot 4^2$	☐ $2 \cdot 2^4$	☐ $\sqrt{2048}$	☒ $(2 \cdot 4)^2$
f) 48 ist der Wert von …	☒ $1{,}5 \cdot 2^5$	☐ $0{,}48 \cdot 10^3$	☒ $0{,}048 \cdot 10^5$	☐ 2^6
g) $1{,}07 \cdot 10^5 = \dots$	☒ 107 000	☐ 10 700	☒ $107 \cdot 10^3$	☒ $0{,}107 \cdot 10^6$

10 Löse die Aufgaben.

a) Ermittle die Lösung von $2^x = 32$. **5 ist die Lösung.**

b) Setze Klammern, sodass die Rechnung stimmt. $((7 + 3) \cdot 3)^2 - (2 \cdot 5)^3 = -100$

c) Schreibe sieben Millionstel als Bruch, als Dezimalzahl und in Zehnerpotenzschreibweise. $\frac{7}{1\,000\,000} = 0{,}000\,000\,7 = 7 \cdot 10^6$

d) Vergleiche die Werte. 7^4 < 4^7 $0{,}2^3$ > $0{,}2^5$

Proportionale und antiproportionale Zuordnungen

11 Kreuze an, ob die Zuordnung im Alltag meist proportional (p), antiproportional (a) oder keines von beidem (k) ist.

Ein 5-Jähriger ist 1,12 m groß. Wie groß wird er mit 10 Jahren sein?	☐ p	☐ a	☒ k
Ein Stück Kuchen kostet 1,20 €. Wie viel kosten 3 Stück Kuchen dieser Sorte?	☒ p	☐ a	☐ k
Ein Sack Futter reicht für 7 Hühner 6 Wochen. Wie lang reicht er für 10 Hühner?	☐ p	☒ a	☐ k

12 Löse die Aufgaben.

a) Eine Firma plant 6 Maler für 24 Tage für ein Projekt ein. Dem Auftraggeber dauert dies zu lange, deshalb werden vor dem Beginn der Arbeiten zwei weitere Mitarbeiter hinzugezogen. Wie lange dauert das Projekt?

Das Projekt dauert 18 Tage.

b) In einem 2,5 m hohen quaderförmigen Raum sollen alle Wände zweimal gestrichen werden. Sie sind 6,5 m und 4,5 m lang. Die Tür ist ca. 2 m hoch und 1 m breit. Das Fenster ist ca. 1,3 m hoch und 3 m breit. Ein Eimer der gewünschten Farbe reicht für ca. 25 m². Berechne, wie viele Eimer gekauft werden sollten.

$2{,}5\,\text{m} \cdot 2 \cdot (6{,}5\,\text{m} + 4{,}5\,\text{m}) = 2{,}5\,\text{m} \cdot 20\,\text{m} = 50\,\text{m}^2$ $50\,\text{m}^2 - 1\,\text{m}^2 - 3{,}9\,\text{m}^2 = 45{,}1\,\text{m}^2$ $45{,}1\,\text{m}^2 \cdot 2 = 90{,}2\,\text{m}^2$

Vier Eimer sollten gekauft werden.

c) Unter welcher Bedingung ist eine lineare Funktion eine proportionale Zuordnung?

Wenn der Funktionswert von 0 gleich 0 ist, der Graph der Funktion also durch den Ursprung geht.

Funktionen

13 Kreuze die richtigen Antworten an.

a) Auf dem Graphen von $y = x - 2$ liegen …	☐ $P(2\|6)$	☒ $Q(0\|-2)$	☐ $R(15\|10)$	☐ $S(6\|2)$
b) Gleichungen von linearen Funktion sind …	☒ $f(x) = \frac{5}{6}$	☐ $f(x) = x^2 + 1$	☒ $f(x) = 2x + 1$	☐ $\frac{2}{3}$

14 Löse die Aufgaben.

a) Beschrifte die Graphen der Funktionen.

$y_1 = 2x$ $y_2 = x + 2$
$y_3 = (x - 1{,}5)^2 + 2$ $y_4 = x^2 - 2$
$y_5 = 2\sin x$ $y_6 = 2^x$

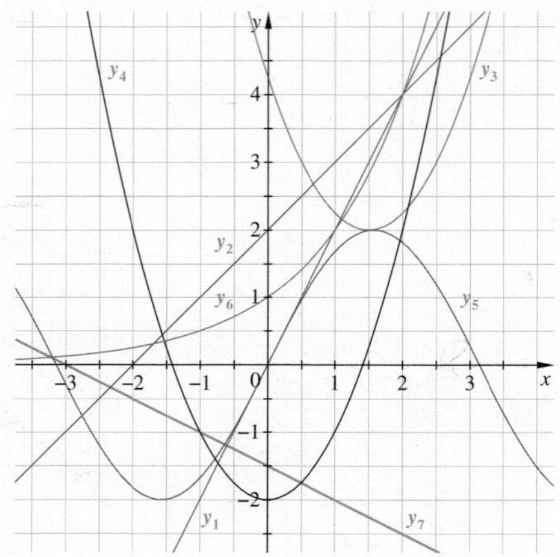

b) Markiere alle Nullstellen.

c) Gib die Funktionstypen beider Funktionen an.

$y_2 = x + 2$ **lineare Funktion**

$y_3 = (x - 1{,}5)^2 + 2$ **quadratische Funktion**

d) Untersuche auf Symmetrie und ergänze.

$y_4 = x^2 - 2$ ist **achsensymmetrisch**

$y_5 = 2\sin(x)$ ist **punktsymmetrisch**

e) Ergänze zuerst die Wertetabelle zu $f(x) = -0{,}5x - 1{,}5$. Zeichne danach den Graphen der Funktion.

x	−4	−2	−1	0	1	3	4
y	0,5	−0,5	−1	−1,5	−2	3	3,5

Daten und Zufall

15 Kreuze die richtigen Antworten an.

a) Wie viele verschiedene vierstellige Zahlen gibt es?	☒ 10^4	☐ 9999	☐ 4^{10}	☐ 1 000
b) Mit welcher Wahrscheinlichkeit fällt bei einem regulären Spielwürfel eine Zahl, die kleiner als 3 ist?	☐ 0,2	☒ $0{,}\overline{3}$	☐ $\frac{1}{2}$	☒ $\frac{1}{3}$

16 Löse die Aufgaben.

a) Schreibe alle dreistelligen Zahlen, in denen die „3“, „5“ und „7“ genau einmal vorkommen, geordnet auf.

357 < 375 < 537 < 573 < 735 < 753

b) Wie groß ist die Wahrscheinlichkeit, mit dem Spielwürfel zu Netz ① eine „1“ zu würfeln? **0,5**

c) Bei 500 Würfen ist 172-mal eine „3“ gefallen. Welches Würfelnetz passt dazu? **①**

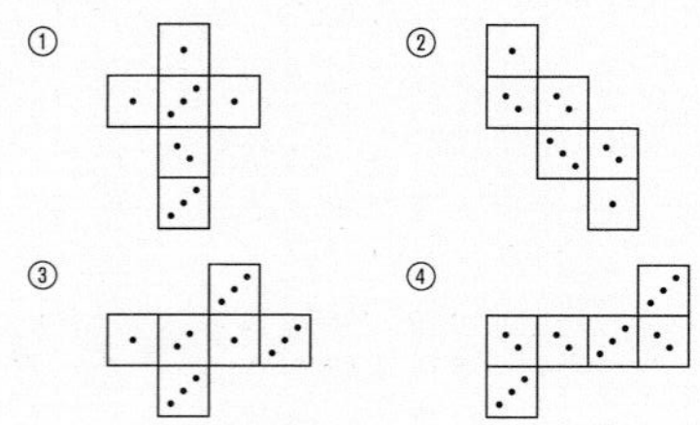

Winkel und Flächen

17 Kreuze die richtigen Antworten an.

a) Spitze Winkel sind … ☒ $\alpha = 40°$ ☐ $\beta = 130°$ ☒ $\gamma = 44°$ ☐ $\delta = 85°$

b) Überstumpfe Winkel sind … ☐ $\alpha = 91°$ ☒ $\beta = 181°$ ☒ $\gamma = 355°$ ☐ $\delta = 180°$

c) Jedes Quadrat ist auch eine Raute. ☒ wahr ☐ falsch

d) Jedes Quadrat ist auch ein Rechteck. ☒ wahr ☐ falsch

e) Jede Raute ist auch ein Rechteck. ☐ wahr ☒ falsch

f) Es gibt Dreiecke mit zwei rechten Winkeln. ☐ wahr ☒ falsch

g) Es gibt Vierecke mit drei stumpfen Winkeln. ☒ wahr ☐ falsch

h) Es gibt Vierecke mit zwei überstumpfen Winkeln. ☐ wahr ☒ falsch

18 Löse die Aufgaben.

a) Das Dreieck *ABC* ist gleichschenklig.
Ermittle die Größe von α.
Hinweis: Die Skizze ist nicht maßstabsgetreu.

$\alpha = 67°$

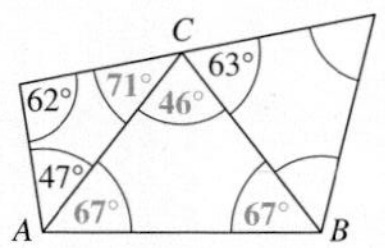

b) Gib den Flächeninhalt der unteren Figur an. $A = 15{,}875\ cm^2$

c) Gib den Umfang der unteren Figur an.
Runde auf volle Zentimeter. $u = 22\ cm$

d) Zeichne ein Quadrat und ein Dreieck mit gleich großem Flächeninhalt wie bei der unteren Figur.

individuelle Lösung

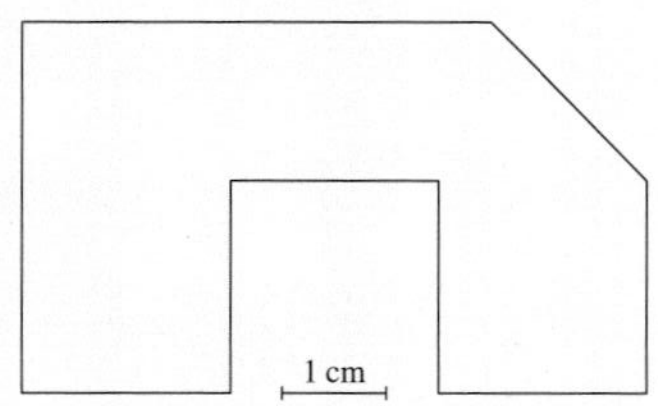

e) Ein Quadrat ist im Maßstab 1 : 1 genau $4\ cm^2$ groß.
Wie groß erscheint die Fläche im Maßstab 3 : 1?
Begründe deine Antwort.

Ein Quadrat mit 2 cm langen Seiten ist $4\ cm^2$ groß. Im Maßstab 3 : 1 erscheinen die Seiten 6 cm lang.

Ein Quadrat mit 6 cm langen Seiten ist $36\ cm^2$ groß.

f) 160 Personen durften sich für eine von vier Farben entscheiden.
Veranschauliche die Angaben in einem Kreisdiagramm.

Blau	Rot	Grün	Gelb
26	40	46	48

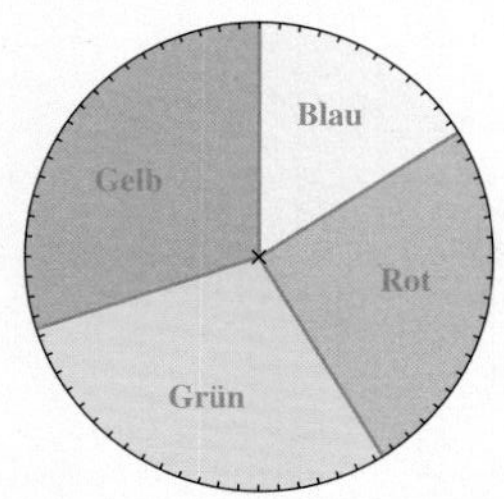

Körper

19 Kreuze die richtigen Antworten an.

a) Volumeneinheiten sind … ☒ l ☐ m^2 ☒ cm^3 ☐ kg

b) Ein Würfel mit 8 cm Kantenlänge ist … groß. ☒ $512\ cm^3$ ☒ $0{,}512\ dm^3$ ☒ 512 ml ☒ 0,512 l

c) Ein rechtwinkliges Dreieck rotiert um eine Kathete.
Welche Form hat der dadurch entstehende Körper? ☐ Quader ☐ Zylinder ☒ Kegel ☐ Prisma

20 Löse die Aufgaben.

a) Gib die gesuchten Größen an.

Kantenlängen: $a = 4\ cm$

$b = 3\ cm$

$c = 2\ cm$

Grundfläche: $G = 12\ cm^2$

Volumen: $V = 24\ cm^2$

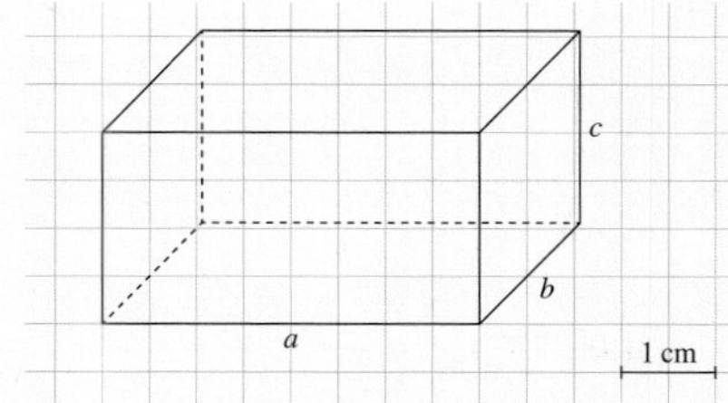

b) Vervollständige zum Schrägbild eines Quaders mit dem Volumen $20\ cm^3$.

c) Wie viele Würfel mit 5 mm Kantenlänge passen in den $20\ cm^3$ großen Quader?

$8 \cdot 20 = 160$ 160 Würfel passen in den Quader.

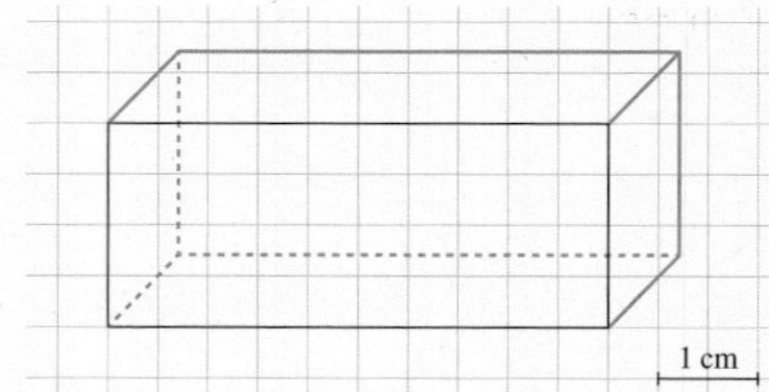

d) Stell dir vor, dass unter einem gleichmäßig tropfenden Wasserhahn jeweils eins der Gläser steht.
Jedes der sehr dünnwandigen Gläser ist insgesamt 20 cm hoch. Beide Glasstiele sind 9 cm lang.
Die Öffnungen oben haben 8 cm Durchmesser bzw. 8 cm lange Diagonalen.
Ordne zuerst mit Linien jedem Glas eine Bezeichnung für seine Form und eine Füllkurve zu.
Schätze danach, wie viel Milliliter drei der vier Gläser fassen können.

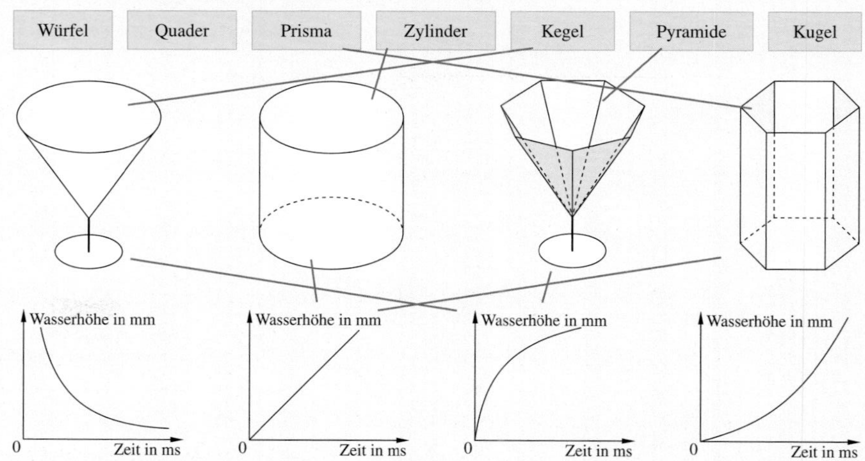

$V_{Kegel} \approx 200$ ml $V_{Zylinder} \approx 1000$ ml = 1 l $V_{Pyramide} \approx 1200$ ml = 1,2 l $V_{Prisma} \approx 180$ ml

Beispielaufgaben Komplexere Aufgaben

Hinweis: Formelsammlung und Taschenrechner sind erlaubt. Rechne, wenn nötig, auf einem zusätzlichen Blatt.

1 Das fast rechteckige Badezimmer soll gefliest werden. Die Bereiche für Dusche und Badewanne werden dabei ausgespart.
Hinweis: Entnimm benötigte Maße der nicht maßstabsgetreuen Skizze.

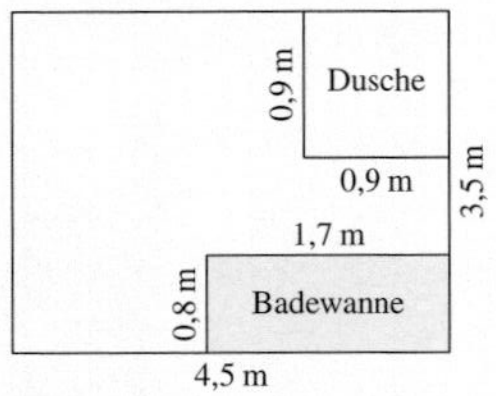

a) Gib die zu fliesende Fläche in Quadratmetern an.

3,5 m · 4,5 m – 0,9 m · 0,9 m – 0,8 m · 1,7 m = 13,58 m²

Die zu fliesende Fläche ist ca. 13,6 m² groß.

b) Beim Verlegen von Fliesen ist mit ca. 15 % Verschnitt zu rechnen.
Wie viele Quadratmeter Fliesen sollte man kaufen?

13,6 m² · 1,15 = 15,64 m² **Mindestens 15,64 m² Fliesen sind zu kaufen.**

2 Die Brüder Kolöhr sollen ein Haus streichen. Dafür haben sie zwei Leitern.
Die kürzere Leiter steht 2 m vom Haus entfernt auf dem Boden und trifft die Fassade auf halber Höhe in einem Winkel von 30°.
Die längere Leiter reicht bis zum Rand des Daches, wenn man sie 1 m von der Wand entfernt aufstellt.

a) Berechne die Länge der kürzeren Leiter und die Höhe der Hausfassade.

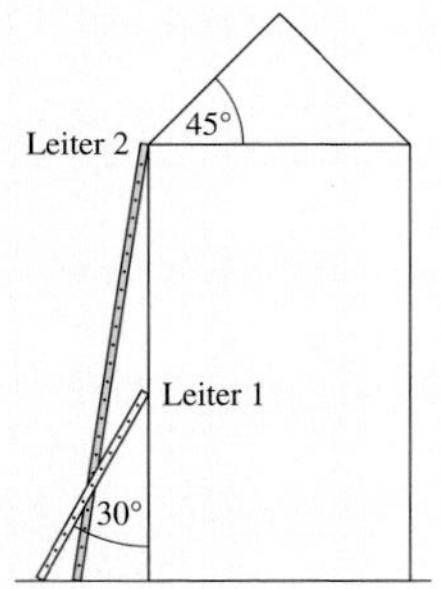

$\sin(30°) = \frac{2\,m}{x}$ $x = 4\,m$ Die kürzere Leiter ist 4 m lang.

$\tan(30°) \approx \frac{2\,m}{y}$ $y \approx 3{,}46\,m$ Die Fassade ist etwa 6,93 m hoch.

b) Wie lang ist die längere Leiter? In welchem Winkel trifft sie auf die Hausfassade? Ist die Leiter zum Streichen der Fassade am Dach geeignet?

$x^2 = (1\,m)^2 + (6{,}93\,m)^2$ $x \approx 7\,m$ Die längere Leiter ist 7 m lang.

$\sin(\alpha) = \frac{1\,m}{7\,m}$ $\alpha \approx 8{,}21°$ Der Winkel beträgt etwa 8,21°.

Die Leiter ist nicht geeignet, da sie bei diesem Winkel schnell umkippen kann.

c) Das Dach hat eine Neigung von 45° und das Haus ist an der Giebelseite 7 m lang.
Berechne, wie hoch das Haus samt Dach ist.

$\tan(45°) = \frac{x}{\frac{7}{2}}$ $x = 3{,}5\,m$ 3,5 m + 6,93 m = 10,43 m

Das Haus ist samt Dach etwa 10,43 m hoch.

3 Die Skizze zeigt den Querschnitt einer Glaskaraffe mit runder Grundfläche.

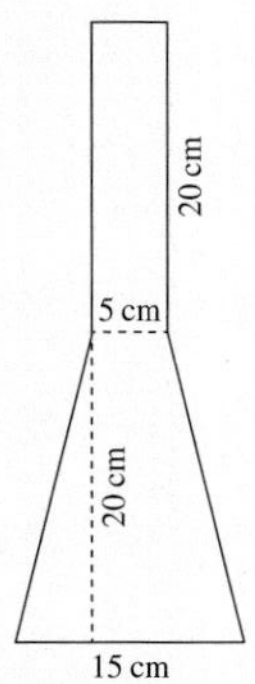

a) Passen 2 l Wasser in die Karaffe? Begründe deine Antwort mit einer Rechnung.

$V = \left(\frac{0{,}5\,dm}{2}\right)^2 \cdot \pi \cdot 2\,dm + \left(\left(\frac{1{,}5\,dm}{2}\right)^2 \cdot \pi \cdot 3\,dm - \left(\frac{0{,}5\,dm}{2}\right)^2 \cdot \pi \cdot 1\,dm\right) : 3 \approx 2{,}09\,dm^3 = 2{,}09\,l$

In die Karaffe passen gerade so 2 l Wasser.

b) Die Karaffe steht unter einem Wasserhahn, aus dem 0,4 ml Wasser in je 12 Sekunden tropfen. Nach wie vielen Stunden ist 1 l Wasser darin, wenn sie am Anfang leer war?

1 l = 1000 ml 0,4 ml → 12 s; 1 ml → 30 s (= 0,5 min); 1000 ml → 500 min ($= 8\frac{1}{3}$ h)

Nach 8 Stunden und 20 Minuten ($8\frac{1}{3}$ h) ist 1 l Wasser darin.

4 Gegeben sind Graphen quadratischer Funktionen.

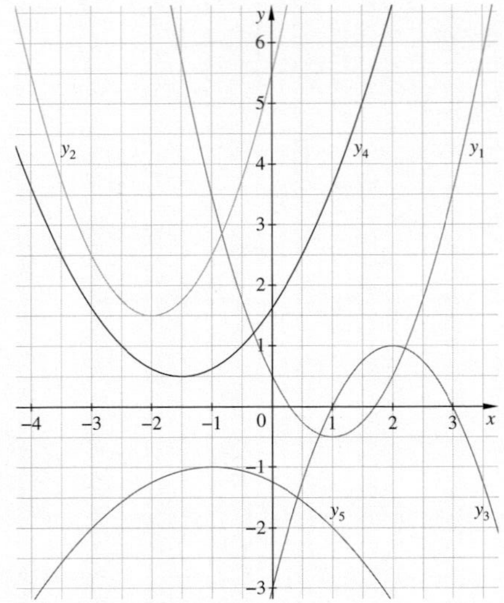

a) Kreuze Zutreffendes an.

	y_1	y_2	y_3	y_4	y_5
Die Parabel ist weder gestaucht noch gestreckt.	×	×	×		
Der Faktor vor x^2 ist negativ.			×		×

b) Gib zu allen fünf Graphen die Funktionsgleichung zuerst in Scheitelpunktform und danach in Normalform an.

$y_1 = (x-1)^2 - 0{,}5 = x^2 - 2x + 0{,}5$

$y_2 = (x+2)^2 + 1{,}5 = x^2 + 4x + 5{,}5$

$y_3 = -(x-2)^2 + 1 = -x^2 + 4x - 3$

$y_4 = 0{,}5 \cdot (x+1{,}5)^2 + 0{,}5 = 0{,}5x^2 + 1{,}5x + 1{,}625$

$y_5 = -0{,}25 \cdot (x+1)^2 - 1 = -0{,}25x^2 - 0{,}5x - 1{,}25$

5 Die Mitglieder eines Sportvereins verteilen sich auf PKWs und Kleinbusse.
In einem PKW sind je 4 Personen, im Kleinbus je 7. Am Ende fahren die 59 Personen mit 11 Fahrzeugen.

a) Gib ein Gleichungssystem zur Berechnung der Anzahl der PKWs (p) und der Kleinbusse (b) an.

b) Löse das Gleichungssystem und gib an, wie viele PKWs und Kleinbusse fahren.

I	$4 \cdot p + 7 \cdot b = 59$		
II	$p + b = 11$	$(p = 11 - b)$	
	$4 \cdot (11 - b) + 7 \cdot b = 59$		
	$44 - 4b + 7 \cdot b = 59$	$\vert -44$	
	$3b = 15$	$\vert :3$	$p + 5 = 11$ $\vert -44$
	$b = 5$		$p = 6$

Es fahren 6 PKWs und 5 Kleinbusse.

6 Berechne die Lösungen der quadratischen Gleichungen.

a) $x^2 + 6x + 9 = 0$
z. B.
$x_1 = -\frac{6}{2} + \sqrt{\left(\frac{6}{2}\right)^2 - 9} = -3 + 0 = -3$ $x_2 = -\frac{6}{2} - \sqrt{\left(\frac{6}{2}\right)^2 - 9} = -3 - 0 = -3$ Lösung: –3

b) $x^2 + x - 2 = 0$
z. B.
$x_1 = -\frac{1}{2} + \sqrt{\left(\frac{1}{2}\right)^2 + 2} = -0{,}5 + 1{,}5 = 1$ $x_2 = -\frac{1}{2} - \sqrt{\left(\frac{1}{2}\right)^2 + 2} = -0{,}5 - 1{,}5 = -2$ Lösungen: 1; –2

7 Aus einer kreisförmigen Baumscheibe mit einem Umfang von 3,2 m soll eine möglichst große quadratische Tischplatte ausgeschnitten werden.

a) Wie lang ist die Diagonale der Tischplatte? Wie lang und breit ist die Tischplatte?

$3{,}2\,m = \pi \cdot d$ $d \approx 1{,}02\,m$ Die Diagonale der Tischplatte ist etwa 1 m lang.

$1{,}02\,m^2 = x^2 + x^2$ $x \approx 0{,}71\,m$ Die Tischplatte ist 0,71 m lang und breit.

b) Die Tischplatte ist 3,5 cm dick. Das Eichenholz, aus dem sie gefertigt wird, hat eine Dichte von $680\,\frac{g}{l}$.
Berechne, wie viel Kilogramm die fertige Tischplatte schwer sein wird.

0,35 dm · 7,1 dm · 7,1 dm = 17,6435 dm³ Die Tischplatte hat ein Volumen von 17,6435 dm³ = 17,6435 l.

17,6435 · 0,680 kg ≈ 12,00 kg Die Tischplatte wird etwa 12 kg schwer sein.

8 Graphen im Koordinatensystem

a) Zeichne in das Koordinatensystem die Gerade g mit der Funktionsgleichung $y = -2x + 5$ ein.

b) Zeichne eine Gerade h durch den Punkt $P(2\,|\,3)$, die zu g senkrecht verläuft. Gib die Funktionsgleichung der Geraden h an. $y = 0{,}5x + 2$

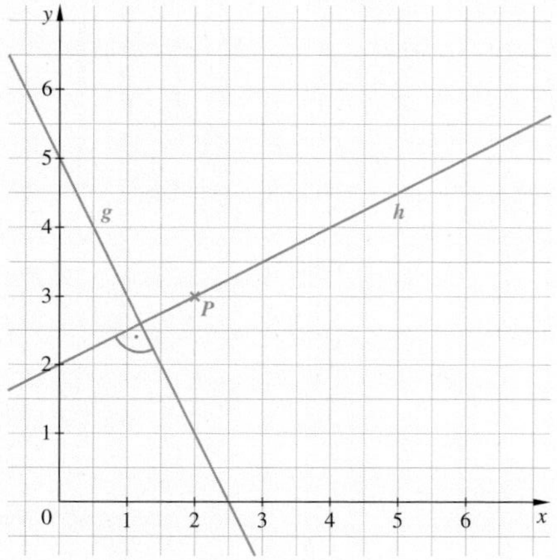

c) Ermittle die Nullstellen von g und h.

$0 = -2x + 5$	$\|-5$	$0 = 0{,}5x + 2$	$\|-2$
$-5 = -2x$	$\|:(-2)$	$-2 = 0{,}5x$	$\|:0{,}5$
$2{,}5 = x$		$-4 = x$	

d) Prüfe mithilfe einer Rechnung, ob der Punkt $Q(1\,|\,2{,}5)$ auf den Geraden g und h liegt.

g: $-2 \cdot 1 + 5 = 3 \neq 3$ h: $0{,}5 \cdot 1 + 2 = 2{,}5$

Der Punkt $Q(1\,|\,2{,}5)$ liegt auf der Geraden h, aber nicht auf g.

9 Olivia fand im Internet folgende Abbildung zum Ausländeranteil in Deutschland.

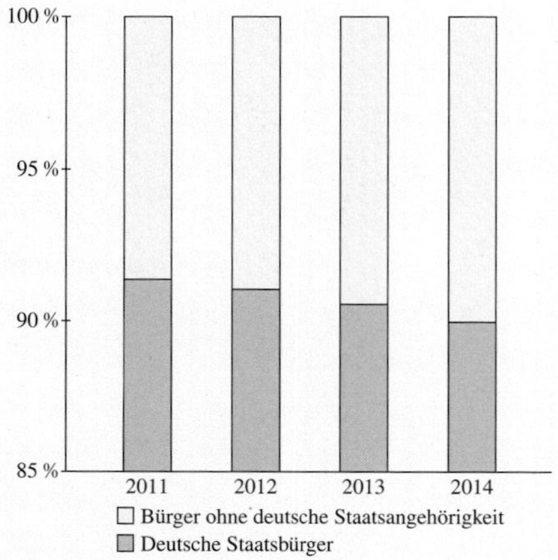

a) In Deutschland lebten in dem Zeitraum ca. 80 Millionen Menschen. Gib die Anzahl der Personen mit deutscher Staatsangehörigkeit im Jahr 2012 an.

$0{,}91 \cdot 8\,000\,000 = 72\,800\,000$

Ca. 72 800 000 deutsche Staatsbürger gab es 2012.

b) Gib an, wodurch das Diagramm einen falschen Eindruck in Bezug auf den Anteil der Bürger ohne deutsche Staatsangehörigkeit erzeugt.

Die Achsen des Diagramms beginnen nicht bei „0".

Dadurch entsteht der Eindruck, die Mehrheit der Einwohner haben keine deutsche Staatsangehörigkeit.

c) Zeichne Kreisdiagramme, die den Anteil der Bürger mit und ohne deutsche Staatsangehörigkeit im Jahr 2011 und 2014 darstellen.

☐ Anteil der Bürger mit deutscher Staatsangehörigkeit

☐ Anteil der Bürger ohne deutsche Staatsangehörigkeit

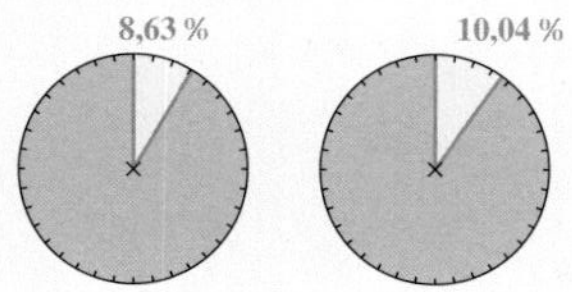

10 Linus und Hedda haben jeweils 1500 €.
Linus legt sie für 5 Jahre mit 2,1 % Jahreszinsen an. Hedda legt ihr Geld mit 1,5 % Jahreszinsen für 7 Jahre an.
Berechne den Unterschied beider Guthaben am Ende der jeweiligen Laufzeit bei Verzinsung mit Zinseszins.
Was meinst du dazu?

Linus: $1\,500\,€ \cdot 1{,}021^5 \approx 1\,664{,}25\,€$ Hedda: $1\,500\,€ \cdot 1{,}015^7 \approx 1\,664{,}70\,€$

Hedda hat am Ende der Laufzeit 55 Cent mehr.

Jedoch erst zwei Jahre später. Das Angebot von Linus ist besser.

11 Die abgebildete Kelle fasst laut Verpackung 0,4 l.
Kann die Angabe stimmen?
Begründe deine Entscheidung.

Die Kelle hat etwa die Form einer Halbkugel.

	$V = \left(\frac{4}{3} \cdot \pi \cdot r^3\right) : 2$	
$0{,}4\,dm^3$	$= \left(\frac{4}{3} \cdot \pi \cdot r^3\right) : 2$	$\|\cdot 2$
$0{,}8\,dm^3$	$= \frac{4}{3} \cdot \pi \cdot r^3$	$\|:\left(\frac{4}{3} \cdot \pi\right)$
$0{,}19\,dm^3$	$= r^3$	$r \approx 0{,}57\,dm = 5{,}7\,cm$

Die Angabe kann stimmen.

12 Eine Firma stellt Stahlkugeln für große Kugellager her. Eine der Kugeln wiegt ca. 1,41 kg.
Der verwendete Stahl hat eine Dichte von $7{,}86\,kg/dm^3$.

a) Berechne den Durchmesser der Kugeln.

$1{,}41\,kg : 7{,}86\,kg \approx 0{,}18$	$0{,}18\,dm^3 = \frac{4}{3} \cdot \pi \cdot r^3$	$\|:\left(\frac{4}{3} \cdot \pi\right)$	
	$0{,}043\,dm^3 = r^3$	$r \approx 0{,}35\,dm = 3{,}5\,cm$	$d = 2 \cdot 3{,}5\,cm = 7\,cm$

Der Durchmesser der Stahlkugeln beträgt 7 cm.

b) Jede der Stahlkugeln wird in einem möglichst kleinen würfelförmigen Karton versandt.
Gib in Prozent den Anteil der Verpackung, der mit Kugeln ausgefüllt werden kann, an.

$V_{Würfel} = (0{,}7\,dm)^3 = 0{,}343\,dm^3$ $\frac{180}{343} \approx 53\,\%$ Ca. 53 % der Verpackung kann ausgefüllt werden.

c) Wie verändert sich das Verhältnis von Kugel und Füllmaterial, wenn sich der Durchmesser der Kugel verdoppelt?

Das Verhältnis ändert sich nicht, da sich sowohl das Volumen der Kugel als auch das Volumen der Verpackung verachtfachen.

13 Bei einem Würfelspiel wird ein regulärer 12-seitiger Würfel zweimal geworfen.
Auf acht der Seiten steht eine „0", auf einer eine „2" und auf dem Rest eine „1".
Einmal spielen kostet 1 €, am Ende bekommt man die Summe der beiden Würfe ausbezahlt.

a) Vervollständige das Baumdiagramm.

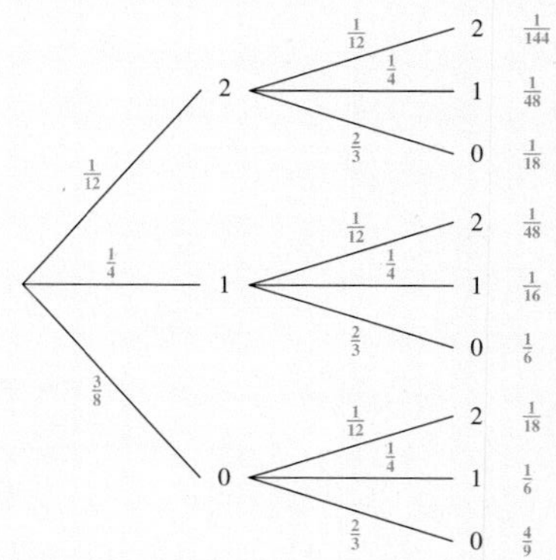

b) Gib jeweils die Wahrscheinlichkeit an, am Ende 0 €, 1 €, 2 €, 3 € und 4 € ausbezahlt zu bekommen.

$P(0\,€) = \frac{4}{9}$

$P(1\,€) = \frac{1}{6} + \frac{1}{6} = \frac{2}{6} = \frac{1}{3}$

$P(2\,€) = \frac{1}{18} + \frac{1}{16} + \frac{1}{18} = \frac{25}{144}$

$P(3\,€) = \frac{1}{48} + \frac{1}{48} = \frac{2}{48} = \frac{1}{24}$

$P(4\,€) = \frac{1}{144}$

Die Chance, nichts zu bekommen, beträgt $\frac{4}{9}$, $\frac{1}{3}$ für 1 €, $\frac{25}{144}$ für 2 €, $\frac{1}{24}$ für 3 € und $\frac{1}{144}$ für 4 €.

Beispielaufgaben **Abschlussprüfung**

Prüfungsteil 1

Hinweis: In der Prüfung sind in diesem Prüfungsteil keine Hilfsmittel, d. h. Taschenrechner und Formelsammlung, zugelassen.

1 Berechne.

a) $42\,012 : 6 =$ 7002 **b)** $485 \cdot 2{,}05 =$ 994,25 **c)** $\frac{9}{10} - \frac{1}{3} = \frac{17}{30}$

2 Wandle um.

$98\,900\ cm^3 =$ **$98{,}900\ dm^3 = 0{,}0989$** m^3

3 Löse das folgende Gleichungssystem.

I $4y = 3x + 15{,}5$
II $y = 6x - 4$

$L = (1{,}5; 5)$

4 Gegeben sind die Punkte $A(3|2)$, $B(11|2)$ und $C(4|6)$ eines Dreiecks ABC.
Hinweis: 1 Einheit ≙ 1 cm

a) Zeichne das Dreieck ABC in ein Koordinatensystem ein.
individuelle Lösung
b) Gib den Flächeninhalt des Dreiecks an.
16 cm²
c) Berechne den Umfang des Dreiecks, ohne dabei die Länge einer Strecke zu messen.
20,19 cm

5 Ein Küchentisch und vier Stühle kosten insgesamt 349 €. Der Tisch kostet allein 159 €.
Mit welcher der Gleichungen kann der Preis eines Stuhles berechnet werden? Kreuze an.

☐ $4x + 349 = 159$ ☐ $349 + 159 = 4x$ ☒ $349 - 4x = 159$ ☐ $4x - 349 = 159$

6 Das Dreieck ABC ist gleichseitig.
Gib die Größe des Winkels δ an.
Hinweis: Die Skizze ist nicht maßstabsgetreu.

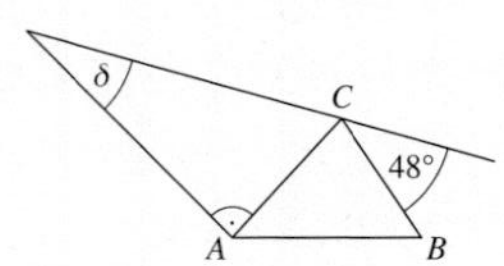

$\delta = 18°$

7 Zum Ende des ersten Halbjahres wurde erfasst, was die Schülerinnen und Schüler nach den Sommerferien machen werden. Ergänze die fehlenden Angaben.

	Anzahl der Schülerinnen und Schüler	Anteil
Berufsausbildung oder weiterer Schulbesuch	90	62,5%
Freiwilliges soziales Jahr oder Praktikum	18	12,5%
ist noch offen	36	25,0%

8 Die Äquatorlänge beträgt rund 40 000 km.
Wie lange bräuchte ein Fußgänger, der 8 Stunden pro Tag läuft, um eine derartig lange Strecke zurückzulegen? Überschlage und kreuze an.
Hinweis: Ein Fußgänger hat eine Geschwindigkeit von rund $5\ \frac{km}{h}$.

☐ 52 Wochen ☒ 2 Jahre 9 Monate ☐ 18 Monate ☐ 5 Jahre

Prüfungsteil 2

Hinweis: In der Prüfung sind in diesem Prüfungsteil Hilfsmittel, d. h. Taschenrechner und Formelsammlung, zugelassen.

1 Gewinnspiel für Kunden

Auf einem Tisch liegen 12 Karten. Nur auf drei der Karten sind Kleeblätter.
Einen Preis erhält, wer nacheinander zufällig alle drei Kleeblätter aufdeckt.
Einen Trostpreis erhält, wer in einem Versuch zufällig zwei Kleeblätter aufdeckt.
Nach jedem Versuch, d. h. vor dem Aufdecken von drei Karten, wir neu gemischt.

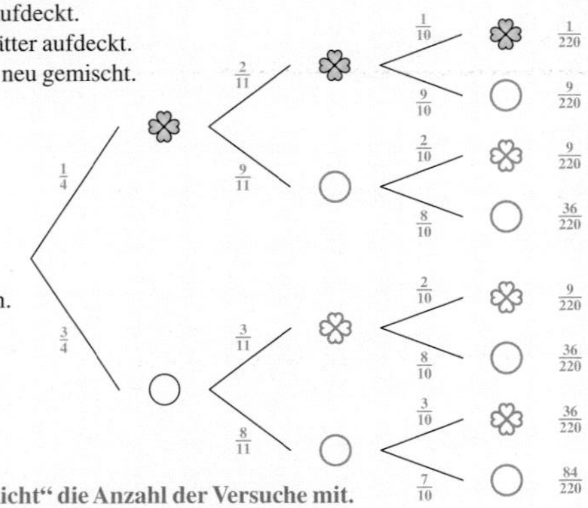

a) Zeichne ein passendes Baumdiagramm.
b) Ermittle folgende Wahrscheinlichkeiten.

$P(\text{„Preis“}) = \frac{1}{220}$ $P(\text{„Trostpreis“}) = \frac{27}{220}$

c) Versehentlich blieb ein Kleeblatt aufgedeckt.
Ermittle unter dieser Bedingung folgende Wahrscheinlichkeiten.

$P(\text{„Preis“}) = \frac{1}{55}$ $P(\text{„Trostpreis“}) = \frac{9}{110}$

d) Paul sagt: „Läuft alles entsprechend der Regeln, gibt es bei je 3 von 10 Versuchen einen Preis bzw. Trostpreis.“
Was meinst du dazu? **Das muss nicht sein.**
Die Wahrscheinlichkeit „hat kein Gedächtnis“ und „zählt nicht“ die Anzahl der Versuche mit.

e) Diese Netze gehören zu zwei regulären Spielwürfeln.

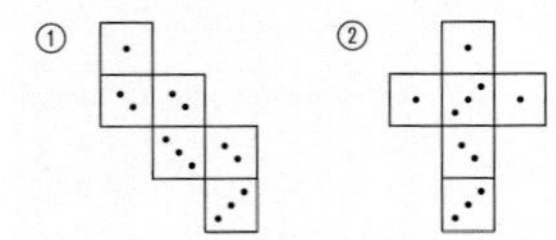

Wie groß ist die Wahrscheinlichkeit, mit Würfel ① eine „3“ zu würfeln? $\frac{1}{3}$

Bei 800 Würfen mit einem der Würfel ist in 127 Fällen eine „1“ gefallen. Welcher der beiden Würfel wurde mit größerer Wahrscheinlichkeit genutzt? **Würfel ①**

f) Die durchschnittliche Verteilung der 4 565 Kunden auf die Wochentage ist der Grafik zu entnehmen.
Etwa 60 % davon sind weiblich.
Die Geschlechterverteilung ist an jedem Tag etwa gleich.
Wie viele männliche Kunden kommen etwa am Montag?
Hinweis: Berechne die Anzahl aller männlichen Kunden.
274 männliche Kunden

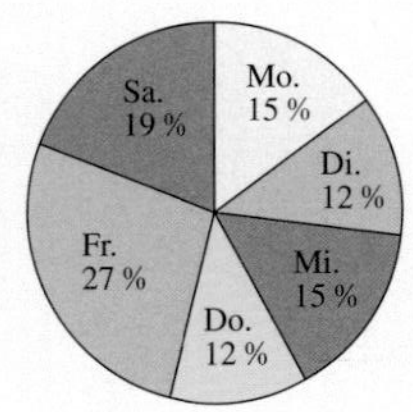

2 Preise beim Gewinnspiel

a) Das Glas ist insgesamt ca. 15 cm hoch.

① Wie viel Milliliter des Drinks befinden sich etwa im Glas?
100 ml bis 150 ml
② Wo passt mehr hinein? In ein zylinderförmiges Glas mit einem genauso hohen Hohlraum und halb so großer Grundfläche oder ins abgebildete Glas?
zylinderförmiges Glas

b) Am Taschendrachen ist eine 50 m lange Schnur so befestigt, dass der Drachen bei einem Winkel von rund 55° in der Luft bleibt.
Welche Höhe erreicht er somit?
Gib das Ergebnis mit sinnvoller Genauigkeit an.
40 m

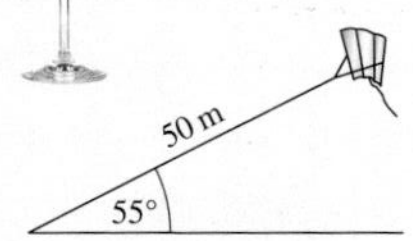

c) Ein Briefbeschwerer aus Stahl hat die Form eines Prismas mit Loch für einen Stift.
Zwei der Flächen sind gleichschenklige Trapeze.
Hinweis: $\varrho = 7{,}86\ \frac{g}{cm^3}$

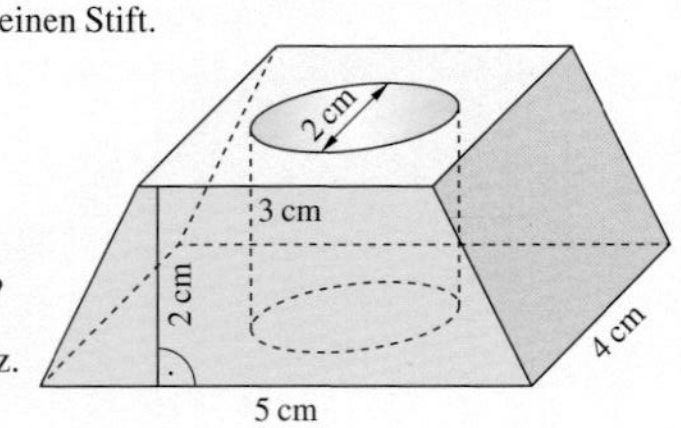

① Berechne die Masse des Briefbeschwerers.
0,2 kg
② Eine Stahlkugel hat einen Radius von 10 cm.
Wie viele der Briefbeschwerer könnte man aus dem Stahl herstellen?
162 Briefbeschwerer
③ Der Briefbeschwerer steht vollständig auf einem Untersetzer aus Filz.
Welchen Durchmesser muss der Untersetzer mindestens haben?
6,40 cm

3 Abschluss der Sanierungsarbeiten

Die Becken eines Spaßbades sind nach einer Sanierung erstmals neu zu füllen.
Die Veränderung des Wasserstandes werden beobachtet, um schnell auf Probleme reagieren zu können.

a) Wie lange dauert das Befüllen des ersten 1,20 m tiefen Beckens?
Gib die Zeitdauer in Stunden an.
Zeitdauer: $2\frac{3}{4}$ h

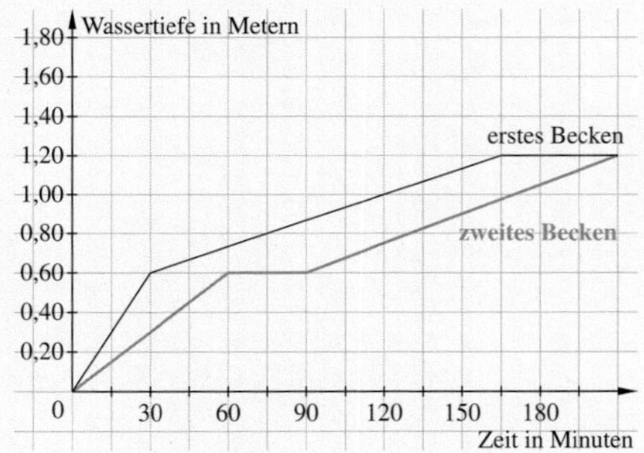

b) Gib die Füllgeschwindigkeiten in $\frac{m}{h}$ an.
zuerst: 1,2 $\frac{m}{h}$; dann: 0,27 $\frac{m}{h}$; (Ende: 0)

c) Die Funktionsgleichung $h(t) = 0{,}15\,t + 0{,}50$ gibt das problemlose Auffüllen des restlichen Wassers in einem zweiten Becken an.
t steht für die Zeit in Stunden.
$h(t)$ gibt die Füllhöhe in Zentimetern an.
Ermittle, wie lange es dauert, bis ein Wasserstand von 1,40 m erreicht ist.
6 h

d) Gib zwei infrage kommende Grundformen und passende Beckenmaße aus Teilaufgabe **c** an.
z. B. Quader mit 3 m, 5 m und 1,4 m langen Kanten bzw. Zylinder mit $r = 2{,}19$ m und $h = 1{,}4$ m

e) Ein 10 m mal 10 m großes und 1 m tiefes quaderförmiges drittes Becken soll mit 1 m³ Wasser pro Stunde gefüllt werden.
Welche Auswirkungen hätten genau nach der ersten Stunde zuerst ein halbstündiges Aussetzen und direkt danach eine Halbierung des Wasserzulaufs auf den zugehörigen Graphen?
Skizziere den passenden Graphen im vorhandenen Koordinatensystem.

f) Der Wasserzulauf war beim abgebildeten Becken gleichmäßig und es gab keine Probleme.
Kreuze den Graphen an, der den Füllvorgang am besten beschreibt.

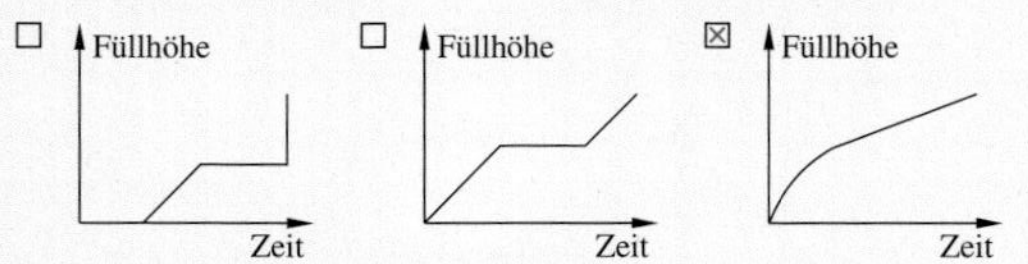

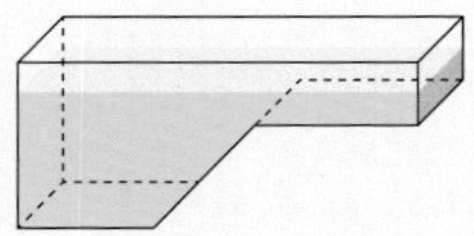

g) Auf einem DIN-A4-Blatt ist ein Plan des Spaßbades mit einem 5 cm langen Schwimmbecken.
Kreuze den infrage kommenden Maßstab an.
Gib die passende Originallänge des Schwimmbeckens an. **50 m**

☐ 1 : 100 ☒ 1 : 1000 ☐ 1000 : 1 ☐ 1000 : 1